移动开发经典丛书

Flutter 实战

[荷兰] 弗兰克·扎米蒂(Frank Zammetti) 著

贡国栋 任 强 译

清华大学出版社

北 京

北京市版权局著作权合同登记号　图字：01-2020-2324

Practical Flutter: Improve your Mobile Development with Google's Latest Open-Source SDK
Frank Zammetti
EISBN：978-1-4842-4971-0

图书在版编目(CIP)数据

Flutter 实战 / (荷)弗兰克•扎米蒂(Frank Zammetti) 著；贡国栋，任强 译. 一北京：清华大学出版社，2020.7
(移动开发经典丛书)
书名原文：Practical Flutter: Improve your Mobile Development with Google's Latest Open-Source SDK
ISBN 978-7-302-55608-4

Ⅰ. ①F… Ⅱ. ①弗… ②贡… ③任… Ⅲ. ①移动终端－应用程序－程序设计 Ⅳ. ①TN929.53

中国版本图书馆 CIP 数据核字(2020)第 089308 号

责任编辑：王　军
装帧设计：孔祥峰
责任校对：牛艳敏
责任印制：杨　艳

出版发行：清华大学出版社
　　　　　网　　　址：http://www.tup.com.cn，http://www.wqbook.com
　　　　　地　　　址：北京清华大学学研大厦 A 座　　　邮　　编：100084
　　　　　社 总 机：010-62770175　　　　　　　　　邮　　购：010-62786544
　　　　　投稿与读者服务：010-62776969，c-service@tup.tsinghua.edu.cn
　　　　　质 量 反 馈：010-62772015，zhiliang@tup.tsinghua.edu.cn
印 刷 者：北京富博印刷有限公司
装 订 者：北京市密云县京文制本装订厂
经　　销：全国新华书店
开　　本：170mm×240mm　　印　张：20.25　　字　数：420 千字
版　　次：2020 年 7 月第 1 版　　印　次：2020 年 7 月第 1 次印刷
定　　价：79.80 元

产品编号：086012-01

译 者 序

　　移动研发由来已久，从早期的 J2ME 开始，到后来居上的 Windows Mobile、Symbian，小众却各领风骚的 BREW、Palm、BlackBerry，以及当前几乎平分市场的 Android 和 iOS。面对如此多的平台和技术，开发者可以择其优者而习之，公司却不得不兼而用之，但随之而来的必然是成本的上升。

　　因此，跨平台的呼声一直很高，各种方案也不断面世：PhoneGap(即 Cordova)、React Native、WEEX 以及最近的 Flutter。Flutter 无疑是其中的佼佼者，一经问世就已引起广泛关注，无论是其革新的理念，还是其"正统的出身"（毕竟 Flutter 与当今两大移动平台之一 Android 师出同门）。

　　在有多种选择时总要进行一番对比，孰优孰劣众说纷纭，抱着小马过河的心态，各大公司也不乏实践，做出一些有益的尝试。接到本书的翻译任务时，正值译者将 Flutter 技术尝试运用于公司的 ToB 项目之刻。

　　本书既然名为实战，内容紧扣主题，不会涉及太多概念介绍、原理深究，一切以实用为目的，是快速入门的好帮手。作者深耕移动研发多年、亲历跨平台技术发展，并且撰写了多部相关技术书籍，是一位当仁不让的资深技术专家。值得一提的是，作者言语诙谐、娓娓道来，令读者在阅读时宛如与真人对话一般，确实是一种不可多得的阅读体验。

　　感谢清华大学出版社的编辑老师，让我有幸参与此书的翻译工作。译稿虽几经审阅，仍不敢说无一遗漏，望读者在阅读的同时，亲自实践(下载源码并在模拟器或手机上运行)一番以加深理解。

贡国栋

2020 年 1 月 17 日

作 者 简 介

Frank Zammetti 是一位小有名气的技术作家，作为一名开发者，Frank 写过各种各样的代码，在近 40 年的职业生涯中有 25 年从事专职软件开发。最近，你会发现他的名片上印有架构师的头衔，但他内心深处仍然是一名程序员，并且几乎每天都在围着代码转。

技术审校者简介

Herman van Rosmalen是荷兰中央银行De Nederlandsche Bank N.V.的一名开发者/软件架构师。他拥有超过30年使用各种编程语言进行应用软件开发的经验。Herman专注于搭建框架、PC、客户机-服务器架构、网站和移动应用技术。在过去4年中，Herman把主要精力用在使用.NET C#和Angular开发应用软件上，而之前的15年则主要使用Java技术。

Herman与妻子Liesbeth以及孩子们Barbara、Leonie和Ramon生活在荷兰一座名为Pijnacker的小城。除了编写软件外，在业余时间里他还是足球教练，执教一支女子足球队已近10年。当然，他还是Feyenoord队的球迷！

致　　谢

如果从未写过书，让我告诉你个秘密：撰写这样的一本书时，写作本身只是完成并完善整件事的过程中的一小部分。有时，我甚至认为是微不足道的！

因此，我要感谢所有为此努力工作的人，是他们帮助我完成这本书并交到你手上(无论是纸质版还是数字版)，他们是 Nancy Chen、Louise Corrigan、James Markham、Herman van Rosmalen、Welmoed Spahr 和 Dhaneesh Kumar。

我还要感谢 Lars Bak 和 Kasper Lund，是他们创造了 Dart 这一支撑 Flutter 的编程语言。Dart 优雅且易用。作为一名多年前曾创建自己的语言和工具链的人，我非常感谢你们所做的一切！荣耀属于你们！

我要感谢整个 Flutter 开发团队。我使用各种方式从事移动开发将近 20 年(请打开 etherient.com，单击 Products→Eliminator，这是 2001 年我为 Microsoft 的 Pocket PC 平台开发的一款游戏——我确定那是我的第一款移动应用，至少是有记录可查的第一款)，并且我已能够熟练使用诸多移动开发工具、框架和库，数都数不过来。鉴于多年的经验，我可以自信地说，即使只是首个发布版本，Flutter 也能完胜其他方案。Flutter 团队在这么短的时间内完成的工作令人拍案叫绝，没有你们的辛苦工作，我显然无法完成本书！我期待 Flutter 被越来越多的人使用，并且期待你们的更多作品！

前　言

　　即使经过这么多年开发者们孜孜不倦的努力，创建如原生应用般外观、体验及功能的跨平台移动应用依旧是一个让人棘手的难题。你可以为各个平台分别编写原生代码，并尽可能让它们表现一致，这的确不失为使你的应用获得原生性能和能力的好办法。但实际上，这意味着你的应用要编写多次，而客户往往不太乐意为此买单！

　　与之相对的是，你可以基于 HTML 技术实现一次编码而到处运行。但那样的话，你将无法使用诸多本地设备能力，更别提差劲的性能表现了(诚然，有一些优化措施，但也只能减少而不是消除这些顾虑)。

　　由 Google 的天才工程师创建的 Flutter 平台提供了一种只需要编写一遍代码(或多或少)，就能在 Android 和 iOS 两个平台上运行一致且具备原生性能和能力的方法。在移动开发库领域，使用现代工具和开发技术构建的 Flutter 为开发者提供了一种新的编程方式。

　　在本书中，你将通过构建两个真正的应用来学习 Flutter，而非使用简化、笨拙而又矫揉造作的例子(尽管在早期会因介绍概念而引入一些此类例子)。是的，我们将一起构建可以按自己意愿并直接应用于实践的应用，而非进行简单的技术演示，并且在整个过程中，你会接触到开发过程中的各种问题，包括我曾遇到过的问题以及解决方案。这样，你就会获得在现实环境中使用 Flutter 的扎实而又真实的经验——并借此为将来构建自己的应用做好准备。

　　你还将学到构建应用的一些关联知识，如使用 Node.js 和 WebSocket 构建服务端。

　　除此之外，你还将学到类型截然不同的第三个应用：游戏！是的，我们将使用 Flutter来构建游戏，以介绍 Flutter 的一些附加的、通过前两个应用不一定得到的功能，并且为你提供从不同视角审视 Flutter 的机会，以拓展你的视野。

　　你终将掌握 Flutter，且具备使用 Flutter 构建自己的 Next Big Thing 应用的能力。

　　在开始阅读本书之前，我建议你打开 Apress 网站，搜索本书并下载源代码。你将

Flutter 实战

得到所需的一切代码，而无须亲自输入！读者也可通过手机扫描封底的二维码下载本书的源代码。

不要忘了学习任何知识的最好方式是动手实践，因此一定要深入代码，修改示例代码和应用，然后观察相应的变化。当你读完介绍每个应用的章节时，你应该打开源代码并尝试添加一两个功能(我还会给你一些这么做的建议，为你指明方向)。

我希望你能喜欢本书，并从中学到很多，这是我衷心的愿望！

目　　录

第 1 章

■■■

初识 Flutter

欢迎来到起跑线！

如果向十个移动开发者问起：他们是如何在 Android 和 iOS 设备上开发移动应用的？你很可能得到十种不同的回复。不过由于新技术 Flutter 的出现，这样的情形可能不会持续太久。

在本章中，我们将聚焦移动开发，讲解 Flutter 在移动开发方面扮演的角色，及其在某些方面是如何彻底改变移动开发的。我们将初步理解 Flutter 的方方面面，为在本书随后的部分构建一些真正的应用做好准备。

好了，让我们这就开始吧，下面首先介绍一点儿有关移动开发的内容。

1.1 在深渊中沉思

软件开发无易事！

对有些人来说，编程就是家常便饭，我也是其中一员。我不是要炫耀我的个人经历而让你觉得无聊，而事实是从 7 岁那年起，我就已经开始使用各种方式进行编程了。也就是说，我从事这个行业已经快 40 年了(其中有 25 年从事专职软件开发)。经历了这么多，我领悟到一个真谛，正如开篇所说：软件开发无易事。不可否认，有些独立的任务和项目可以轻松搞定；但总的来说，我们程序员从事的是一项从根本上就相当棘手的工作。

而且我还没提及移动开发呢，它可能更难！

大约二十年前，我开始从事移动开发工作。那时还是 Microsoft 公司的 Windows CE/PocketPC 系统和 Palm 公司的 PalmPilot 系列设备及其 PalmOS 系统(尽管还有一些其他的设备和操作系统，但可以说，在一定程度上它们是当时的主流)的天下。就这一点来说，移动开发还不是太糟糕：只需要关注有限的几种设备及功能，并且在开发工具方面也并不缺乏。虽然这些工具不像今天我们所使用的那样优秀，但基本上只有一种用于开发 PocketPC 或 PalmOS 应用的方式，而不是有一大堆的选择。这听上去糟透了，并且在某些方面的确十分糟糕，但选择减少的同时也省去了开发者的困扰，而选择的多寡正是当今软件工程领域最大的争议之一。

另外，当时完全没有人意识到要进行跨平台开发。如果需要在两个平台上运行，只能各自编写一套代码，而这在今天看来是多么不可思议。不过在当时，只需要考虑两个平台的差异性，编写两次代码也就不那么令人难以接受了。你很容易就能找出一个应用在不同平台上的特性，因为开发者不可能或无法将其从一个平台迁移到另一个平台(事实上，最大的理由是，这样做并不值得付出相应的时间和精力)。

从那时起，移动开发领域经历了诸多革新，见证了诸多改变、扩张与收缩。一段时间以来，我们需要支持诸多平台：Android、iOS、webOS、Tizen、Windows Mobile，也许还有其他一些我未记住的平台。在那个年代，在各平台间迁移应用仍然十分普遍，因为并没有一种好用的跨平台解决方案，至少没有一种不做出重大妥协。是的，随着时间的推移，迁移变得更友好，因为至少原生开发工具有了长足改进，尽管你不得不为同一个应用编写多次代码，但是每次编写都较过去容易不少。Apple 公司于 2008 年发布了 iOS SDK，随后 Google 也于一年后发布了 Android SDK，而为这两种平台开发应用意味着(直到今天仍然是)使用两种 SDK，因为 iOS 开发使用的是 Objective-C 语言(现在 Swift 也用得越来越多了)，而 Android 开发主要使用 Java 语言。

最终，平台的数量开始逐渐减少，因为在这一领域的胜败早已尘埃落定。今天的赛道基本上是 Android 和 iOS 双雄争霸(尽管还有一些其他的平台，但此刻它们的影响力几乎可以忽略不计，并且多数开发者，在我看来甚至可以说是绝大多数开发者，都倾向于无视它们，除非有特别的目的必须包含它们)。于是，真正的跨平台开发理念开始变得更加吸引人和可行了。

互联网的兴起提供了一种选择，因为你可以基于 Web 技术开发并打包成一个移动应用，使它在 Android 和 iOS(甚至更多平台)上的表现几乎一致。但我们需要为此做出一些妥协，而这些妥协尽管随时间的推移减少了，但却一直存在。比如性能和真正的原生能力，对 Web 技术来说仍然有些棘手。

除了 Web 技术，在过去几年中，我们还见证了数种跨平台开发技术和工具的诞生，使用这些技术和工具，只需要编写应用一次，就可以运行于所有设备，在保持一致性的同时获得原生般的体验。其中广为人知的有 Corana SDK(主要用于游戏，尽管并非唯一选择)、Xamarin、PhoneGap(本质上仍然是 Web 技术，但巧妙地使用一个原生的 WebView 组件进行了包装)、Titanium、Sencha Touch(虽然还是基于 Web 技术，但提供了较好的抽象)等，其他就不一一列出了。当下并不缺少选择，并且它们也各有拥护者和反对者。

自从 Flutter 以全新竞争者的身份进入该领域后，便远胜其他一切技术，成为编写跨平台移动应用的唯一正确方式。

1.2 透过名字这一表象

众所周知，Flutter 是由 Google 公司发明的，这是一家对互联网发展有着重要影响力的公司。在 2015 年的 Dart 开发者峰会上(请记住 Dart，因为我们很快就会回顾与之相关的内容)，Flutter 以 Sky 为名诞生了。最初，Flutter 只是运行在 Google 自家的 Android 操作系统上，但不久后就被迁移到 Apple 的 iOS 操作系统上，而这两种系统正是引领当今移动操作系统的佼佼者。

自首次亮相后，Flutter 陆续发布了多个预览版本，最终于 2018 年 12 月 4 日发布了第一个稳定版本：Flutter 1.0。这标志着 Flutter 迎来大爆发，对开发者来说是时候转向 Flutter 阵营了——事实上他们已经这么做了。由于一些非常正确的决策，Flutter 的流行可以说是如流星般迅速。其中一个是：Flutter 最初的目标，或者说主要目标之一，就是无论如何都要使应用的 UI 渲染速度达到流畅的 120fps。Google 的工程师们非常明白流畅的 UI 正是用户喜闻乐见并且想要拥有的体验，因此在设计 Flutter 时它被列为所要考虑的首要特性之一。这是明确要实现的最高目标，到目前为止还没有一个跨平台的移动框架可以达成这一点(即使那些并非跨平台的移动框架也曾为此付出过巨大努力)。

Google 在设计 Flutter 时做了一系列不同于其他移动开发方案的关键决策，其中之一是 Flutter 自主渲染其 UI 组件。与其他框架不同，Flutter 并未使用原生平台的组件。换句话说，当你告诉 Flutter 显示一个按钮时，Flutter 将自主完成该按钮的渲染；而非转嫁给底层 OS 来渲染该按钮，这也是其他大多数框架的做法。这一点展示了 Flutter 与其他几乎所有的跨平台方案的重要区别，也正因此而保证了 Flutter 在不同平台上的流畅性。受益于此，新的 UI 组件、微件(也请记住这个概念，它即将像 Dart 一样隆重登场)可以被快速且简单地添加至 Flutter，而无须担心底层平台是否支持。

自主渲染的特性使得 Flutter 可提供特定风格的微件。Flutter 支持两种风格的微件：Material 风格的微件和 Cupertino 风格的微件。前者实现了 Google 自家的 Material 设计语言，也就是 Android 默认的设计语言；后者实现了 Apple 的 iOS 设计语言。

Flutter 内部可从概念上划分为 4 个主要部分。首先是 Dart 平台，因内容庞杂，需要用一整章来介绍，我将暂时跳过它并在下一章中专门讲述。

接下来我们来看第二个组成部分：Flutter 引擎。这是一个(绝大部分)由 C++语言实现的代码库，其核心性能接近原生级别，同时使用 Skia 图形引擎来完成渲染工作。Skia 是一个轻量级的开源图形库，也是由 C++实现的，经改进后在所有兼容平台上都可获得极其优秀的性能。

作为第三个主要组成部分，Flutter 提供了一套所谓的基础类库——用于封装两个平台的原生 SDK 的接口。其目的在于消除原生平台 API 的差异，以便支持 Flutter API

的一致性。也就是说，你无须关注如何在 iOS 及 Android 上启动拍照应用，也不必费心调用两个平台特定的 API。你只需要了解调用哪个 Flutter API 来启动拍照应用，它将自动适配两个平台。

最后一个组成部分是微件，但正如 Dart 一样(内容庞杂)，也须另起一章专门介绍，我们稍后再讨论它们。

简而言之，以上内容就是 Flutter 的全部。老实说，以上所述并未覆盖多少开发 Flutter 应用所需掌握的知识点。尽管如此，我仍然认为了解一点发展历史以及所使用开发工具的原理，总是有用的。希望你也有同感！

接下来将辨析几个我刚刚提出的概念，对这些概念稍作扩展并究其细节，下面就从 Dart 开始吧！

1.3 Dart：众神的语言

当 Google 启动 Flutter 项目时，有一个早期决策需要做出：应该使用何种编程语言？或许可以选择基于网页的语言(比如 JavaScript)，或许因 Android 使用 Java 的缘故而自然而然地选择 Java。或许，既然他们打算支持 iOS，Objective-C 或 Swift 也是不错的选择(毕竟 Swift 表面上是开源的，因此我敢打赌，Flutter 团队内部早期一定就此有过争论)。或许，Golang、Ruby 之类的语言更好。传统的 C/C++怎么样？还是响应 Microsoft 的号召加入 C#阵营(因为 C#也是开源的)？

我相信有太多的选择，但最终 Google 决定(由于诸多因素)使用了一种多年前他们自己开发的语言：Dart。

由于接下来的整个第 2 章都用来介绍 Dart，因而在这里我将避免涉及太多细节，但浏览一下下面这个简单的示例还是有必要的：

```
import "dart:math" as math;

class Point {

  final num x, y;

  Point(this.x, this.y);

  Point.origin() : x = 0, y = 0;

  num distanceTo(Point other) {
```

```
    var dx = x - other.x;
    var dy = y - other.y;
    return math.sqrt(dx * dx + dy * dy);
  }

  Point operator +(Point other) => Point(x + other.x, y + other.y);

}

void main() {
  var p1 = Point(10, 10);
  var p2 = Point.origin();
  var distance = p1.distanceTo(p2);
  print(distance);
}
```

是否理解每一行代码并不重要。事实上，此刻你无须理解任意一行代码。如果有过使用 Java 或类 C 语言的经验，我相信你能理解它们且没什么太大障碍，这正是 Dart 的一大优势：其语言特性与绝大多数现代开发者所熟悉的那样如出一辙，可以被快速且容易地掌握。

■ **注意：**
有趣的是，C语言本身以及其他类C语言都是从ALGOL这种相当古老的语言发展而来的。

在此，我没有过多地深入探讨 Dart 的本质细节(第 2 章要介绍的主要内容)，只是想适当地介绍一点 Dart 的背景。如前所述，Google 于 2011 年创建了 Dart，首次公布于在 Aarhus Denmark 举行的 GOTO 会议上。Dart 的首个版本 1.0 发布于 2013 年 11 月，在其发布后的大约两年后 Flutter 发布了。顺便说一句，我们都应感谢 Dart 的创建者 Lars Bak(他同时也是支撑 Chrome 和 Node.js 的 V8 JavaScript 引擎的开发者)和 Kasper Lund。

Dart 语言小而美，由于对 Flutter 的重要性，它很快便获得大量的关注。尽管作为一种通用目的的编程语言，Dart 能够且已被用于构建各类应用，从 Web 应用到服务器端，再到 IoT(物联网)应用以及其他领域。大概在我撰写本章内容时，JAXenter 公开了一项关于 2019 年对开发者最重要的编程语言的调查(详见 https://jaxenter.com/poll-results-dart-word-2019-154779.html)，其结论指出有两种语言脱颖而出且远远超出其他语言，它们是 Dart 和 Python，并且 Dart 全面胜出。该项调查还显示 Dart 在 2018 年经历了蓬勃发展，且 Flutter 几乎可以说是其唯一强大的推动者，光靠 Dart 自己可能还不足以解释这些结论，但公平地讲，Dart 正迅猛进击所有领域！

因此，Dart 正毋庸置疑地受到越来越多的关注。

Dart 涵盖了哪些内容？简要来讲，有几个关键的要素，并且在前面的代码示例中已演示了大部分：

- Dart 是完全面向对象的。
- Dart 是一种垃圾回收型语言，因此无须关注内存的分配与回收。
- 语法风格基于 C 语言，易于为大部分开发者所掌握(诚然，Dart 确实有一些特性可能会难住你，不过不会比其他有着类似语法的语言更糟)。
- 支持通用语言特性，如接口、混入(mixin)、抽象类、泛型具体化(相对于类型擦除而言)以及静态类型检查。
- 拥有完善的输入辅助系统(但在相同类型的输入上的灵活性，使得 Dart 对开发人员而言起到真正的辅助作用而非负担)。
- 并发隔离，因此你将获得独立的线程，它们以消息传递而非内存共享的方式通信。虽然这会损失一些性能，但能够降低其他形式的并发编程模型带来的风险。
- Dart 可以 AOT(ahead-of-time)方式编译为原生代码以达到汇编级别的最优性能。Dart 代码可被编译为 ARM 或 x86 架构下的二进制代码，但同样也可被编译为 JavaScript，因此 Dart 代码甚至还能在网页上勉强运行。暂且抛开这种转译，既然 Flutter 以移动平台为目标，那么 Dart 代码将以 AOT 为主要编译方式。
- Dart 在其语言基础之上提供了一个相当庞大的包的仓库，其中包括几乎大部分开发者都会用到的各种附加功能，便于他们轻松地导入自己的项目。
- 支持众多流行的开发者工具，包括 Visual Studio Code 和 IntelliJ IDEA。
- 将快照作为 Dart 虚拟机的核心部分，从而提供了一种在运行时存储或序列化对象及数据的方式(Dart 程序可被编译为快照，其中包含了所有的程序源代码和经过预分析的依赖，并且可在启动时立即执行，同时快照还被重度应用于并发编程)。

Dart 现在已成为 ECMA 的标准之一，且由技术委员会 TC52 管理，可以在网站 www.dartlang.org/guides/language/spec 上查阅最新的规范说明(更常见的做法是访问 Dart 语言的主页 www.dartlang.org)。

前面已提到，接下来的第 2 章将为你提供关于 Dart 的最新信息，且足以应对即将到来的 Flutter 代码。但以上介绍的相关内容，仅限于作为一种适当且足够的补充简介。

1.4 拥抱微件

让我们回过头来说一说整场演出中真正的明星——Flutter,以及一个比其他任何概念都更为重要的、用以支撑 Flutter 一切的概念——微件。

在 Flutter 的世界里,任何事物都是微件。当我提到任何事物时,意指几乎所有的事物都是微件(想在 Flutter 中找出一个不是微件的事物,难度要比找出是微件的所有事物高得多)。

那么,什么是微件? 它们是应用的 UI 组成部分(尽管并非所有的微件都会显示在屏幕上,只有小部分会显示)。显然,微件也可以是代码行,如下所示:

```
Text("Hello!")
```

以下代码清单同样是微件:

```
RaisedButton(
  onPress : function() {
    // Do something.
  },
  child : Text("Click me!")
)
```

以下代码清单也是微件:

```
ListView.builder(
  itemCount : cars.length,
  itemBuilder : (inContext, inNum) {
    return new CarDescriptionCard(card[inNum]);
  }
)
```

最后,以下代码清单还是微件:

```
Center(
  child : Container(
    child : Row(
      Text("Child 1"),
      Text("Child 2"),
      RaisedButton(
```

7

```
onPress : function() {
  // Do something.
},
child : Text("Click me")
    )
  )
 )
)
```

最后这个微件很有趣，它实际上使用了一种由多个微件构成的层级结构：一个 Center 微件，里面嵌入了一个 Container 微件，而在这个 Container 微件的内部又嵌入了一个 Row 微件，在这个 Row 微件的内部又嵌入了两个 Text 微件以及一个 RaisedButton 微件。它们是什么微件并不重要(尽管命名已给出含义)，重要的是你所看到的整个微件的层级结构，正是微件在 Flutter 领域内的存在形式。

没错，在 Flutter 中微件无处不在。微件就在我们身边。Flutter 本身就是一个强大的 UI 框架：你得到的是一个微件！

正如开头提到的，Flutter 中几乎所有事物都是微件。当你在用户界面的上下文环境中提到微件这个词时，人们所能想到的各种显而易见的事物有按钮、列表、图片、文本输入框等事物。它们当然是微件。但是，在 Flutter 中那些一般你不认为是微件的事物，仍然是微件，比如图片的外边距、文本输入框的状态、显示在屏幕上的文本甚至应用所使用的主题，所有这些事物也都是微件。

既然 Flutter 中的一切都是微件，一个显然的结论就是：你的代码从本质上看就是由众多微件堆叠而成的(这在 Flutter 中有一个特别的叫法：微件树)。可见，大多数微件都是容器，意味着它们可以嵌入其他微件。其中一些只能嵌入一个，另外一些可以嵌入多个。同样，嵌入的微件又可以分别嵌入一个或多个其他微件，以此类推。这就是微件的存在形式。

所有的微件都是 Dart 类，所有微件只有一个明确的要求：它们必须实现 build() 方法。这个方法必须返回其他微件！关于这一点少有例外，一些低级别的微件(如 Text 微件)会返回一个原生类型(此处为 String)，但大多数都返回一个或多个其他微件。除此之外，从代码级别看，一个微件就是一个普通的 Dart 类(除了第 2 章将要展示的少量语法之外，这与你在其他面向对象编程语言中认识的类没什么两样)。

Flutter 微件扩展自 Flutter 所提供的几个少数标准类之一，符合典型的面向对象编程范式。扩展类决定了我们将使用何种基本微件，而在 99%的时间里你将围绕两种微件进行开发：StatelessWidget 和 StatefulWidget。

继承自 StatelessWidget 的微件不会发生改变，它们因不含状态而被称为无状态微件。比如显示小图的 Icon 微件，显示字符串文本的 Text 微件，就属于此类微件。无状态微件的示例如下：

```
class MyTextWidget extends StatelessWidget {

  Widget build(inContext) {
    return new Text("Hello!");
  }
}
```

是的，就是这么简单！

相对而言，StatefulWidget 基类在内部带有一个状态属性，当用户与之交互时将以某种形式发生改变。如 CheckBox、Slider、TextField(当你遇到此类将首字母大写的单词写法时，意即真实的 Flutter 微件类名，而普通的表达将正常译出，如文本表单域)，都是大家熟知的有状态微件。当你编写这样一个微件时，实际上须创建两个类：有状态微件类和相应的状态类。下面展示了一个有状态微件及其关联的状态类：

```
class LikesWidget extends StatefulWidget {

  @override
  LikesWidgetState createState() => LikesWidgetState();

}

class LikesWidgetState extends State<LikesWidget> {

  int likeCount = 0;

  void like() {
    setState(() {
      likeCount += 1;
    });
  }

  @override
  Widget build(BuildContext inContext) {
```

```
return Row(
  children : [
    RaisedButton(
      onPressed : like,
      child : Text('$likeCount')
    )
  ]
);
  }
}
```

像之前一样，无须纠结太多细节，目前并不期望你能读懂这些代码，我们将在第2章中深入讨论，在那之前你只需要掌握 Dart 的一些基础概念即可。但同时，我相信你多少对我们所讨论的内容有一个基本的认知，因为它们还是比较浅显直白的。除了微件代码及其状态对象是如何交互和发生联系的部分有些难懂之外，其他大部分内容都还算简单，不过不必担心，这样的状况不会持续太久！

暂时回到无状态微件的概念上来，我们应注意到术语"无状态"其实有些不够准确，因为 Dart 中的类封装了属性和数据，无状态微件也不例外，因此从某种意义上说，它也拥有状态。有状态微件与无状态微件的关键不同在于，无状态微件在"状态"发生改变时并不会被 Flutter 核心框架触发而自动重新渲染，而有状态微件则会自动触发重新渲染。当有状态微件的状态改变时，无论因何缘故导致，都将触发某些特定的生命周期事件。这些触发生命周期事件回调的函数调用，最终引起 Flutter 重新渲染微件在屏幕上占据的部分(如果这次改变是必需的，Flutter 将替你做出决策，因为它清楚这个微件在事件发生前后的状态)。

我们可以这样理解：两种类型的微件都有状态，不过 Flutter 只关注有状态微件的状态，甚至在某种程度上会管理其状态。因此，只有有状态微件才会在适当的时候自动重新渲染，且受控于 Flutter 框架本身而不是你的代码。

你可能倾向于认为你会一直使用有状态微件，这样就可以省很多事儿，但从后续我们构建的应用中你将看到，事情并非如此。事实是：你会发现你将不可思议地大量使用无状态微件。我们改天再来讨论这个话题。

你应该已经注意到有两件事的重要性非同一般。其一，微件构成了 Flutter 的 UI。并形成了早些时候我曾提到的微件树。同时，微件的代码是面向对象的，UI 的构建方式就是一种组合范例。这一点非常重要，大部分 Flutter 微件本身都相当简单，并且也只能通过组合方式来构建强大的 UI。有些框架使用可以称为"全能"的组件，它们自身就代表整个应用。Flutter 则完全不同，即使相对较小的 UI 都很可能由多个微件组合而成。

其二，Flutter 通过代码构建 UI。我知道这是显而易见的，但请想一想：Flutter 不像网页开发那样，并没有一种专门用于构建 UI 的标记语言。由此带来的好处是只需要学会一种语言，掌握一种编程范式。乍一看这没什么，但却是 Flutter 与相对其他竞争者的巨大优势。

暂时这就是所有你需要掌握的微件知识点了。我们将从第 3 章开始将 Flutter 自带的微件列表整理为目录并深入介绍它们，然后在第 4 章基于这些微件来构建三个应用，以讲解每个微件的用法。最终你将对进行 Flutter 开发时用到的大多数常见微件形成良好的理解，并很好地掌握如何使用和构建微件。

1.5 言归正传：Flutter 的优劣对比

与其他任何框架一样，合格的开发者需要评价我们可能考虑的任意选择的收益和风险，Flutter 也不例外。我个人认为 Flutter 可以做很多事，但它并非灵丹妙药，它也有自身的问题。Flutter 有其不足之处，它并不适用于所有项目，尽管如此，我仍然坚信，即使它不是最好的，但也绝不是最差的。

既然如此，我们就来说一说 Flutter 的优劣，为了容易理解，我们将它与其他可选方案进行对比。

- 优势：热重载——当我们搭建好 Flutter 开发环境并快速预览一个模板应用之后，我们将回顾这一点，你将看到，这是 Flutter 的一个巨大优势。在集成了第三方的 Expo 组件后，React Native 也可以拥有这一能力。但 Flutter 的表现更为优异，以我的经验来看，更为流畅。其他框架则很少能做到这一点。
- 劣势：专注移动应用——在撰写本书时，你只能使用 Flutter 开发 iOS 和 Android 移动应用。有了 Flutter 后，你会失望于它不能满足你的所有开发需求。不过，你可以选择使用 Flutter 进行 Web 开发乃至 Windows、Mac 和 Linux 原生开发。不久之后，这种劣势可能变成优势，因为整个计算机世界都可以使用 Flutter 构建(对某些人来说，将成为一种意义重大的优势：Google 将比现在拥有更多话语权——你必须自己做出决定)。
- 优势：完全跨平台——你的 Flutter 应用将以最小代价运行于 iOS 及 Android(乃至 Android 的继任者 Fuscia)平台上。与众不同的是，Flutter 提供了两组微件，其中一组适用于 iOS，而另一组则适用于 Android。因此，你的应用不仅可以表现一致，还可以与平台完美融合(这取决于你，而并非强制要求)。其他平台则很少能像 Flutter 这么轻松做到这一点(你通常需要编写大量分支代码以适配两个平台，使用 Flutter 则相对轻松很多)。

- 劣势：代码混合——一些开发者，特别是那些拥有 Web 开发背景的，认为 UI 与逻辑的分离是再普通不过的做法(相对于使用 HTML/CSS 来定义 UI，使用 JavaScript 及运行于后台的语言定义逻辑)，他们很可能对 Flutter 代码将 UI 与逻辑混合在一起的做法感到惊讶。当然并非只有 Flutter 这么做，React Native 也曾因此饱受诟病。

- 优势：Dart——Dart 简洁而强大、面向对象、强类型，并赋予开发者快速且可靠的代码高产能力。一旦掌握，大多数开发者对 Dart 的热爱都会高过 JavaScript、Objective-C 和 Java。

- 劣势：Google——我把这点列为劣势，更多是个人主观判断，你当然可以同意或反对(老实说，我自己也一直踌躇不定)。有些人对 Google 对互联网的掌控力之大而有所不满，即使那些掌控并非 Google 有意而为之。当你作为游戏的主宰者时，你会倾向于拥有绝对的控制力。尽管如此，有人认为使用 Google 独自研发的技术开发(所有平台的)移动应用有些不自量力。当然也会有人为有如此强大的后盾支持而拍手称快。所以，这是一场你必须自己去寻找答案的辩论。

- 优势：微件——Flutter 自带一组丰富的微件，并且实际上将满足你构建任何应用之需。尽管如此，你仍然可以创建自己的微件(实际上，你必须创建自己的微件，但它们的复杂度将大有不同)，你甚至可以引入其他第三方微件以扩展 Flutter 的能力。新创建或引入的微件与 Flutter 自带的微件一样容易使用。以 React Native 为例，其主要依赖添加诸多第三方微件来弥补自有微件的不足，而 Flutter 则提供了太多开箱即用的微件。

- 劣势：微件树——这点被归为劣势是由于有时你最终会因嵌套太深(如果没有其他原因的话)，导致代码可读性太差，而难以理解其结构。在过去的二十年中，随着万维网的兴起，我们已经变得对此有些习以为常了，因为与 HTML 遇到的问题如出一辙。但因为事实上 Flutter 中的任何事物都是微件，所以嵌套有时比 HTML 还要深，并且 Dart 代码风格导致阅读此类代码有些棘手。当然，你可以运用一些技术手段来减少嵌套，我将在随后带领大家阅读真实的应用代码时就此再作讨论，但嵌套过多的劣势仍需要我们时刻注意，并自行处理。关于这一点，Dart 和 Flutter 都无能为力。

- 优势：开发工具——在 1.6 节中，你将看到完成 Flutter 基础开发环境的搭建是如此简单。尽管如此，你可以抛开基础开发环境，而是使用那些你在进行其他开发工作时所习惯使用的工具。这一点再次减少了开发者的阻力。

- 劣势：响应式编程及状态管理——Flutter 通常被认为是一种响应式编程范式，这意味着可通过给定微件的当前状态来管理应用的 UI。前面介绍过的 build() 方法以当前状态作为入参，并返回包含当前状态的微件的可视化描述。当状态发生改变时，微件通过再次调用 build()方法，同时传入其最新的状态进行重建以"响应"该变化。这一切的发生都表现为 Flutter 的函数及其生命周期；你(通常)不必考虑太多，而只需要提供 build()方法。相对于其他框架，你需要先构造一个微件，再调用一系列赋值方法以设置其正确的状态。在 Flutter 或其他框架中，这一范式被广为接受，但它也可能被当作 Flutter 的一个劣势，因为有时候，在完成一些微小的功能时无可辩驳地更为复杂(我们将在后续章节中见识到这种复杂性以及一些相应的处理方法)。与此相关的还有状态管理话题，并没有一种标准可用来判断对错，至少在撰写本书时，这仍是 Flutter 的一大不足。你会有多种方式用来管理状态，或优或劣，但你必须决定哪种最适合自己(当然，我也会给出我认为不错的方式)。Google 正在拟订一种标准，但目前还未完成，所以直到它完成之前，我将把(对状态管理)缺乏有力的指导视为 Flutter 的劣势之一(尽管有些观点认为这种灵活性可被当作优势来看，但无论如何我都不会卷入任何无意义的争论之中)。

- 优势：平台特定的微件——由于 Flutter UI 通过代码构建，维护一套代码的同时支持 iOS 和 Android 就变得简单直接了，即使在需要处理一些平台差异时也是如此。举例来说，你总是可以在运行时通过查询 Platform.isAndroid 或 Platform.isIOS 的值来判断当前运行环境，并借此判断应该构造何种平台特定的微件。也许你希望在 Android 平台上使用 RaisedButton 而在 iOS 平台上使用扁平的 Button。没有必要维护两套不同的代码，多数情况下一个简单的分支判断即可完成此类工作。

- 劣势：应用大小——因为需要嵌入核心 Flutter 引擎、Flutter 框架、支持库以及其他资源，Flutter 应用一般要比纯原生方式开发的应用大一些。一个简单的"Hello, World!"Flutter 应用，大小可达 7MB。这当然需要权衡，如果有一个用例对应用大小有严格要求，那么 Flutter 也许不是最佳选择。

好了，至此我敢说你已经掌握了，也可以说积累了有关 Flutter 的一些基本概念，你对 Flutter 有了一个大致的了解。让我们开始动手写一些真正的代码吧！

1.6 无须多言，向 Flutter 进发吧

在真正动手写代码之前，我们应该先安装 Flutter 以及一些需要用到的开发工具，对吧？"工欲善其事，必先利其器！"

幸运的是，Flutter 开发环境的搭建相当简单。

1.7　Flutter SDK

毫无疑问，首先要完成的就是下载、安装以及配置 Flutter SDK。这是一切的基础。接下来，虽然不是必需的，但为配合本书使用还是建议大家下载、安装和配置 Android Studio(包括 Android SDK 和模拟器的设置)。

打开网址 https://flutter.io，这里是 Flutter 安装过程和文档的"一站式购物平台"。单击顶部的 Get Started 按钮，在 Install 页面可以选择你所使用的操作系统(Windows、macOS 或 Linux)。

■ **注意：**

我是一名忠实的Windows用户。Windows是我所知道的最好的操作系统。因此，本书将围绕Windows来讲解。说到这儿，我将努力指出不同系统间的重大区别。总体来说，无论你是否使用Windows，都不会有太大区别。虽然安装软件的过程的确有所不同，但是Flutter网站会在你需要协助的地方给予正确的指引。

选择适合的链接，Flutter 网站将为你提供下载及安装 SDK 的信息。与其他 SDK 或软件不同，你可能会遇到一点困难。必须指出的一点是如何将 SDK 添加至系统环境变量的那部分说明。尽管这样做有利于编译构建，但你仍然可以跳过这一步骤，如果愿意的话。不过要注意，如果坚持跳过，所有命令的执行都必须位于 SDK 路径之下，否则必须指定 SDK 的完整路径。一旦我们完成 Android Studio 的安装，你就会发现无须添加 SDK 至系统环境变量，只有当确实需要在命令行环境下执行 SDK 命令而非通过 Android Studio 执行编译构建时，设置系统环境变量才有用。

说到命令，事实上你可能需要执行的一条命令，一条按照 Flutter 网站上的安装说明需要在 SDK 安装完毕时执行的命令，就是 flutter doctor。大多数命令将被转发给 SDK，除此之外就是 flutter，这也是实际上执行的程序，doctor 是可以发送给它的命令之一。这可能是最重要的一条命令，可用来执行一系列的检查和配置以确保 Flutter 可以运行。

刚开始执行这条命令时，你可能会看到一些可以预见的失败条目，下一步将解决这个问题：安装 Android Studio。

1.8　Android Studio

Flutter 网站上的说明将指导你安装 Android Studio，虽然在不同系统上略有不同，但是当你下载完成后，你将启动并执行 Android Studio 的安装向导。你将下载 Android SDK 和模拟器镜像，以及其他一切必需的工具。同时，你需要安装一些与 Dart 和 Flutter

相关的特定插件。

　　现在，完成上述步骤后，如果继续遵照安装说明，接下来你将需要将 Android 手机或平板模拟器连接到计算机，并确保 flutter doctor 指令运行无误。尽管如此，你仍然可以跳过该步骤！当然，如果确实拥有一台 Android 设备，你完全可以跳过它。

　　不过，如果你是一名 iOS 爱好者，并且你不想在开发 Flutter 代码时使用真实设备——老实说，我也不喜欢一直将我的手机连接至计算机——那么我的建议是打开 Android Studio，找到 AVD(Android 虚拟机)管理器，你将在启动界面上找到 Configure 菜单，并创建自己的 Android 虚拟设备。建议创建一台 Pixel 2 虚拟设备，使用 API 级别 28(请确认已安装对应的 SDK，可以通过 Configure 菜单找到 SDK 管理器来确认)并设定分辨率为 1080×1920(420dpi)、目标为 Android 9。选择一种 x86(ABI x86_64)镜像。长久以来，Android 虚拟机在性能方面臭名远扬，但此类虚拟设备表现异常优异，几乎可以媲美原生性能。尽管这么做可能没什么必要，但还是请为其配置 512MB 的 SD 卡。大部分设置使用默认大小即可满足需求，但 API 级别和 CPU 类型比较关键(需要进行特别设定)。

　　完成上述设定后，你已准备好随时通过 Android Studio 来运行 Flutter 代码了。也可以通过命令行基于 SDK 来运行，不过我不会过多描述如何通过命令行来操作 SDK，除了 flutter doctor 之外。在本书的剩余部分，我们都将在 Android Studio 中完成一切。

　　注意，当你再次运行 flutter doctor 时，你可能仍旧得到错误提示，说找不到可用的 Android 设备，这可能是因为你刚刚创建的虚拟设备还没有运行起来。尽管如此，flutter doctor 应该能检测出原因，并向你展示一个干净又健康的状态清单。最终，如果虚拟设备确实没有运行，并且你也没有将一台真实的 Android 设备连接至计算机，但只要这是 flutter doctor 报告的唯一错误，你就可以继续前进。

　　想了解 iOS 是什么状况，先别急！因为我们使用的是 Android Studio，通过它所能做的事，无论操作方式还是文件格式，都不可能运行在 iOS 上。只有以下场景才需要考虑这一点：当你希望在一台真实的 iOS 设备上进行测试，抑或部署的目标设备是 iOS，抑或构建用于分发的应用时，你才需要一台 Mac 机器并安装好 Apple 的 Xcode IDE。本书不涉及 iOS 或 Android 的应用分发主题，因此模拟器就可以满足我们的需求。

1.9　(不那么)经典的 "Hello, World!" 应用

　　如果继续遵从 Flutter 网站上的安装指导，你将在最后一步创建一个小型的 Flutter 应用。尽管文档中的讲解非常棒，但我还是建议你先跳过这个步骤，让我来带你实际体验一遍。

　　首先，让 Android Studio 自动构建一个应用(在 SDK 的协同下)。这个过程相当简单，当我们在虚拟设备上把这个应用运行起来时，我们将稍作修改并一睹热重载如何

发挥作用。

但是，我们得先创建一个项目！当首次启动 Android Studio 时，你会看到如图 1-1 所示的界面。

图 1-1　启动 Android Studio

看到 Start a new Flutter project 这行文字了吗？这正是我们需要的，单击它！你将看到如图 1-2 所示的应用创建向导。

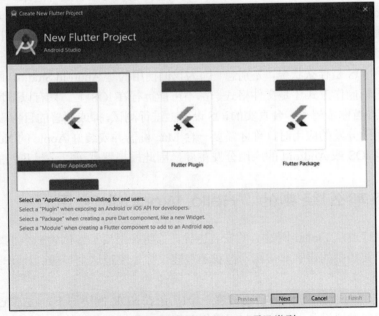

图 1-2　选择需要创建的 Flutter 项目类型

你可以创建四种类型的 Flutter 项目：

- Flutter Application(贯穿本书所使用的类型)
- Flutter Plugin(一种可以导出原生 Android 或 iOS 功能到使用 Dart 语言开发的 Flutter 应用的插件)
- Flutter Package(只有在你想发布一个独立于应用的自定义微件时才需要选择这种类型)
- Flutter Module(可以将 Flutter 应用嵌入原生应用)

选择 Flutter Application 并单击 Next 按钮，你将看到如图 1-3 所示的界面。

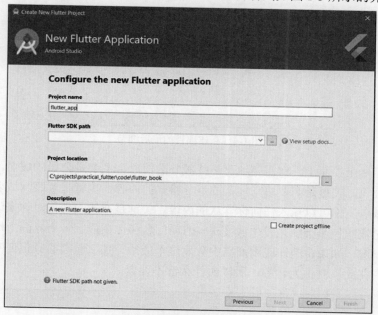

图 1-3 输入应用所需的必要信息

在这里，你需要输入刚刚创建的应用的一些必要信息。默认值也可以，或者按你喜欢的方式对项目进行命名，以及修改相关描述。同时，你可以修改项目的保存路径(保留默认值也行)。看到底部的错误提示了吗？如果没有错误提示，那更好，说明你已经正确配置了系统环境变量。但是，如果遇到错误提示，那是因为 Android Studio 还不知道你的 Flutter SDK 安装在哪里，你必须告诉它。单击 SDK 路径输入框右侧的▣按钮，浏览已经安装好的 SDK 路径并选中，确认 Android Studio 加载成功(你会发现错误提示消失了)，再次单击 Next 按钮，我们将看到如图 1-4 所示的界面。

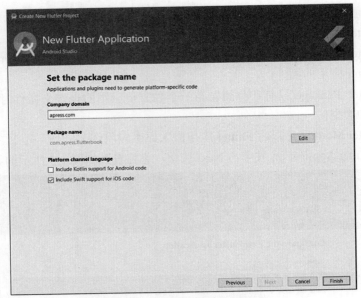

图 1-4　新建项目的最后细节

　　在最后一个界面上，你需要填写一些额外的信息，主要是公司的域名。当然不一定非得是公司，关键是需要填写规范的点分格式的内容，也就是互联网域名。如果还没有一个域名，你可以输入任何你喜欢的内容。关键是：输入任何对你来说有意义的内容，同时注意包名会随之发生改变——把项目名和你在最后一个界面上填写的域名拼接在了一起。如果希望在应用商店中分发这个应用，那么包名必须保证唯一性，不过既然我们在此以测试为目的，所以叫什么都不要紧。

■ 注意：

　　你也许还能看到一种名为Sample Application的项目类型，这取决于所安装的Android Studio和Flutter插件的版本。能否看到都无所谓，如果需要的话，它可以帮你创建一些模板代码，但本书用不到，因此无论有没有这个选项都无关紧要。

　　最后，你需要在平台所支持的编程语言中做出选择。一般来说，比较常见的是不选 Kotlin 而选中 Swift。这里指的是在 Flutter 框架下使用的平台特定的语言，除非在应用中需要与原生代码交互，否则对你来说没什么不同。

　　设定完成后，单击 Finish 按钮，Android Studio 会快速生成一个简单的 Flutter 应用。这花不了几分钟，你可以观察底部的状态栏以确保所有任务已完成。完成后，查看 Android Studio 工具栏的顶部，找到用于列出已连接设备列表的下拉菜单，如图 1-5 所示。

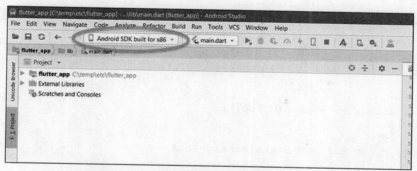

图 1-5　Android Studio 中的虚拟机下拉列表

　　你会看到前面创建的模拟器。选中它，如果还未运行，那么很快就会启动它。运行起来后，单击写着 main.dart 的下拉列表旁的绿色箭头(这是应用的入口)。然后，稍等一会儿，等待应用完成构建、部署并运行在模拟器上(这取决于你的机器配置，可能需要一分钟左右，不要急——不过首次构建之后就会快很多)。之后你会看到如图 1-6 所示的界面。

图 1-6　这是我的第一个 Flutter 应用

　　这个应用虽然简单，但却展示了大量内容。单击底部带有加号的圆形按钮(即悬浮按钮或 FAB)，你会发现每单击一次计数就会加 1。

Android Studio 将自动打开已生成的代码，形如以下代码清单(不过请注意，我已经移除注释并重新格式化了部分代码，希望便于阅读)：

```dart
import 'package:flutter/material.dart';

void main() => runApp(MyApp());

class MyApp extends StatelessWidget {

  @override
  Widget build(BuildContext context) {
    return MaterialApp(
      title: 'Flutter Demo',
      theme: ThemeData(
        primarySwatch: Colors.blue,
      ),
      home: MyHomePage(title: 'Flutter Demo Home Page'),
    );
  }
}

class MyHomePage extends StatefulWidget {

  MyHomePage({Key key, this.title}) : super(key: key);

  final String title;

  @override
  _MyHomePageState createState() => _MyHomePageState();
}

class _MyHomePageState extends State<MyHomePage> {

    int _counter = 0;

    void _incrementCounter() {
    setState(() {
```

```
      _counter++;
    });
  }

  @override
  Widget build(BuildContext context) {
    return Scaffold(
      appBar: AppBar(
        title: Text(widget.title),
      ),
      body: Center(
        child: Column(
          mainAxisAlignment: MainAxisAlignment.center,
          children: <Widget>[
            Text(
              'You have pushed the button this many times:',
            ),
            Text(
              '$_counter',
              style: Theme.of(context).textTheme.display1,
            ),
          ],
        ),
      ),
      floatingActionButton: FloatingActionButton(
        onPressed: _incrementCounter,
        tooltip: 'Increment',
        child: Icon(Icons.add),
      ),
    );
  }
}
```

　　代码量虽然不大，但还是涉及很多内容。此刻，你还没有掌握足够的知识点，也就是说还不能深入理解，毕竟我们还没开始讲解 Dart 的细节。不过我也没打算完全不做任何解读而让你自行领悟，因此我会指出其中比较关键的几点。

首先，请注意每个 Flutter 应用的入口都是 main()方法，它将简单地调用由 Flutter 自身提供的 runApp()方法，并传入顶级的根微件。总会有一个微件位于层级的顶层，并包含其他所有微件，这里是一个 MyApp 类的实例。这个类碰巧是前面讨论过的无状态微件类，因此其唯一需要做的就是提供 build()方法，正如你所看到的那样。build()方法返回的微件(请牢记，build()方法返回的永远是一个子微件或有或无的微件)是一个 MaterialApp 类的实例，该微件也是由 Flutter 提供的(你可以在代码的顶部看到它是从 flutter/material 导入的)。我们将在第 3 章深入讨论这个微件，但关键是它提供了 Material 风格(也就是 Google UI 风格)应用的基础框架。你可以看到它设置了标题(MaterialApp 构造方法的入参之一)，用于在应用运行时显示在状态栏上。你还可以看到，你能为 Flutter 应用设置主题和细节，比如主题的主色调，此处设置为蓝色。

该 MaterialApp 微件有一个子微件——一个 MyHomePage 类的实例。Dart 有点儿奇怪的地方在于，当你实例化一个类时，你不需要像大多数面向对象语言那样提供一个 new 关键字，就像这里所展示的那样)。

MyHomePage 类定义了一个有状态微件，在这个例子中我们需要两个类：继承自 StatefulWidget 的核心类，以及与之关联的继承自 State 的状态类。_ MyHomePageState 就是那个状态类，虽然看上去有点儿怪，但它也是一个微件，你可以从它拥有 build()方法看出这一点。你的第一个直觉可能是：build()方法应该在 MyHomePage 内，同时 _MyHomePageState 应该仅包含描述 MyHomePage 微件的数据，但事实恰恰相反。

无论如何，build()方法再次返回了一个微件，这次是 Scaffold 微件。你仍无须考虑它是一个什么微件，我们将在第 3 章深入讨论。但简要来说，它为应用提供了基本的可视化布局，包括显示标题的状态栏(实际上是一个 AppBar 微件)，等等。Scaffold 同时还提供了绑定 FAB 的能力，也可以说，将 FloatingActionButton 微件的实例，作为入参 floatingActionButton 的值传入 Scaffold 的构造方法。

另外一个传入 Scaffold 的构造方法的参数是 body，我们将其他微件作为子节点添加至此。在这里，你将开始见证"一切皆微件"：我们有一个 Center 微件，它是一个容器(你也许已经猜到了)并居中设置了唯一的子微件。此例中，child 是一个 Column 微件，它是 Flutter 提供的众多布局相关的微件之一，该微件将其所有子微件排成一列。这里的 Column 微件的两个子微件都是 Text 微件，一个用于展示文本"You have pushed the button this many times: "，另一个用于展示单击按钮的次数。

在接下来的两章中，我将不断深入探索 Dart 和 Flutter，这一切将逐渐明朗。尽管我省略了大量细节，但我还是觉得以上解读足以让你产生适度的理解(另外，我移除的那些注释实际上很有用，它们提供了很多有用的信息，当你自行生成这个应用时请记得仔细阅读)。

1.10 热重载：你会喜欢上它的

从现在起，一切将变得难以置信。先确保应用已在模拟器上运行起来，再打开 Android Studio 并找到如下代码：

```
Text(
  'You have pushed the button this many times:',
),
```

随便修改下，比如将 button 改为 FAB，并按 Ctrl+S 快捷键或选择 File 菜单下的 Save All 选项以进行保存。现在，观察模拟器，几乎在同一时间你看到屏幕也发生了变化(也许要花几秒时间，但绝对比首次运行快多了)。

棒极了，是吧？

热重载仅工作于调试模式，从应用的右上角的调试条幅中我们可以看出。在调试模式下，应用运行在 Dart VM (虚拟机)上，而不是编译好的本地 ARM 代码，只有用于发布的应用才会编译为本地代码(因此，在调试模式下，应用的运行会有一点点慢)。热重载通过将修改过的源代码注入正在运行的应用宿主 Dart VM 而生效。注入后，VM 将更新所有因改变成员变量或方法而引起变更的类。然后，Flutter 框架触发一次微件树的重建，于是你的变更被自动响应。你不需要重新构建应用、重新部署或重启任何东西，所有的事情将按需自动完成，以使变更以最快的速度反映在屏幕上。

尽管很少发生，但你可能偶尔会碰到热重载并未如期响应某些代码变更的情形。如果碰到这种情况，先尝试单击工具栏上的 Hot Reload 图标，它看起来像闪电，如图 1-7 所示(也可以在 Run 菜单中找到 Hot reload 选项，快捷键是 Ctrl+/)：

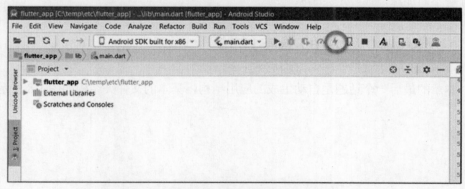

图 1-7　Android Studio 中的 Hot reload 图标

这应该能解决前面的问题。同时请注意控制台窗格，通常位于 Android Studio 下方并自动显示，你会看到一些输出内容，如下所示：

```
Performing hot reload...
Reloaded 1 of 448 libraries in 2,777ms.
```

同样，当热重载执行时你会发现一个小的气泡提示，显示在控制台窗格的旁边。

现在，一件关于热重载机制的令人振奋的事情是：应用的状态被保留了下来！你可以通过单击几次 FAB 按钮，并且观察到文本确实改变了来确认这一点。换句话说，单击按钮的计数值在重载后保留了下来。这使得改变 UI 的同时保留其当前状态变得非常容易，因此你可以在两种设计中轻易地进行 A/B 测试。但如果不想保留状态呢？在这种场景下，需要热重启。你可以通过 Run 菜单中的 Hot restart 选项或使用快捷键 (Ctrl+Shift+/)来激活它，但必须手动执行(相对而言，热重载会在你改变代码并保存时自动执行)。

有趣的是，工具栏上并没有提供热重启的图标，不过无论如何，这都将重启你的应用并清除状态，只是没有重新构建。

你当然可以在任何需要的时候执行一次构建(执行 Run 命令)，但这将引起一次完整的编译过程，因此会比较慢。热重启几乎像热重载一样快，因为它所做的工作少得多，却带来几乎相同的效果(当然，除去代码变更的因素——你需要为此执行构建，或者默认情况下通过热重载来完成)。

希望你能明白热重载的好处，开发者可以使用它进行高效开发。我想随着对 Flutter 的理解不断加深，你一定会感激它的。

1.11　Flutter 应用的基本结构

本章的最后一个话题是自动生成的应用结构，基本的文件夹结构如图 1-8 所示。

图 1-8　基本的文件夹结构

如你所见，有 5 个顶级文件夹，它们分别是：

- android——这里包含了 Android 平台特定的代码及资源，比如应用图标、Java 代码、Gradle 配置及临时资源等(Android 使用 Gradle 作为构建系统)。其实，这就是一个标准的 Android 项目，你可以使用 Android 工具链来完成构建。大部分情况下，你只需要修改图标(位于 android/app/src/main/res 目录下，其中每个子目录都代表一种不同的分辨率)。通过 android/app/src/main 目录下的 AndroidManifest.xml 文件，可以按应用所需设置相应的 Android 平台特定的应用属性。

- ios——同 android 目录一样，该目录包含了 iOS 特定的代码。关键的不同在于 ios/Runner/Assets.xcassets 目录，iOS 应用所需的平台特定图标都放在这里；至于 ios/Runner 目录下的 Info.plist 文件，其作用等同于 Android 应用的 AndroidManifest.xml 文件。

- lib——尽管第一次接触时会觉得有点奇怪，但它就是应用代码所在的目录。在这里，你可以用你希望的方式自由组织代码，创建你喜欢的任意目录结构。但你需要一个文件作为入口，大多数情况下，自动生成的 main.dart 文件承担了这个职责。

- res——这个目录包含了一些资源，比如应用需要的国际化字符串资源。本书不会涉及此项内容。

- test——在这个目录中你会找到一些 Dart 文件，用于执行针对应用的测试。Flutter 提供了 Widget Tester 功能，它可以使用这些测试来确保微件功能的正确性。与 res 目录一样，本书也不会涉及测试方面的内容，因为在 Flutter 开发中这是可选的，而且单就测试本身都足以写一本书了。当然，测试相当重要，但在你学会开发 Flutter 应用之前，你无须测试任何东西，本书将聚焦于掌握开发技能这一目标。

在 Android Studio 中默认被隐藏显示的.idea 目录中存储了 Android Studio 的配置信息，你可以忽略它(从 Android Studio 源自 IntelliJ IDEA IDE 可知，.idea 目录因此得名)。此外还有 build 目录，用于存储在使用 Android Studio 和 Flutter SDK 构建应用时用到的一些信息。通常可以忽略它们。

除了以上目录外，你还会在项目的根目录中看到一些文件。有一些位于 lib 目录之外的文件需要关注，它们是：

- .gitignore——Git 版本控制用来管理不需要纳入版本控制的那些文件。开发 Flutter 应用时是否使用 Git 是完全可选的，但该文件无论如何都会自动生成。源代码控制本身是一个完整的话题，本书同样不会涉及此项内容，因此也可以忽略。

- .metadata——Android Studio 用于记录项目的数据。你可以忽略它，因为你永远不会手动编辑它。

- .packages——随 Flutter 提供的包管理器用于管理项目的依赖。这个包管理器叫作 Pub,该文件就是 Pub 用来管理项目的依赖的。你不会与它发生直接的交互,甚至也不会直接用到 Pub,所以也可以忽略它(直接通过命令行使用 Pub 并非绝无可能,但在 Android Studio 中确实少见,随 Flutter SDK 提供的命令行接口已抽象并隔离其中的大部分操作)。

- *.iml——这是 Android Studio 的项目配置文件,它将以你的项目命名。你永远不会直接编辑它,因此可以忽略它。

- pubspec.lock 和 pubspec.yaml——你用过 NPM 吗?你熟悉 NPM 使用的 package.json 和 package-lock.json 文件吗?是的,这就是 Pub 用于同样目的的文件。如果不熟悉 NPM,那么可以使用 pubspec.yaml 向 Pub 描述你的项目及其依赖。pubspec.lock 文件是在 Pub 内部使用的。你一定会直接修改 pubspec.yaml,而绝不能修改 pubspec.lock,稍后将介绍 pubspec.yaml 的细节。

- README.md——你可以按自己喜欢的方式自由使用的自述文件。通常,GitHub 之类的网站使用这个 Markdown 文件来展示项目信息,当你浏览一个仓库时,就会发现它位于根目录中。

到现在为止,pubspec.yaml 是最重要的文件,它也是少有的几个你需要编辑的文件之一,所以你可以忘记其他事,但一定要记得它!稍后当我们需要添加一些依赖到项目中时,我们会用到它,但此刻,自动生成的文件足以满足我们的需求了。

1.12 其他一些"隐藏的"细节

打开 ios 目录,看一下其中的文件,你会发现有一个文件名含有 Runner 这个词。这提示我们构建为发布版本的 Flutter 应用是怎么运行的。正如前面提到的,热重载可以运行是因为你的代码是以调试模式运行在 VM 上的;而在编译为发布版本时,热重载就不能工作了。这时,你的代码将被编译为本地 ARM 代码。事实上,你的代码将被编译为一个 ARM 库,这也解释了为什么你的代码位于 lib 目录中。

Flutter 引擎的代码和你的应用代码,在 iOS 上是使用 LLVM(低级别虚拟机,一种编译器架构,使用 C++编写,是为了对编译期、链接期、运行期以及"空闲期"使用任意编程语言编写的程序进行优化而设计的)提前编译(AOT)的,在 Android 上则使用原生开发包(NDK)编译为一个本地 ARM 库。这个库能被一个叫作 runner 的本地应用加载,也正是 runner 在运行你的应用。可以把 runner 理解为一个轻量的运行器,它知道怎么运行你的应用,并为之提供一些服务。在某些方面,这个运行器表现得像一个 VM,尽管相当轻量级(几乎等同于一个 Docker 容器,如果熟悉的话)。

最后,这个运行器和预编译库都被打包进 iOS 平台的.ipa 文件,或被打包进 Android 平台的.apk 文件,于是你便获得一个完整的、准备好发布的安装包!当应用被启动后,运行器加载 Flutter 库以及你的应用代码，从这一刻开始，所有的渲染、输入输出事件处理将被委托给编译好的 Flutter 应用。

■ 注意：

这与大多数移动游戏引擎的运行方式相似。我以前写过一本关于Corona SDK的书，Corona SDK的运行方式与Flutter非常相似，尽管它使用Lua语言而非Dart语言(我打赌Flutter团队曾考虑将Lua列为备选语言)。我觉得这很有趣，Google最终从游戏引擎获得灵感来设计Flutter，这也证实了我一直所说的：要想成为一名合格的开发者，就写游戏吧！这是用来磨炼技能的最合适的项目类型。继续往后看，你会发现本书的最后两章将聚焦于使用Flutter构建一个游戏。

1.13　小结

本章开启了你的 Flutter 之旅！你了解了 Flutter 是什么，它能做什么，以及选择它的理由(甚至一些不选择它的理由)。你掌握了一些关键的概念，比如 Dart 和微件。你学会了如何设置开发环境以开发 Flutter 代码，还创建了第一个简单的 Flutter 应用并在模拟器上运行它。

在下一章中，你将掌握更多 Dart 知识点，建立良好的基础体系，以便在不久后可以使用 Flutter 开发一些真正的应用！

第 2 章

■ ■ ■

Dart 核心技术

在上一章中，我们对 Google 选择用来支撑 Flutter 开发的 Dart 语言做了初步介绍，讲解了 Dart 可以做什么，从而让我们从较高层次有了概览，但这已经足够了；上一章还通过一些基本的代码示例，让我们对 Dart 的方方面面有了一个大致的了解。

你应该能明白，既然所有的 Flutter 应用都使用 Dart 编写，因此你必须熟练掌握 Dart，这也是本章的重点。当你通读本章后，你将对 Dart 有一个深入的理解，至少对后续章节中涉及的代码，阅读起来毫无压力(希望你能很好地掌握本章的知识点)。我们将略作深入探讨，同时我们也将回顾第 1 章介绍的内容，这两章内容足以展现 Dart 的全貌。

需要澄清的是，本书并不会详尽地介绍 Dart。在后续章节中随着对应用代码的不断研究，我将填补一些空白，但忽略那些要么非常少见、要么过于专业的话题。事实上，这里讲述的内容将覆盖 95%你需要掌握的 Dart 知识。同时，你可以在 Dart 官网 www.dartlang.org 上查阅 Dart 在线文档，里面涵盖了其他额外的内容，以及本章所讲知识点的扩展内容。因此，如果确实希望深入研究 Dart 的话，请在读完本章后前往官网延伸阅读。

现在，让我们开启这段旅程，讨论一些你必须掌握的关键概念，以便更好地理解 Dart。

2.1 ※知※会

像其他现代编程语言一样，Dart 包含了很多内容，但它构建了几个基础概念以支撑诸多内容。其中一些是与其他语言相同的特性，而另一些则是 Dart 独有的，这也是 Dart 的优势所在。

在开始讨论这些概念之前，先来看一些超酷的东西。请看图 2-1，这就是众所周知的 DartPad，它是一个由网站 dartlang.org 提供的 Web 应用，网址为 https://dartpad.

dartlang.org。

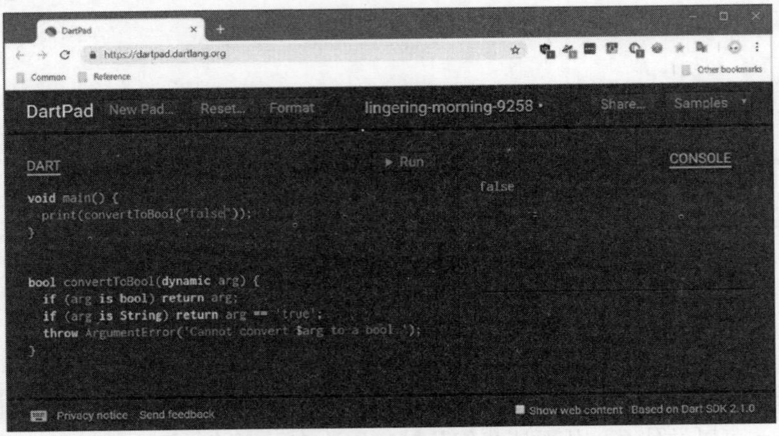

图 2-1   DartPad：网页版的 Dart 代码体验工具

通过这个简洁的工具，你可以实时体验大部分 Dart 功能而无须安装任何工具包！这是快速测试语言特性的最佳方式。在左侧输入一些代码并单击 Run 按钮，即可在右侧看到结果。快速、强大并且直接！

现在，继续学习吧！

当然，所有语言都拥有保留字，Dart 也不例外，它们在你所使用的语言中有着特别的含义，因此你不能将它们用于其他用途。让我们来看看这些保留字。我已尝试将它们分为概念上相似的组，这些概念可用于提供足够多的上下文环境来帮助理解它们。同时我还试着以合理的方式对它们进行排序，而不是简单地按字母顺序排列，以便按逻辑顺序浏览它们，使你可以掌握那些成为一名优秀 Dart 开发者所需要理解的概念。

■ **注意：**

本书假定你不是某个常见或特定领域的初级开发者，并且你已具备一些类C语言的开发经验。这在本节尤为重要，因为Dart的大多数保留字与你所熟悉的语言相比并没什么不同。针对这些保留字，我将仅做一些关键描述；而对那些Dart特有的保留字和概念，我将多做一些更加深入的讲解。

2.1.1   没有注释：关于注释的一切

我想从 Dart 的注释开始讨论，因为我认为注释是一般开发者做得不够或低效的部分。无论你是否喜欢，注释都是编程中至关重要的组成部分，Dart 也为此提供了三种注释方式。

第一种方式是单行注释，Dart使用大家所熟悉的双斜杠字符//，编译器将忽略该行//后面的所有内容。因此，你可以将//放在行首，也可以将注释放在行末，示例如下：

```
// Define the user's age.
int age = 25; // The age is 25
```

第二种方式是多行注释，同样，Dart 使用常见的标记符/*和*/，示例如下：

```
/*
  This function calculates account balance
  using the Miller-Hawthorne method
  of value calculation.
*/
```

在这两个标记符之间的任意内容都将被编译器忽略。

Dart 提供的最后一种注释方式被称为文档注释。这些注释被设计用于辅助 Dart 代码文档生成工具生成参考文档。此类注释可通过三斜杠字符///生成单行注释，或通过/**和*/生成多行注释，示例如下：

```
/// This is a documentation comment.
/**
  This, too,
  is a
  documentation comment.
*/
```

和其他方式一样，以///(重申一下，可以出现在行首或行尾)开头的任意行，///后面的内容都将被编译器忽略。尽管如此，却有如下例外：出现在注释内且被方括号包含的内容被视为类、方法、成员变量、全局变量、函数或参数引用，可从已创建好的程序元素索引中解析相应内容。请看以下代码示例：

```
class Pet {

  num legs;

  /// Feeds your pet [Treats].
  feed(Treats treat) {
    // Feed the critter!
  }

}
```

在这里，生成(你可以使用 Dart SDK 的 dartdoc 工具)文档后，文本[Treats]将变为一个链接，指向 Treats 类的 API 文档(如果 dartdoc 可在 Pet 类的合法作用域内找到 Treats 的话)。

■ **注意：**

这么说也许有点儿夸张，但我强烈建议你这么做：请一定为你的代码添加良好的注释，因为不止你一个人将会阅读它(请相信我，即使你认为只有你会阅读它，一份虽多年未经维护但注释良好的代码将成为天赐之物)。关于注释在编程界有一场经久不衰的争论。一些人非常反感撰写任何形式的注释(此为"自解释代码"阵营)，另一些人希望开发者撰写有用的注释。我当然属于后一阵营，甚至有点极端。对我而言，注释同代码一样重要，这是在经历了 25 年专业软件开发之后得出的结论，在此期间维护他人或自己的代码是十分巨大的挑战。是的，努力编写"自解释"的代码当然是正确无疑的建议。但即便如此，当你完成代码后，务必添加一些注释！你必须撰写有意义的注释。如果不能像编写代码一样花费足够多的精力在撰写注释上，至少从我的观点看，你的工作并未尽职尽责。

2.1.2 万物皆可变：变量

首先，在 Dart 中一切皆为对象。Dart 中的变量，同几乎任意语言一样，存储了一个值或某些事物的一个引用。在一些语言中，原生类型(如数字、字符串或对象)与类的实例有所不同。在 Dart 的世界里，一切皆为对象，即使简单的数字、函数，甚至 null 都是对象，它们都是类的实例，这些类都扩展自基础的 Object 类。

1. 变量的声明和初始化

在 Dart 中，你可以使用两种方式来声明一个变量，示例如下：

```
var x;
```

或者

```
<some specific type> x;
```

在此例中，请注意 x 的值为 null，即使它是数值类型。如果未定义变量的值，那么默认值总是 null。如同几乎所有语言一样，你可以在声明变量的同时定义它，示例如下：

```
var x = "Mel Brooks";
String x = "Mel Brooks";
```

在第一行，你会发现有些有意思的事：当定义 var x 时，Dart 会根据赋值推导出 x 的类型。在此例中，Dart 很清楚 x 是指向一个 String 实例的引用，但你同样可以显式地声明其类型，正如 String x 一样，两种方式都可以工作。有一种编程风格建议声明局部变量时使用 var，而其他情形下使用类型声明(比如 String x 中的 String)，但这最终取决于个人偏好。

此外，还有第三种方式，示例如下：

```
dynamic x = "Mel Books";
```

此例中，dynamic 类型声明告诉 Dart，x 引用的对象可能随时变化。因此，如果稍后这么做：

```
x = 42;
```

Dart 并不会抱怨 x 现在指向一个数值而不是字符串。

事实上，还存在第四种也是最后一种声明变量的方式，示例如下：

```
Object x = "Mel Brooks";
```

由于 Dart 中的一切都扩展自通用的 Object 类，以上方式当然也可以工作。但正如本章开头所述，后两种声明方式有着重要的区别。如果一个变量被声明为 Object 类型，并且试图调用一个并不存在的方法，你将得到一个编译时错误。使用 dynamic 类型声明的话则不同，你将得到一个运行时错误。

2. 常量与不可变量

最后，与这部分内容相关的是 const 和 final 关键字，两者都能将一个变量定义为固定的、不可变的值，示例如下：

```
const x = "Mel Books";
```

上例也可使用类型声明来实现，示例如下：

```
const String x = "Mel Brooks";
```

并且如果喜欢的话，还可以使用 final 进行替代，示例如下：

```
final x = "Mel Brooks";
```

但是，这两种用法不只是偏好问题。区别在于 const 变量在编译时是固定的，值不能依赖运行时的计算。因此，如果这样写：

```
const x = DateTime.now();
```

上述代码将不能运行。但这样写就可以：

```
final x = DateTime.now();
```

从本质上讲，final 表示只能赋值一次，但可以在运行时赋值；而 const 也表示只能赋值一次，但值必须在编译时预知。

关于 const 的最后一个知识点：你可以直接使用它来修饰各种值，就像修饰变量一样。示例如下(不必担心，尽管我们还没提到 List，但很快我们就会介绍它——我相信你一定能搞明白！)：

```
List lst = const [ 1, 2, 3];
print(lst);
lst = [ 4, 5, 6 ];
print(lst);
lst[0] = 999;
print(lst);
```

上述代码将如期运行：初始列表(1,2,3)被打印出来，接下来指向一个新的列表并且打印了(4,5,6)，最后由于首个元素被修改，列表再次打印为(999,5,6)。尽管如此，如果将代码行 lst[0] = 999;向前移动到对 lst 进行二次赋值的第三行代码之前，会发生什么？你将得到一个异常，因为你试图修改一个标记为 const 的列表。这在 Dart 中有点儿反常(我相信在有些语言中也有类似的非典型特性，但这的确不常见)。

■ **注意：**
变量及其他标识符可以字母或下画线开头，其后可以跟随任意字母和数字的组合(当然，可以按需添加任意多个下画线)。所有以下画线开头的标识符特指在其所在的库(或类)范围内，它是私有的。Dart没有Java语言中的public和private那样的可见性关键字，但以下画线开头并命名与Java或其他语言中private的作用相同。

2.1.3　物以类聚：数据类型

Dart 是强类型语言，但奇怪的是，你并不需要声明类型。它们是可选的，这是因为 Dart 在没有类型声明时执行了类型推导。

1. 字符串值

Dart 提供了 String 类，用以表示使用 UTF-16 编码单元的字符序列。可以使用单引号或双引号初始化字符串。字符串可嵌入表达式，使用${表达式}语法。如果表达式就是标识符，那么可以省略大括号，示例如下：

```
String s1 = "Rickety Rocket";
String s2 = "${s1} blast off!";
String s3 = '$s1 blast off!';
print (s2);
print (s3);
```

上述代码示范了如何使用双引号及单引号定义字符串变量以及两种形式的表达式(有时称为标记)。

同许多其他语言一样，可以使用+操作符连接字符串。也可以使用相邻的字面量，示例如下：

```
return "Skywalker," "Luke";
```

当然，这些字面量也可以包含表达式。

2. 数值

通常，我们使用的整型数值属于 int 类型，这种类型在 Dart VM 中的取值范围为 $-2^{63} \sim 2^{63} - 1$ (当 Dart 代码被编译为 JavaScript 时，相应的取值范围取自 JavaScript 的数字类型，本书不涉及这一点；同时受平台影响，最大值将不超过 64 位二进制数值)。

IEEE 754 标准定义的双精度浮点数值属于 double 类型。

int 和 double 都是 num 的子类，因此可以这样定义数值变量：num w = 5;或 num x = 5.5;，以及 int y = 5;或 double z = 5.5;。Dart 根据 x 的实际取值得出 x 的类型为 double，就像理解你为 z 指定的类型那样。

通过 int 类和 double 类的 toString()方法可将数值转换为字符串，示例如下：

```
int i = 5;
double d = 5.5;
String si = i.toString();
String sd = d.toString();
print(i);
print(d);
print(si);
print(sd);
```

同样，通过 int 类和 double 类的 parse()方法可将字符串转换为数值，示例如下：

```
String si = "5";
String sd = "5.5";
int i = int.parse(si);
```

```
double d = double.parse(sd);
print(si);
print(sd);
print(i);
print(d);
```

■ **注意：**

虽然看上去有点儿奇怪，但我的确注意到String是唯一一个首字母大写的类。老实说，我并不确定为何如此，但却有必要指出这一点。不过，这么说也不完全准确：因为之后你将看到，Map和List也是首字母大写。我同样不确定将它们与String进行类比是否合适，不管怎么说，String毕竟是"内置"的数据类型，如同int和double一样。

3. 布尔值

布尔值的类型为bool，并且只有两个实例：关键字 true 和 false(均为编译时常量)。请注意，Dart 的类型安全机制意味着不能这样写代码：

```
if (some_non_boolean_variable)
```

而应该这么写：

```
if (some_non_boolean_variable.someMethod())
```

换句话说，逻辑表达式的结果不能像其他语言那样计算为"真"。在 Dart 中，逻辑表达式只能计算为 bool 类型的两个取值中的一个。

4. 列表和键值对集合

Dart 中的 List 类与大多数语言中的数组很相似。其中一种定义数值列表的实例与 JavaScript 相同，示例如下：

```
List lst = [ 1, 2, 3 ];
```

■ **注意：**

通常，你需要在引用Map、Set或List类的实例时使用列表(以及普通集合和键值对集合)，并且只需要在引用实际类时将首字母大写。

当然，你可以使用任意一种形式，示例如下：

```
var lst1 = [ 1, 2, 3 ];
Object lst2 = [ 1, 2, 3 ];
```

列表的索引值从 0 开始编码，因此 list.length－1 表示最后一个元素的索引值。你可以使用索引值来访问元素，示例如下：

```
print (lst[1]);
```

列表本身也是对象，有一些可以直接调用的方法。我不会逐一介绍这些方法，毕竟本章不是参考文档，特别是它们中的大部分，几乎都可以在其他任意提供类似列表结构的语言中找到对应的用法，这些用法你应该已经很熟悉了，这里仅列出一些简单的示例：

```
List lst = [ 8, 3, 12 ];
lst.add(4);
lst.sort((a, b) => a.compareTo(b));
lst.removeLast();
print(lst.indexOf(4));
print(lst);
```

Dart 还提供了 Set 类，Set 与 List 有些类似，但 Set 是一个未经排序的列表。也就是说，你无法通过索引值来访问其中的元素，而必须使用 contains()和 containsAll()方法来替代，示例如下：

```
Set cookies = Set();
cookies.addAll([ "oatmeal", "chocolate", "rainbow" ]);
cookies.add("oatmeal"); // No harm, no foul
cookies.remove("chocolate");
print(cookies);
print(cookies.contains("oatmeal"));
print(cookies.containsAll([ "chocolate", "rainbow" ]));
```

上述示例中，contains()调用将返回 true，而 containsAll()调用将返回 false，因为 chocolate 已被 remove()调用移出集合。需要注意的一点是：在通过调用 add()方法添加集合中已存在的元素时并无副作用。

Dart 还提供了 Map 类，Map 有时也被称为字典、哈希表以及 JavaScript 中的对象字面量，可通过以下方式创建 Map 实例：

```
var actors = {
  "Ryan Reynolds" : "Deadpool",
  "Hugh Jackman" : "Wolverine"
```

```
};
print(actors);

var actresses = Map();
actresses["scarlett johansson"] = "Black Widow";
actresses["Zoe Saldana"] = "Gamora";
print (actresses);

var movies = Map<String, int>();
movies["Iron Man"] = 3;
movies["Thor"] = 3;
print(movies);

print(actors["Ryan Reynolds"]);
print(actresses["Elizabeth Olsen"]);
movies.remove("Thor");
print(movies);
print(actors.keys);
print(actresses.values);

Map sequels = { };
print(sequels.isEmpty);
sequels["The Winter Soldier"] = 2;
sequels["Civil War"] = 3;
sequels.forEach((k, v) {
  print(k + " sequel #" + v.toString());
});
```

第一个 actors 键值对集合是使用大括号的方式创建的，并且直接给定了取值。第
二个 actresses 键值对集合使用 new 关键字显式创建了一个新的 Map 实例。可以使用
方括号表示法添加元素，方括号内的值表示键，等号后面的值与该键对应。第三种方
式表示可以定义键值的类型。此时，如果这么做：

```
Movies[3] = "Iron Man";
```

你将得到一个编译时错误，因为 3 是 int 类型，而键的类型被定义为 String(同时，

值的类型被定义为 int，但我们却试图插入一个字符串)。

接下来，你将看到几个非常重要的方法调用。remove()方法用于从集合中移除一个元素。你可以通过读取 keys 和 values 属性来获得键和值的列表(其实是通过调用 getter 方法来完成的，在随后的关于类的章节中你将看到，尽管在方法调用后并没有圆括号)。isEmpty()方法会告诉你集合是否为空(如果喜欢，还可以使用 isNotEmpty() 方法)。尽管没有给出示范，但键值对集合还像列表一样提供了 contains()和 containsAll() 方法。最后，forEach()方法允许你对集合里的每个元素执行任意函数(你所使用的函数已传入键和值，稍后在关于函数的章节中将做更多介绍，在此无须太关注这些细节)。

像列表一样，键值对集合还提供了很多常用的方法，这里不再一一赘述，不过在后续章节中，我们在查看项目的代码时还会碰到一些。

与数据类型相关的最后一个知识点，就是相对比较特殊的 dynamic 类型，它实际上禁用了 Dart 的类型检查系统。思考以下代码：

```
Object obj = some_object;
```

Dart 知道你可以对 obj 调用一些诸如 toString()或 hashCode()的方法，因为这些方法定义在 Object 类中，而 Object 类是所有类的基类。如果试图调用 obj.fakeMethod()，你将得到一个警告，因为 Dart 在编译时发现 fakeMethod()并非 Object 类的方法，而(有可能)是 some_object 实例所属类的方法。但如果这么写：

```
dynamic obj = some_object;
```

那么在调用 obj.fakeMethod()时，你将不会得到编译时警告，尽管你会得到运行时错误。似乎 dynamic 类型在告诉 Dart："嗨，这儿我说了算，相信我，我知道我在做什么!"。dynamic 类型常用于操作函数返回值，所以你应该不太会用到它，但它并非一文不值，它至少有助于理解这与使用 Object 声明变量有着根本上的不同。

2.2 当单个值不够用时：使用枚举

需要包含确定数量的数值常量对象？不想维护一大堆零散的变量或者一个大而全的类？enum(enumerration 的缩写)正是为此而生！请看如下示例：

```
enum SciFiShows { Babylon_5, Stargate_SG1, Star_Trek };
```

可以这样使用枚举：

```
main() {
  assert(SciFiShows.Babylon_5.index == 0);
  assert(SciFiShows.Stargate_SG1.index == 1);
```

```
assert(SciFiShows.Star_Trek.index == 2);
print(SciFiShows.values);
print(SciFiShows.Stargate_SG1.index);
var show = SciFiShows.Babylon_5;
switch (show) {
  case SciFiShows.Babylon_5: print("B5"); break;
  case SciFiShows.Stargate_SG1: print("SG1"); break;
  case SciFiShows.Star_Trek: print("ST"); break;
  }
}
```

enum 中的每个值都有一个隐式的 index 读取方法，因此你总是可以获取给定值的索引(如果枚举不含该值，你将得到一个编译时错误)。你还可以通过 values 属性(它同样有一个隐式的读取方法)来获得 enum 中所有值的列表。最后，enum 在 switch 语句中特别有用，并且 Dart 会在你没有为枚举中的每个值编写 case 语句时给出编译警告。

2.3 是什么类型：关键字 as 和 is

这两个关键字在概念上很接近：is 关键字用于判断一个引用是否是给定类型(即是否实现了给定接口)，而 as 关键字用于将给定的引用转换为超类来使用。示例如下：

```
if (shape is Circle) {
  print(circle.circumference);
}
```

仅当 shape 引用的对象所属类型为 Circle 时才会打印(将内容输出至控制台)成员变量 circumference 的值。

相对地，可以这样使用 as 关键字：

```
(shape as Circle).circumference = 20;
```

此时，如果 shape 为 Circle 类型，代码将如期运行；而如果 shape 可以被转换为 Circle 类型，那么同样可以运行(举例来说，也许 shape 属于 Oval 类型，而 Oval 类型继承自 Circle 类型)。

注意，尽管如此，但是在 is 关键字的示例中，如果 shape 并非 Circle 类型，那么什么都不会发生；而在 as 关键字的示例中，如果 shape 不能被转换为 Circle 类型，将抛出异常。

2.4 顺序执行：流程控制(及逻辑)结构

Dart 有多种逻辑和流程控制语句及结构，其中大部分与其他编程语言中的用法相似。

1. 循环

Dart 中的循环使用常见的 for、do 和 while 循环形式，示例如下：

```
for (var i = 0; i < 10; i++) {
  print(i);
}
```

还有一种 for-in 形式，用于目标类型可迭代的情形，示例如下：

```
List starfleet = [ "1701", "1234", "1017", "2610", "7410" ];
main() {
  for (var shipNum in starfleet) {
    print("NCC-" + shipNum);
  }
}
```

List 就属于可迭代类型，因此上例可正常运行。如果希望使用功能更强大的方式，可以使用 forEach 形式，示例如下：

```
main() {
  starfleet.forEach((shipNum) => print("NCC-" + shipNum));
}
```

■ **注意：**

无须纠结于这些函数，特别是那些对你来说不熟悉的语法。稍后我们将深入讨论这些函数，一经上手很快就能掌握。

do 和 while 循环提供了两种经典的形式——do-while 和 while-do，示例如下：

```
while (!isDone()) {
  // Do something
}
```

```
do {
  showStatus();
} while (!processDone());
```

Dart 像大多数其他语言一样，continue 关键字也用于略过循环体的后续部分。同样地，break 关键字用于跳出循环(也用于跳出 switch 结构体)。

2. switch

Dart 提供了 switch 结构，以及与大多数语言类似的 4 个关键字用于构建分支开关语句：

```
switch (someVariable) {
  case 1:
    // Do something
  break;
  case 2:
    // Do something else
  break;
  default:
    // It wasn't 1 or 2
  break;
}
```

Dart 中的 switch 语句可以处理 integer 或 String 类型，与之相比较的对象必须是同一类型(此处不能使用派生类！)，并且该类型不能覆写==操作符。

3. if 语句

最后是 if 语句，与上述语法一样，if 语句也是一直以来人们最常使用的逻辑判断语句，Dart 同样支持 if 语句。请注意，在 Dart 中，条件表达式必须计算为布尔值，其他类型的值都是不允许的，并且可以使用 else if，示例如下：

```
if (mercury == true || venus == true ||
  earth == true || mars == true
) {
  print ("It's an inner planet");
} else if (jupiter || saturn || uranus || neptune) {
  print ("It's an outer planet");
```

```
} else {
  print("Poor Pluto, you are NOT a planet");
}
```

注意,假设 mercury、venus、earth 和 mars 都是 bool 类型,那么 if (mercury || venus || earth || mars) 在这里同样合法有效。

2.5 一无所有:void

在大多数语言中,如果一个函数不返回任何东西,就必须将 void 置于函数声明前。Dart 支持 void 关键字,也可以这么做,但并非必需的。

尽管如此,Dart 中的 void 有点儿奇怪。

首先,如果一个函数并不显式地返回任何东西,那么完全可以忽略其返回类型;你甚至不用像其他语言那样将 void 放置在函数头部(尽管如果喜欢你也可以这么做)。此时将隐式地把 return null;插入函数体的末尾。这也是迄今为止所有代码示例采用的做法。

如果决定将 void 放在函数头部,却不返回任何东西,你将得到一个编译时错误,这是合理的;如果试图返回 null,这是允许的,但不会报错;还可以返回一个空函数(一个以 void 修饰的函数)。

这也是 void 有点儿奇怪的地方:

```
void func() { }

class MyClass {
  void sayHi() {
    print("Hi");
    dynamic a = 1;
    return a;
  }
}

main() {
  MyClass mc = MyClass();
  var b = mc.sayHi();
  print(b);
}
```

假定 sayHi()是一个 void 函数，你原本认为返回一个 a 会报错，对吧？事实并非如此！上述代码能编译通过。但是，代码行 print(b);除外。此处将触发一个编译时错误，原因是 Dart 不允许使用返回自 void 函数的任何东西(即使可以捕获，因为代码行 var b = mc.sayHi();将正常编译且正确运行——Dart 的行为着实令人捉摸不透！)。

因此，Dart 中的 void 有点儿奇怪。建议除非非常清楚需要使用，否则不要碰它。

但是，void 不仅用于描述函数的返回类型，你还可以在普通的类型参数中使用 void，在语义上它将像 Object 一样被处理，示例如下：

```
main() {
  List<void> l = [ 1, 2, 3 ]; // Equivalent to List<Object> = [ 1, 2, 3 ];
  print(l);
}
```

2.6 操作符

Dart 有一组完善的操作符供你使用，大部分你可能已经很熟悉，如表 2-1 所示。

表 2-1 Dart 操作符

操作符	含义
+	相加
−	相减
-expr	一元减号前缀(也就是负/反表达式符号)
*	相乘
/	相除
~/	相除，并返回一个整型结果
%	获取整型相除的余数(取模)
++var	自增前缀，等同于 var=var+1(表达式的值为 var+1)
var++	自增后缀，等同于 var=var+1(表达式的值为 var)
--var	自减前缀，等同于 var=var-1(表达式的值为 var-1)
var--	自减后缀，等同于 var=var-1(表达式的值为 var)
==	等于
!=	不等于
>	大于
<	小于

操作符	含义
>=	大于或等于
<=	小于或等于
=	赋值
&	逻辑与
|	逻辑或
^	逻辑异或
~expr	补码(首位为 0 则补 1，首位为 1 则补 0)
<<	左移
>>	右移
a?b:c	三元表达式
a ?? b	二元表达式：如果 a 非 null，返回 a；否则返回 b
..	级联调用
()	函数调用
[]	数组下标访问符
.	对象成员访问符

关于==操作符需要注意：这是值比较操作而非对象比较操作。当需要测试两个变量引用是否指向同一个对象时，请使用 identical()全局函数。

当使用==操作符时，如 if (a == b)，两者均为 null 时返回 true，只有其一为 null 时返回 false。当该表达式被执行时，执行的是第一个操作算子的==()方法(是的，== 的确是方法名！)。

因此：

```
if (a == b)
```

等价于

```
if (a.==(b))
```

关于=操作符需要注意：??=操作符仅在算子为空时执行赋值操作。

关于=操作符还需要注意：存在如下一组绑定了赋值和操作的复合操作符。

```
-=  /=  %=  >>=  ^=  +=  *=  ~/=  <<=  &=  |=
```

关于.操作符需要注意：具有条件判断功能的版本?.操作符允许在某个对象可能为 null 时访问其成员。

请看如下代码示例：

```
var person = findPerson("Frank Zammetti");
```

如果 person 可能为 null，写为 print(person?.age)可以避免空指针错误。此例中，结果可能是打印了 null，但不会报错，这是最关键的地方。

关于..操作符需要注意：我们可以将以下代码

```
var person = findPerson("Frank Zammetti");
obj.age = 46;
obj.gender = "male";
obj.save();
```

改写为

```
findPerson("Frank Zammetti")
  ..age = 46
  ..gender = "male"
  ..save();
```

使用哪种风格取决于你，Dart 将一视同仁。

类可以定制操作符，但这种语法在我们讨论类是什么之前还为时尚早，让我们稍后再讨论，好吗？

2.7 将结合点分类：Dart 中的面向对象

Dart 是面向对象的，意思是我们需要处理类和对象。可以如下定义一个类：

```
class Hero { }
```

是的，就这么简单！

1. 实例变量

现在，类通常拥有大量实例变量(又称为成员变量或属性)，例如：

```
class Hero {
  String firstName;
  String lastName;
}
```

未初始化的实例变量的默认值为 null。Dart 会为每个变量自动生成 getter(访问)方法，并为每个非固定的变量生成 setter(修改)方法。

实例变量可被标记为静态的，意思是可以直接使用而无须实例化。

```
class MyClass {
  static String greeting = "Hi";
}


main() {
  print(MyClass.greeting);
}
```

上例将打印"Hi"，即使并未创建 MyClass 实例。

2. 方法

类也可以拥有成员函数，也就是方法：

```
class Hero {
  String firstName;
  String lastName;
  String sayName() {
    return "$lastName, $firstName";
  }
}
```

我们将在 2.8 节讨论关于函数的更多细节，但我相信你对它们已经很熟悉了。如果还不熟悉的话，那么本书对你来说很可能不是太好的起点，因为它要求你具备一定的现代编程经验。现在，请记住 return 关键字将从函数(或方法)返回一个值给调用方。

现在，我们有了 sayName()方法，并且可以这样调用它：

```
main() {
  Hero h = new Hero ();
  h.firstName = "Luke";
  h.lastName = "Skywalker";
  print(h.sayName());
}
```

上例也向我们展示了 setter 方法确实是自动创建的，这也是 h.firstName = "Luke";

能正确运行的原因。

前面未曾提到的是：实际上在所有的面向对象编程语言中，都必须使用 new 关键字实例化给定类型的对象，正如上例所示。尽管如此，在 Dart 中 new 关键字是可选的。因此，除上例所示之外，也可以这样写：

```
var h = Hero();
```

老实说，对我而言这是 Dart 中最古怪的用法！我不确定是否有令人信服的理由支持使用其中一种而非另一种，所以请使用对你而言最有意义的方式即可！

方法也可被标记为静态的，就像实例变量一样，示例如下：

```
class MyClass {
  static sayHi() {
    print("Hi");
  }
}


main() {
  MyClass.sayHi();
}
```

与演示静态变量的示例一样，上例再次打印了"Hi"，但这一次没有先实例化 MyClass，就直接调用了 sayHi() 方法。

3. 构造方法

现在，类一般都有多个构造方法，它们是类的实例被创建后执行的特殊方法。添加构造方法很简单，示例如下：

```
class Hero {
  String firstName;
  String lastName;
  Hero(String fn, String ln) {
    firstName = fn;
    lastName = ln;
  }
  String sayName() {
    return "$lastName, $firstName";
  }
}
```

以上构造方法与类同名，且没有返回类型修饰。现在，我们的测试代码如下：

```
main() {
  Hero h = new Hero("Luke", "Skywalker");
  print(h.sayName());
}
```

尽管如此，由于仅设置实例变量值的构造方法太常见了，因此 Dart 提供了一种快捷构造方法：

```
class Hero {
  String firstName;
  String lastName;
  Hero(this.firstName, this.lastName);
  String sayName() {
    return "$lastName, $firstName";
  }
}
```

4. this 指针

this 关键字在类的代码块上下文(可能是构造方法)中指代该类的当前实例。特别地，你应该仅在发生命名冲突时使用 this。比如：

```
class Account {
  int balance;
  Account(int balance) {
    this.balance = balance;
  }
}
```

但是，撇开关于是否应"隐藏"变量名的哲学辩论(我个人的风格是绝不要这么做，我会将 balance 参数命名为 inBalance 或其他与类级别的 balance 不同的名字)，this 可以为你消除此类歧义，并且在快捷构造方法中特别有用。

注意，如果类并没有定义构造方法，比如先前提及的 Hero 类的三个版本，Dart 将生成一个默认的无参构造方法，它仅调用基类(这里是指 Object 类)的无参构造方法。

构造方法还可以用 factory 关键字进行修饰，这适用于构造方法返回的可能不是该类的实例的场景。我明白，这听上去很奇怪，因为它是大多数 OOP 语言中并不常用的功能，但可能应用于以下场景：你想要从已创建好的对象缓存中返回一个已经存在的类实例，而非像一般情况下那样创建一个新的对象。factory 构造方法也可能返回一个子类的实例而非当前类本身。factory 构造方法能像其他构造方法那样工作，并且调用方式也没什么两样，只是不通过 this 指针访问而已。

5. 子类

刚刚我曾提到子类，那么该如何定义子类呢？很简单，示例如下：

```
class Hero {
String firstName;
String lastName;
Hero.build(this.firstName, this.lastName);
String sayName() {
  return "$lastName, $firstName";
}
}
class UltimateHero extends Hero {
  UltimateHero(fn, ln) : super.build(fn, ln);
  String sayName() {
    return "Jedi $lastName, $firstName";
  }
}
```

在类名后添加 extends 关键字，然后添加想要派生的类名就可以了。

不过，这里还有一些有意思的细节。首先是关于命名的构造方法的概念。让我们认真查看 Hero 类。看到 Hero.build()方法了吗？它就是命名的构造方法。其存在的必要性如下：在 UltimateHero 类中，由于没有继承构造方法，因此我们需要提供一个。但是，由于需要做跟 Hero.build()一样的事，因此没有必要重复这些代码(DRY——不要重复自己——原则)。那么，你又该如何调用父类的构造方法？这就是 super.build(fn, ln);出现在 UltimateHero(fn, ln)构造方法之后的原因。super 关键字允许你调用父类方法或访问父类变量。但是，你不能调用未命名的构造方法。换句话说，super(fu, ln)可以在其他许多语言中运行，而在 Dart 中则不然。但是，我们可以正常调用命名的构造方法，而这正是我们在这里想要做的：在冒号后面调用命名构造方法。

6. getter 和 setter

好了，你已了解关于类的所有内容，现在让我们回过头来讨论 getter 和 setter。你看，除了隐式创建的那些之外，在某种意义上你可以按需自行创建新的实例变量。因此，Dart 提供了 get 和 set 关键字，示例如下：

```
class Hero {
  String firstName;
  String lastName;
  String get fullName => "$lastName, $firstName";
  set fullName(n) => firstName = n;
  Hero(String fn, String ln) {
    firstName = fn;
    lastName = ln;
  }
  String sayName() {
    return "$lastName, $firstName";
  }
}
```

上例中，有一个 fullName 成员。当我们尝试访问它时，将得到与 sayName()方法提供的一样的值：lastName 和 firstName 的连接结果。但当我们尝试设置它时，将覆写 firstName 成员。让我们来测试一下：

```
main() {
  Hero h = new Hero("Luke", "Skywalker");
  print(h.sayName());
  print(h.fullName);
  h.fullName = "Anakin";
  print(h.fullName);
}
```

输出为：

```
Skywalker, Luke
Skywalker, Luke
Skywalker, Anakin
```

7. 接口

不像大多数其他面向对象编程语言那样，Dart 不区分类和接口的概念。Dart 类隐式地定义了一个接口。因此，我们可以重新实现 UltimateHero 类，就像下面这样：

```
class UltimateHero implements Hero {
  @override
  String firstName;
  @override
  String lastName;
  UltimateHero(this.firstName, this.lastName);
  String sayName() {
    return "Jedi $lastName, $firstName";
  }
}
```

此处的@override 是元数据注解，稍后再做解释。现在，你只需要理解在 Dart 中覆写基类相应成员的 getter 和 setter 时这是必需的就可以了，否则我们将得到一个编译时错误。因为出现变更，我们需要改变构造方法，我们现在并非扩展基类，因而也就不能访问 Hero.build()构造方法了(因为构造方法无法继承，并且实现一个接口意味着我们不会访问提供该接口的类的行为，我们只是说新类按照接口的规定提供了相应的功能)，它变为一个模仿并替代 Hero 类的构造方法。另外一个变化是将 extends 改为 implements，因为我们现在想要实现由 Hero 类定义的接口而非扩展它。

■ **注意：**

为什么使用implements而不使用extends呢？在OOP的世界里，这是个很常见的问题。一些人认为对于建模，用实现(implements)了什么来表达似乎更为清晰。另一些人认为类的继承更适合传统的OOP，因而倾向于使用extends。无论你看到或理解什么，关键的一点是：它们不是同等的概念；并且在Dart中，像Java和许多其他OOP编程语言一样，只能直接扩展一个类，但可以实现尽可能多的接口。因此，如果目标是构建一个类来提供模拟多个类的API，implements正好合适。否则，你应该使用extends。

8. 抽象类

接下来，让我们快速了解下 abstract 关键字。这个关键字用于标记抽象类，示例如下：

```
abstract class MyAbstractClass {
  someMethod();
}
```

这里的 MyAbstractClass 不能被实例化，并且必须扩展为一个实体类才能被实例化。抽象类中的方法可以提供实现，或者它们自身也可以是抽象的，这时它们也必须被子类实现。这里的 someMethod()方法虽然被视为抽象的(因为没有方法体)，但你可以这么做：

```
abstract class MyAbstractClass {
  someMethod() {
    // Do something
  }
}
```

上例中，someMethod()方法有默认实现，因此如无必要子类将不再实现它。

除了扩展类、实现接口和抽象类外，Dart 还通过 with 关键字支持混入(mixin)语法，示例如下：

```
class Person { }

mixin Avenger {
  bool wieldsMjolnir = false;
  bool hasArmor = false;
  bool canShrink = true;
  whichAvenger() {
    if (wieldsMjolnir) {
      print("I'm Thor");
    } else if (hasArmor) {
      print("I'm Iron Man");
    } else {
      print("I'm Ant Man");
    }
  }
}

class Superhero extends Person with Avenger { }

main() {
  Superhero s = new Superhero();
```

```
        s.whichAvenger();
}
```

上例中我们定义了两个类(Person 和 Superhero)以及一个混入(Avenger，它使用我们已知的 mixin 关键字作为前缀)。注意 Person 和 Superhero 是空类，意为 whichAvenger() 的调用必定来自其他地方——已经"混入 Superhero 类的 Avenger"，也就是说，可通过在定义 Superhero 类时指定 with Avenger。现在，Avenger 中的一切都将出现在 Superhero 中，并且我们的测试代码也如期运行。

9. 可见性

在 Java 和其他许多 OOP 编程语言中，你通常需要使用 public、private 和 protected 等关键字来设定如何访问类的成员。Dart 则不同：一切都是公共的；除非命名时以下画线作为前缀，指明在库或类中是私有的。

10. 操作符

Dart 提供了众多的操作符，以下这些比较特殊：<、>、<=、>=、-、+、/、~/、*、%、|、^、&、<<、>>、[]、[]=、~、==。它们有什么特别之处呢？只有它们可以在类中使用 operator 关键字覆写，示例如下：

```
class MyNumber {
  num val;
  num operator + (num n) => val * n;
  MyNumber(v) { this.val = v; }
}


main() {
  MyNumber mn = MyNumber(5);
  print(mn + 2);
}
```

这里，MyNumber 类覆写了+操作符。MyNumber 类的一个实例的当前值将被乘以某个值，而不是加在一起。因此，当运行 main()时，+操作符并不会打印 7，而实际打印了 10。

唯一需要注意的是：如果要覆写==操作符的话，那么还需要覆写 MyNumber 类的 getter 方法 hashCode。否则，相等性将无法正确计算。

2.8   让函数变得有趣

Dart 中的函数是一等公民，而且有它们自己的类型：Function。这意味着函数可以被赋值给变量，可以被传递给参数，还可以成为独立的实体。有一个关键的独立函数你应该已经注意到了，它就是 main()函数。

Dart 中的函数也有一些语法糖。它们可以拥有命名参数，也可以拥有可选参数。可将可选参数用于命名参数或纯占位用途(参数列表的常见用法)，但不能混用这两种用法。你还可以为参数添加默认值。请看如下示例：

```dart
greet(String name) {
  print("Hello, $name");
}


class MyClass {
  greetAgain({ Function f, String n = "human" }) {
    f(n);
  }
}


main() {
  MyClass mc = new MyClass();
  greet("Frank");
  mc.greetAgain( f : greet, n : "Traci" );
  mc.greetAgain( f : greet);
}
```

在这里，你将看到这些语法是如何运作的。首先，我们有一个独立的 greet()函数。其次，我们定义了一个类 MyClass 和成员方法 greetAgain()。此方法接收一个命名参数列表，其中一个参数是 Function 对象！注意参数 n 的默认值 human 是如何自定义的。接下来，在函数内部，我们调用了 f 引用的函数，并将 n 传入。换句话说，无论什么函数被作为参数 f 的值传入，我们都可以使用 f 指针来调用它，因为它被定义为 Function 对象。

现在，在 main()函数中，我们调用 greet()函数，并将名字传入，以使程序和我们"打招呼"。接下来，我们调用 MyClass 实例 mc 的 greetAgain()方法，这次我们传入命名参数，并且参数 f 的值是对 greet()函数的引用。这里调用了两次以便你能看清它是如何运行的：如果没有传入名字，它将和 human "打招呼"。

■ **注意：**

在很多编程语言中，传入函数的数据被称作形参，但Dart语言更倾向于使用参数。说实话，我有时可能会混用这两个术语，但在这里它们的意思是相同的。

遗憾的是，在本书撰写时，DartPad 还不支持导入库，否则我们就可以在 greetAgain() 方法的参数 n 而非 f 的前面使用@required 注解了。因此，考虑到你可能想要将代码加载到 DartPad 中运行，我暂时忽略该注解。同时请注意，当使用可选参数时，你不能使用@required，而应使用方括号包裹可选参数。

尽管大多数函数都有名字，但这并不是必需的，函数可以是匿名的。示例如下：

```
main() {
  var bands = [ "Dream Theater", "Kamelot", "Periphery" ];
  bands.forEach((band) {
    print("${bands.indexOf(band)}: $band");
  });
}
```

在这里，有一个函数被传入 List 对象 bands 的 forEach()方法，但它没有名字，并且最后直到 forEach()执行的生命周期结束后才退出。

关于函数有一件重要的事就是引入作用域。Dart 被视为 "词法作用域" 语言，意为给定对象的作用域，如变量的作用域，是由其代码结构自身决定的。如果它被大括号包含，那么它属于该作用域，且该作用域可向下继承。举例来说(你完全可以在 Dart 中做其他事！)，如果有很多嵌套函数，那么随着嵌套的深入，底层元素仍可访问上层的一切。为说明此规则，请看以下示例：

```
bool topLevel = true;

main() {
  var insideMain = true;

  myFunction() {

    var insideFunction = true;

    nestedFunction() {
```

```
    var insideNestedFunction = true;
    assert(topLevel);
    assert(insideMain);
    assert(insideFunction);
    assert(insideNestedFunction);
  }

  }

}
```

nestedFunction()可以使用沿嵌套路径直至顶层的任意变量。

Dart 还支持函数闭包的概念,因此函数可捕获其"附近的"词法作用域,即使该函数在它的原始作用域之外被调用。换句话说,如果一个函数可以访问一个变量,那么该函数在某种意义上将"记住"该变量,即使该变量的作用域已不再"存在",或者函数已执行完毕。

示例如下:

```
remember(int inNumber) {
  return () => print(inNumber);
}


main() {
  var jenny = remember(8675309);
  jenny();
}
```

这里,调用 jenny()将打印 8675309,即使这个数字未被传入。这之所以会发生,是因为 jenny()引入了 remember()的词法作用域,并且捕获了此刻的运行上下文,其中包含在调用 remember()以获取其引用时传入的值。我知道这有些难以理解,如果之前从未接触过闭包的话;不过好消息是,在 Dart 中你很可能不太使用闭包(而在 JavaScript 中,闭包的使用随处可见)。

Dart 还支持使用箭头表达式(又称为 lambda)来定义函数的记法。因此,以下代码是等效的:

```
talk1() { print("abc"); }
talk2() => print("abc");
```

2.9　断言

assert 关键字与其他大多数编程语言相同，不会用于生产构建，而用于在给定的布尔条件为假时中断正常流程，并抛出一个 AssertionException 异常。示例如下：

```
assert (firstName == null);
assert (age > 25);
```

作为可选项，你可以附加一条信息到断言中，示例如下：

```
assert (firstName != null, "First name was null");
```

2.10　超时了：异步

异步(记作 async)编程是个大块头！它出现在所有编程语言中，Dart 也不例外。在 Dart 中，有两个类(Future 和 Stream)，以及两个关键字(async 和 await)对异步来说至关重要。这两个类的实例是 async 函数执行耗时操作前返回的对象，在返回前允许程序在等待结果的同时做其他事，然后在结果返回时从离开处继续执行。

为了调用返回 Future 对象的函数，可以这样使用 await 关键字：

```
await someLongRunningFunction();
```

这就是所有你必须要做的事了！代码将在此处暂停，直到 someLongRunningFunction()完成。程序仍然可以做其他事而不是被耗时操作阻塞(例如，如果触发了一个按钮的单击事件处理程序，并且 someLongRunningFunction()同步执行的话，它将被阻塞)。异步函数本身必须在函数体定义前使用 async 关键字进行修饰，且必须返回一个 Future 对象，示例如下：

```
Future someLongRunningFunction() async {
  // Do something that takes a long time
}
```

还有一件重要的事情：调用 someLongRunningFunction()的函数本身也必须被标记为 async，示例如下：

```
MyFunction() async {
  await someLongRunningFunction();
}
```

你可以在一个 async 函数内随意多次等待其他函数，而无论它们是否为同一个，并且每次都会暂停当前函数。

▓ **注意：**

有一个Future API可实现与async和await同样的功能。这里不再详述，因为async/await通常被认为是更为优雅的方式，对此我也非常赞同。如果对此感到好奇，请自行查阅该API。

可以用相同的方式处理 Stream，但你必须使用 async for 循环来读取里面的数据，示例如下：

```
await for (varOrType identifier in expression) {
  // Executes each time the stream emits a value.
}
```

简单来说，两者的不同在于：使用 Future 意味着耗时函数不会返回，除非函数执行完毕，尽管它会运行很久；而使用 Stream，函数可以随时间推移一点一点地返回数据。你可以在循环中执行 break 或 return 语句，以停止 Stream 读取操作，并且循环会在异步函数关闭 Stream 时停止。像之前一样，一个 await for 循环只可嵌入一个 async 函数。

2.11 保持安静：库(及可见性)

Dart 中的库用于将代码模块化及共享。库可以向使用者提供一些外部 API，它还可以作为一种隔离方法，使得库中以下画线开头的任意标识符仅在该库的内部可见。有趣的是，每一个独立的 Dart 应用与生俱来就是一个库。库可以打包在一起，并分发给使用 Dart SDK 中 pub 工具的库。pub 是一个包和资源管理工具。

▓ **注意：**

我不会讲述如何创建库，因为这稍有些高级，而且也不是本书中我们所需要讨论的内容。因此，如果对库的分发感兴趣，那么可以参考Dart文档。注意Dart SDK随Flutter SDK提供，因此其实你已经得到它了。

使用 import 关键字导入库的方法如下所示：

```
import "dart:html";
```

有些库由你自己的代码提供，其他库则被编译到 Dart 中。此类内置库的 URI 格式(引号内的语句组成部分)有特定的形式：以 dart:为前缀(URI 的协议标识符部分)。

如果想从一个包中引入库，请使用 package:替代 dart:，示例如下：

```
import "package:someLib.dart";
```

如果库来自你的代码组成部分，或者拷贝自代码仓库，那么 URI 表现为相对文件系统路径，示例如下：

```
import "../libs/myLibrary.dart";
```

有时，你可能想要导入两个库，但它们的命名发生冲突了。例如，也许在 lib1 库中有一个 Account 类，在 lib2 库中也有一个，但它们都需要导入。这时，可以使用 as 关键字，如下所示：

```
import "libs/lib1.dart";
import "libs/lib2.dart" as lib2;
```

现在，如果想要引用来自 lib1 库的 Account 类，可以按如下方式：

```
Account a = new Account();
```

但如果想要引用来自 lib2 库的 Account 类，则应该按如下方式：

```
lib2.Account = new lib2.Account();
```

上述导入方式会导入库里的所有内容。尽管如此，你并非必须这么做。也可以导入其中一部分，示例如下：

```
import "package:lib1.dart" show Account;
import "package:lib2.dart" hide Account;
```

在这里，只有 lib1 库中的 Account 类被导入，而且 lib2 库中除了 Account 类外其他内容都被导入了。

到现在为止，上述示例都会立即导入库。但还可以延迟加载，这样可以减少应用的初始化时间，示例如下：

```
import "libs/lib1.dart" deferred as lib1;
```

然后，你还需要多做一点工作！当程序运行到需要使用导入库的代码处时，你必须等待它加载完成，示例如下：

```
await lib1.loadLibrary();
```

在前面你已知道，上述代码必须置于使用 async 修饰的函数内。

注意，可以对一个库多次调用 loadLibrary()，这并无副作用。同时，直到库被加载后，其中定义的常量(如果有的话，事实上还不是常量)直到加载后才会存在，所以在那之前还不能使用它们。

延迟加载还可用于 A/B 测试，因为你可以动态加载一个库而非另一个库，以此来测试不同的功能。

2.12 凡事总有例外：异常处理

Dart 中的异常处理很简单，并且看起来与 Java 及 JavaScript 很像，甚至与大多数其他语言的处理方式一致。相对而言，Dart 既不要求你为每个函数声明所抛出异常的类型，也不要求你必须捕获异常。换句话说，Dart 中的所有异常都是未经检查的。

你可以自行抛出定制的异常，示例如下：

```
throw FormatException("This value isn't in the right format");
```

异常也是对象，因此在抛出前也需要先构造。

有趣的是，Dart 并不要求抛出特定类型的对象。你可以抛出任意对象作为异常，示例如下：

```
throw "This value isn't in the right format";
```

上例抛出一个字符串作为异常，它在 Dart 中可完美运行。尽管如此，通常认为抛出并非由 Dart 提供的 Error 或 Exception 类的其他对象是一种不好的做法，因此忘记 Dart 中"抛出任意对象"的能力吧！

另外，为捕获异常，你可以这么做：

```
try {
  somethingThatMightThrowAnException();
} on FormatException catch (fe) {
  print(fe);
} on Exception catch (e) {
  Print("Some other Exception: " + e);
} catch (u) {
  print("Unknown exception");
} finally {
  print("All done!");
}
```

此处有两件事值得留意。其一，将可能抛出异常(即你想要执行的操作——记住，此未经检查的异常机制，允许你无须处理任意异常)的代码包裹在一个 try 块内。接着，捕获一个或多个需要处理的异常。这里，somethingThatMightThrowAnException()函数可能抛出一个 FormatException 异常，它正是我们明确要处理的异常。然后，我们可以处理其他 Exception 子类的任意对象并打印其信息。最后，抛出的其他任何对象都将被视为未经处理的异常。

其二，注意此处语法上的差异：你可以在 catch 块内把 on <exception_type> catch 或 catch(<object_identifier>)中抛出对象的标识符，命名为你喜欢的任意名字。如果喜欢，你可以只写 on。区别在于你需要做什么：如果只想处理异常却不关心抛出的对象，你可以只写 on；如果不关心类型却需要抛出的对象，那么只使用 catch 即可；当两者都关注时，使用 on <exception_type> catch(<object_identifier>)。

也可以在 try…catch 块之后添加 finally 子句。无论是否有异常抛出，这块代码都会执行，并且会在匹配 catch 子句的任意代码执行完之后才执行。

最后，你可以定制自己的异常类，通过扩展 Exception 或 Error 类，这样就可以像 Dart 原生异常那样进行精准匹配了。

2.13　生成器

有时，你有一些能够生成某些数据的代码。或许这些代码依赖某些需要调用的远端系统。此时，你也许不想在这些数据的生成期间，阻塞后续代码的运行。你可能想用"懒"加载的方式生成这些数据。或者，你也许只是不想或不能一下子生成一系列数据。在这些场景中，生成器正是你需要了解的概念。

Dart 有两类生成器：同步类型的生成器，其返回一个 Iterable 对象；以及异步类型的生成器，其返回一个 Stream 对象。我们先来看一下同步类型的生成器：

```
Iterable<int> countTo(int max) sync* {
  int i = 0;
  while (i < max) yield i++;
}


main() {
  Iterable it = countTo(5);
  Iterator i = it.iterator;
  while (i.moveNext()) {
```

```
    print(i.current);
  }
}
```

首先要注意的是函数体之前的 sync*标记，它向 Dart 表明这是一个生成器函数(顺便提一下，生成器总是实现为函数)。其次要注意的是生成器中关键字 yield 的用法，它可以高效地将数据添加至在幕后构建并从函数返回的 Iterable 对象内。

countTo()在被调用时会立即返回一个可迭代对象，此时可从其返回一个迭代器用于遍历结果列表(即使该列表还未实际填充)。有趣的是，countTo()直到调用并返回迭代器，且调用 moveNext()之后才会真正执行。然后，countTo()将持续执行，直到触发 yield 语句。表达式 i++被计算并通过"不可见的"迭代器"生产"(数据)并返回给调用方。然后，countTo()被挂起(因为尚未满足结束条件)，moveNext()返回 true 给调用方。因为代码使用 countTo()完成迭代，所以我们可以通过当前属性读取刚刚返回的值。

然后，countTo()在下一次 moveNext()被调用时激活并再次运行。当循环结束时，countTo()方法显式地执行 return 语句并结束运行。这时，moveNext()返回 false 给调用方，于是 while 循环结束。

异步类型的生成器示例如下:

```
Stream<int> countTo(int max) async* {
  int i = 0;
  while (i < max) yield i++;
}


main() async {
  Stream s = countTo(5);
  await for (int i in s) { print(i); }
}
```

区别在于返回类型使用了 Stream，并且在函数体前使用 async*标记替代了 sync*。另一个区别在于我们如何使用 countTo()方法。由于它是一个异步方法，我们需要将调用它的函数也标记为 async。还有就是使用了 await for，这是基于可感知流的 for 循环的一种用法。在某种意义上，for 循环在等待 countTo()方法完成工作，该方法通过返回的 Stream 对象高效地将值"压入"for 循环。此例中，你需要这么做的理由并不明显，但请想一下，如果不通过简单地增加 i，countTo()方法将调用远程服务来获得下一个值。幸运的是，生成器的价值变得更加显而易见了。

2.14　元数据

　　Dart 还支持在代码中嵌入元数据。在其他编程语言中，元数据通常被称为注解，Dart 中的元数据也有点儿这种意思。

　　Dart 提供了两种注解，其中一种我们早些时候已接触过：@override。如前所述，它用于指出某个类将显式覆写其父类成员。

　　Dart 中的另一种注解是@deprecated。不，该注解并非用于指示标注的内容已废弃，而用于标注不应该再使用且在将来某个时刻会被移除的代码。

　　你还可以创建属于自己的注解。注解就是类，因此以下代码可以成为注解：

```
class MyAnnotation {
  final String note;
  const MyAnnotation(this.note);
}
```

　　这里，注解可以接收一个参数，因此我们可以这样使用：

```
@MyAnnotation("This is my function")
Void myFunction() {
  // Do something
}
```

　　可将注解用于以下编程语言元素：库、类、类型定义、类型参数、构造方法、工厂、函数、成员、形参、变量声明以及导入导出指令。注解携带的元数据可以在运行时通过 Dart 的反射能力进行访问，因为通常并非大多数人的应用代码都需要，所以我把它作为练习题留给那些需要的读者。

2.15　泛泛而谈：泛型

　　泛型用于通知 Dart 关于类型的一些事。例如，如果这么写：

```
var ls = List<String>();
```

　　那么 Dart 就知道列表 ls 只能容纳 String 对象，这可以保证编译时的类型安全。

　　但这看起来更适合称为指定类型，对吗？你特地告诉 Dart 这个列表可以承载何种类型的数据。真正的泛型示例如下：

```
abstract class Things<V> {
```

```
T getByName(String name);
  void setByName(String name, V value);
}
```

这里，我们告诉 Dart Things 类可用于任何类型，其中 V 指代类型(为方便起见，这里的泛型使用了单字符，比如 E、K、S、T 或 V)。现在，由于该类表现为接口，因此可以据此实现多个版本，并为每个版本使用一种不同的类型(也许是 Person、Car、Dog 或 Planet 等所有可能实现这一基础接口的类)。

List 和 Map 可定义成早些时候的形式，也可以使用字面形式，示例如下：

```
var brands = <String>[ "Ford", "Pepsi", "Disney" ];
var movieStars = <String, String>{
  "Pitch Black : "Vin Diesel",
  "Captain American" : "Chris Evans",
  "Star Trek" : "William Shatner"
};
```

在 Dart 中，泛型被具体化，意为它们所承载的类型在运行时决定，可以使用 is 关键字来测试集合的类型，示例如下：

```
var veggies = List<String>();
veggies.addAll([ "Peas", "Carrots", "Cauliflower"]);
print(veggies is List<String>);
```

上例将如你预期的那样打印 true，而这正是由于具体化的缘故。尽管这看起来显而易见，但它并非所有编程语言采用的做法。比如，Java 使用类型擦除而非具体化，意为运行时类型被移除。因此，你可以测试某对象是否为 List，但在 Java 中你不能像在 Dart 中那样测试该对象是否为 List<String>。

最后，方法可以像类定义一样使用泛型，示例如下：

```
class C {
  E showFirst<E>(List<E> lst) {
  E item = lst[0];
  if (item is num) {
    print("It's a number");
  }
  print(item);
  return item;
```

```
    }
  }

main() async {
  C c = new C();
  c.showFirst(<String>[ "Java", "Dart" ]);
  c.showFirst(<num>[ 42, 66 ]);
}
```

如你所见，我们可以向 showFirst()方法传入任意类型，并且可以通过 is 关键字来识别类型并做相应处理。这正是泛型的要点之一：无须为 showFirst()编写两个不同的版本，其中一个处理字符串类型而另一个处理数字类型。相反，单个版本即可完美达成该目的。这并非最佳示例，因为仅仅为了打印的话，无论何种类型都可以正常运行。但如果想要在类型为数字时做更多事，它就是最佳示例了。

2.16　小结

学完本章后，我们对 Dart 有了基本了解；掌握了一些基础概念，如数据类型、操作符、注释、逻辑判断和流程控制；还了解了部分高级概念，如类、泛型和库；最后学习了异步函数、生成器和元数据。至此，你的知识储备应该足够用来研究一些真正的 Flutter 代码了。

在第 3 章，我们将对 Flutter 做一些高级总结，主要关注 Flutter 提供的微件。我们将在用好 Dart 的一些知识点的前提下，直接构建一层 Flutter 知识体系，以便在第 4 章中开始构建一些真正的项目！

第 3 章

你好 Flutter，第一部分

在第 1 章中，你已对 Flutter 有了大致了解；然后在第 2 章中，你对 Dart 有了很好的了解。现在，是时候看 Flutter 的一些细节了。

既然在 Flutter 中一切都是微件，接下来我们就看一看其中的大部分。但是，刚刚所说也有明显的例外，事实上，Flutter 并非都是关于微件的，还有从微件中分离出来的 API。因此，我们还需要了解 Flutter 为我们的应用代码提供的一些 API(尽管这些 API 在第 4 章中才会出现)。

和前一章一样，本章和下一章既不会太过深入，也不会试图变身为参考文档。Flutter 提供了超过 100 个开箱即用的微件，每个都拥有数量众多的选项、方法和事件。如果试图用一两章的篇幅深入讲解的话，动辄耗费数百页，甚至变成对网站 flutter.io 上技术文档的简单拷贝。我会将我认为大多数开发者都会用到的微件及 API 剥离出来，有针对性地讲解足够多的细节以使你掌握其主旨。我也会讲解一些揭示了某些概念的微件，你也许需要或想要了解这些微件，尽管我认为你也许不会经常用到它们(以上规则同样适用于 API)。

但可以肯定的是，除本章及下一章所讲内容之外还有很多可用的微件，其中有一些可能在我们构建的三个应用中已有所涉及)。但本章及下一章将提供当前可用微件的最佳概括，并为即将到来的应用代码做好准备。

3.1　微件速览

我们将从快速浏览微件入手，正如我在前面所提到的，撰写本书时已经有超过 100 个微件了。我已尝试将它们组织为逻辑分组，以便构建便于理解的上下文。

■ **注意:**

我已尝试在可能的地方将微件的Material设计版本(Android风格)与Cupertino设计版本(iOS风格)做同步讲解。很少有微件是某平台独有或无法直接匹配的，但大多数可以，因此你可以看到两个版本的微件。我想这种方式可以帮助你很好地理解在这两个平台上的跨平台设计目标。

3.1.1　布局微件

布局微件通过多种方式帮助你组织用户界面及架构应用。在某种意义上，它们允许你构建应用的骨架。

1. MaterialApp、Scaffold、Center、Row、Column、Expanded、Align 和 Text 微件

作为基本语法，Flutter 中的布局主要表现为表格结构，也就是行和列。Row 微件和 Column 微件为此而生。两者都可以嵌入一个或多个子微件，且这些子微件在 Row 微件中水平摆放(自左向右)，而在 Column 微件中垂直摆放(自上而下)。

它们的用法相当简单，如代码清单 3-1 所示。

代码清单 3-1　基础用法

```
import "package:flutter/material.dart";

void main() => runApp(MyApp());

class MyApp extends StatelessWidget {

  @override
  Widget build(BuildContext context) {

    return MaterialApp(title : "Flutter Playground",
      home : Scaffold(
        body : Center(
          child : Row(
            children : [
              Text("Child1"),
              Text("Child2"),
              Text("Child3")
```

```
                ]
              )
            )
          )
        );
      }
    }
```

图 3-1 展示了上述代码的运行结果。

图 3-1　基础用法

此处稍作扩展，由于有点超出 Row 和 Column 微件的范围，因此让我们分开来讲。

这是一个完整的 Flutter 应用，因此一开始便导入了 material.dart 库，它内置了 Material 风格的微件。接下来，main()函数实例化 MyApp 类并将其实例传入 Flutter 提供的 runApp()函数。这给了 Flutter 启动并运行一个应用所需的顶级微件。

MyApp 类继承自 StatelessWidget 类，这是因为我们不需要任何状态，可通过必须实现的 build()方法生成一个 MaterialApp 微件。该微件提供了相当完整的"框架"，由此入手当然是一个好主意。你可能会选用 WidgetsApp 微件，但它需要你自行实现很多代码来定义应用路由(也称为界面)的最小集，因此通常你不会想要这么做，除非有特殊目的。注意，即使正在开发 iOS 应用也没关系，你仍然可以使用 MaterialApp 微件作为顶级微件(事实上，此时此刻，并没有什么 iOS 风格的 CupertinoApp 微件或其他类似的东西)。

此处我们看到的 title 是 MaterialApp 微件的一个属性，取值是一个单行的字符串文本，设备用它来向用户标识应用。MaterialApp 微件还提供了不少其他属性，其中有我们感兴趣的 color 属性，它用于定义应用在系统界面上的主色调；还有 theme 属性，取值为 ThemeData 微件，它并进一步描述了应用使用的颜色。

MaterialApp 微件还有一个 home 属性，它的取值必须是微件，并且此微件必须是应用的微件树中的顶级微件。有两种脚手架(Scaffold)微件，它们的用途相同：实现应用界面的基础布局结构。一种是 MaterialApp，作为基本 Scaffold 微件，用于管理许多常见的 UI 元素，如顶部导航栏、抽屉(从屏幕一侧滑出的用于显示选项的较小元素)及底部弹层(像抽屉一样，但是从底部向上滑出)。另一种脚手架微件是 CupertinoPageScaffold，作为 iOS 平台特定的微件，用于提供基本的 iOS 界面布局结构，包括顶部导航栏和背景内容。CupertinoTabScaffold 与 CupertinoPageScaffold 很像，只是多了底部的分页导航栏。

■ **注意：**

为了使用Cupertino微件，你需要添加一个导入库"package:flutter/cupertino.dart;"到应用中。接下来，可以改变Scaffold为CupertinoPageScaffold，同时修改home为child，因为这是CupertinoPageScaffold所要求的。同时需要注意，在iOS设备上使用Cupertino没有限制，反之亦然。请记住Flutter依靠自身而非系统来渲染UI，这使你能够轻易地在其他平台上运行这种风格的UI。

Scaffold 微件提供了大量的属性，包括：floatingActionButton，用于为应用添加悬浮按钮；drawer，用于通过滑动抽屉管理应用的隐藏功能；bottomNavigationBar，用于为应用添加底部导航栏；以及 backgroundColor，用于定制界面的背景颜色。

无论使用哪个脚手架微件，你都需要提供一个子微件。在 Scaffold 微件内，可通过 body 属性来指定这个子微件。这里，我希望所有微件垂直居中，因此使用 Center 微件。该微件会将所有子微件居中摆放，但更重要的是，默认情况下，Center 微件可能会尽可能大，从而填充其父微件所允许的最大空间。此例中，父微件为 Scaffold，整个屏幕大小都可以使用，因此基本上 Center 微件将充满整个屏幕。

Center 微件的子微件为 Row，那么 Row 微软将居中显示在 Center 微软内，因而在屏幕上将居中显示。Row 微件有一个 children 属性，它允许我们指定一个微件数组，水平摆放在 Row 微件内。这里定义了 3 个子微件——3 个 Text 微件。Text 微件用于显示一个单行样式的字符串文本。Text 微件支持一些有意思的属性，包括：overflow，它告诉 Flutter 当文本超出容器的范围时该怎么做(可以指定 overflow 为

TextOverflow.ellipsis；textAlign，用于指定文本如何水平对齐；以及 textScaleFactor，用于告诉 Flutter 每个逻辑像素单元的字体像素数，并缩放文本。

有件事需要注意，如果试着运行这个例子(你已经尝试运行过了，是吗？)，那么所有 Text 微件将挤在一起并靠左摆放。如果我们想让它们水平居中，怎么办？那样的话，我们需要告诉 Row 微件将它们居中。为了做到这一点，我们在调用 Row 的构造方法时添加代码 mainAxisAlignment : MainAxisAlignment.center。

现在，Row 微件的子微件将自适应填充的水平空间。通常，如果子微件需要的空间大于 Row 微件所能提供的范围，则被视为错误，并且 Row 微件不能滚动。但是，如果我们想让第二 Text 微件填充剩余的可用空间，该怎么做？我们可以这么写：

```
Expanded(child : Text("Child2") )
```

Expanded 使其子微件填充所有可用的空间。现在，当第一个和第三个 Text 微件渲染完之后(使用它们需要的空间，但不会超出，因为我们没有试图指定宽度)，剩下的所有空间将被第二个 Text 微件充满。

这里还提到一个微件：Align 微件。像 Center 微件一样，Align 微件通常用于只有一个子微件的场景，目的与 Center 微件相同，但具有更大的灵活性而不仅用于居中显示内容。Align 微件将其子微件对齐摆放，并且可随子微件尺寸的变化调节自身。用法的关键在于 alignment 属性，如果设置为 Alignment.center，那么祝贺你，你刚刚创建了一个 Center 微件！alignment 属性的值是一个 Alignment 实例，但 Alignment.center 是一个静态实例，它的 x 和 y 值均为 0。x 和 y 值是你指定的对齐方式：使用(0,0)可在 Align 微件占据的矩形空间内居中；如果设置为(-1,-1)，则表示矩形的左上角；而(1,1) 表示矩形的右下角。

下面介绍 Column 微件，关于 Row 微件的所有特性也都适用于 Column 微件。最显著区别在于 Column 微件的子微件自上而下布局。此外，用法没什么不同，并且上述介绍的关于 Row 微件的每个特性也都可用于 Column 微件，仅仅是方向改为垂直而已。当然，你可以将 Column 微件嵌入 Row 微件，反之亦然。你可以创建任意复杂的宫格结构，并且这可以归结为 Flutter UI 开发的终极目的！

2. 容器、间距、变换

Container 微件以及 Row 和 Column 微件(忽略应用及界面级别的微件)很可能是 Flutter 提供的用于布局 UI 元素的最常用微件。Container 微件几乎无所不包，将大量的其他微件组合到了一个包里。

例如，在前面的示例中，如果想在第二个 Text 微件的周围添加一些间距，你会怎么做？一个简单的办法是使用 Padding 微件包裹它，示例如下：

```
Padding(padding : EdgeInsets.all(20.0), child : Text("Child2") )
```

上面在 Text 微件的周围添加了 20 像素的间距(顶部、底部、左侧和右侧，这是 EdgeInsets.all(20.0)发挥的作用)。你可以用 only()替代 all()以分别指定左侧、顶部、右侧、和底部间距，也可以使用 symmetric()来指定垂直和水平间距，这样可使顶部和底部、左侧和右侧使用相同的间距。

如果想将 Text 微件放大一倍，该怎么做？这时 Transform 微件就可以派上用场了，示例如下：

```
Transform.scale(scale : 2, child : Text("Child2") )
```

scale()静态方法会返回一个新的 Transform 微件，scale 因子为 2，意为原始大小的两倍。

现在，你也许会问，Container 微件需要做什么呢？Container 微件需要做的是将上述所有功能聚合在一起，甚至更多！例如，我们可以使用 Container 微件来模仿 Center 微件，示例如下：

```
Container(alignment : Alignment.center, child...
```

并且我们也可以缩放 Text 微件，示例如下：

```
Container(transform : Matrix4.identity()..scale(2.0), child :
Text("Child2") )
```

语法稍有些复杂，因为我们必须使用数学矩阵来手动缩放子微件，而这本应由 Transform 微件自动完成(使用它的理由之一)，且对 Container 微件包含的其他任意微件来说都将如此，但你可以通过 Container 微件协同其他微件来完成同样的目标，这才是关键。

同样，如果想要添加间距，可以这么写：

```
Container(padding : EdgeInsets.all(20.0), child : Text("Child2") )
```

Flutter 开发者经常使用 Container 微件而很少使用其他微件，这是可行的。尽管如此，我还是建议你应该以较为整洁的 API 为目标，而优先使用内置的微件；并仅将 Container 微件作为备选，除非有特殊原因。

3. ConstrainedBox、FittedBox、RotatedBox 和 SizedBox 微件

Flutter 提供了几个"盒"组件，其行为类似于 Row、Column 以及 Container 微件，但还可对其唯一的子微件进行各种操作。

首先是 ConstrainedBox，它用于对子微件添加强制约束。例如，假定你想限制前面示例中第二个 Text 微件的最小宽度，你可以使用 ConstrainedBox 包裹它并定义如下

约束：

```
ConstrainedBox(constraints : BoxConstraints(minWidth : 200.0), child :
Text("Child2"))
```

BoxConstraints 类提供了一些属性用于定义约束，其中 minWidth、minHeight、
maxWidth 和 maxHeight 属性是最常用的。

接下来是 FittedBox，它通过 fit 属性缩放并摆放子微件。这很有用，在之前的例
子中，当我们处理缩放时，有时文本并没有按我们期望的那样缩放及摆放。FittedBox
微件可以为我们解决这个问题，且可与 ConstrainedBox 微件完美结合，示例如下：

```
ConstrainedBox(constraints : BoxConstraints(minWidth: 200.0), child :
FittedBox(fit: BoxFit.fill, child : Text("Child2") ) )
```

上例对 Text 微件执行了缩放，并且与前面的缩放相比，还重新摆放了 Text 微件，
因而其位置在保持居中的同时，将缩放至最小宽度 200 像素，并将高度按比例自动缩
放。如果运行以上代码并与前面的例子做对比，我想你会看到这里的缩放效果更优，
并且可能更符合你的期望。

同样，RotatedBox 为我们提供了一种旋转子微件的方式，这种方式也许更适合你，
示例如下：

```
RotatedBox(quarterTurns : 3, child : Text("Child2") )
```

quarterTurns 属性的值为顺时针旋转 90° 的倍数。因此，如果需要成倍旋转 90°，
RotatedBox 微件可完美支持；但如果需要任意旋转角度，那么需要使用 Transform 微
件来处理。

最后，SizedBox 微件强制将子微件设置为固定的宽度和高度，示例如下：

```
SizedBox(width : 200, height : 400, child : Text("Child2") )
```

如果运行上述代码，你会注意到 Text 微件看起来"悬浮"在与其通常位置相比偏
左的地方。这是因为 Text 微件自身被设置为 200 像素×400 像素大小，但这并不意味
着发生了缩放。事实上，文本在 Text 微件内默认向左、向上对齐，因此对它们设定大
小后导致它们"悬浮"在 Text 微件的左上角，而 Text 微件已被设定为 200 像素×400
像素大小。Text 微件对其子微件的影响依赖于子微件如何响应宽度和高度的设定(假定
子微件完全支持这些属性)。

4. Divider 微件

Divider 微件直接显示为一条设备像素宽的水平线，且在两侧添加了一点间距。可

在上例中的 Text 元素之间将它们简单地添加进去，示例如下：

```
Text("Child1"),
Divider(),
Text("Child2"),
Divider(),
Text("Child3")
```

此时，你还不会看到任意东西！这是因为 Divider 微件只能是水平的。但是如果布局为 Row 的话，它们就不会显示。因此，将 Row 改为 Column 后，你就会看到在 Text 微件之间显示了一些漂亮的分隔线。

5. Card 微件

Card 微件是 Material 风格的微件，基本上只是圆角的盒子，并且周围有一些轻微的阴影，通常用于显示逻辑分组的一些关联信息。用法很简单，如代码清单 3-2 所示。

代码清单 3-2　Card 微件实践

```
import "package:flutter/material.dart";

void main() => runApp(MyApp());
class MyApp extends StatelessWidget {

  @override
  Widget build(BuildContext context) {

    return MaterialApp(title : "Flutter Playground",
      home : Scaffold(
        body : Center(
          child : Card(
            child : Column(mainAxisSize: MainAxisSize.min,
              children : [
                Text("Child1"),
                Divider(),
                Text("Child2"),
                Divider(),
                Text("Child3")
```

```
        ]
      )
     )
    )
   )
  );
 }
}
```

你可以尝试将例子中的 return 语句替换掉，这也是我们一直以来的做法，或者直接查看图 3-2。

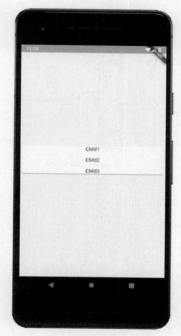

图 3-2　Card 微件的效果

Card 微件没有太多属性，常用的属性包括：color，用于设置卡片的背景色；elevation，用于设定阴影的大小；以及 shape，用于改变卡片的圆角(使圆角更大或更小)。

6. Drawer 微件

Drawer 微件通常用于设置 Scaffold 微件的 drawer 属性，尽管并不一定需要。Drawer 微件是一个 Material 风格的面板，它水平地从左侧滑入，为用户提供了一种打开应用的功能列表或导航至其他界面的方式，并且默认隐藏直到被唤出。AppBar 是另一个微

件，通常和 Drawer 搭配使用，因为它提供了一个合适的 IconButton(用户可以单击并
显示一个图标的按钮微件)来显示和隐藏 Drawer(也可以通过在屏幕边缘执行滑动操作
来完成)。

Drawer 的写法也很简单，如果嵌入 Scaffold 的话，写法如代码清单 3-3 所示。

代码清单 3-3　Drawer 微件实践

```
import "package:flutter/material.dart";

void main() => runApp(MyApp());

class MyApp extends StatelessWidget {

  @override
  Widget build(BuildContext context) {

    return MaterialApp(title : "Flutter Playground",
      home : Scaffold(
        appBar : AppBar(
          title : Text("Flutter Playground!")
        ),
        drawer : Drawer(
          child : Column(
            children : [
              Text("Item 1"),
              Divider(),
              Text("Item 2"),
              Divider(),
              Text("Item 3")
            ]
          )
        ),
        body : Center(
          child : Row(
            children : [
              Text("Child1"),
```

```
        Text("Child2"),
        Text("Child3")
      ]
    )
  )
);
}
}
```

在这里，你可以同时看到 AppBar 和 Drawer。Drawer 的实际内容完全取决于你，通常是一个 ListView(稍后详述)，其首个子微件一般是一个 DrawerHeader 微件，它提供了一种通用的方式来显示用户的账户状态信息。不过，是否使用它是可选的。除了 child 属性，Drawer 微件还提供了 elevation 属性，用法与 Card 微件的同名属性一样。图 3-3 显示了用户单击"汉堡包"图标以显示 Drawer 弹出前后的样子。

图 3-3　Drawer 弹出前后的样子

大部分情况下，这就是 Drawer 微件的全部功能！作为一个基础且常用的微件，Drawer 用起来很容易！

■ 注意：

CupertinoNavigationBar 微件 与 AppBar 微件 几乎一模一样，后者专为 Material(Android)应用而定制。

3.1.2　导航微件

导航微件允许用户以某种方式在应用内跳转，或使你的应用在不同的模块(例如不同的界面)间自动跳转。

首先，让我们来看一下导航微件。因为大多数情况下，当通过 WidgetsApp 微件或 MaterialApp 微件启动应用时，你将自动获得一个导航微件(也可以显式地创建一个，但这并不常见)。导航微件用栈管理了一组子微件。换句话说，一次只有一个此类子微件可见。这些子微件代表应用的各个界面，在 Flutter 中叫作路由。导航微件提供诸如 push()和 pop()的方法来添加或移除路由。

现在你已见过多次 MaterialApp 微件的用法，而且你已见到 home 属性。你猜到了吗？该属性的值就是应用中的第一个路由。在你不知道导航微件时你就已经用过它了！

你可以通过前面提到的 push()方法，显式地添加路由到导航微件中。示例如下：

```
Navigator.push(context, MaterialPageRoute<void>(
  builder : (BuildContext context) {
   return Scaffold(
     body : Center(child : Text("My new page"))
   );
  }
));
```

你总是调用 push()来添加 MaterialPageRoute 微件，而它又依赖 builder()方法的调用，这种模式你已在 Flutter 中见过太多次了。这是必需的，因为当导航至一个路由时，它会被一而再、再而三地构建，它将在不同的上下文中发生，具体取决于发生的时间。因此，在你的代码中硬编码子微件将可能导致错误的上下文。使用构建模式可避免这个问题。

当使用 push()方法添加一个新的路由到导航栈时，它将立即可见。如果需要回退到前一个路由，可以传入当前构建上下文，将其从导航栈内移出，示例如下：

```
Navigator.pop(context);
```

第一个"默认的"路由是命名路由，后续路由也可以添加名字，以便通过名字进行导航。为此，你可以添加 routes 属性到 MaterialApp，示例如下：

```
routes : <String, WidgetBuilder> {
  "/announcements" : (BuildContext bc) => Page(title : "P1"),
  "/birthdays" : (BuildContext bc) => Page(title : "P2"),
  "/data" : (BuildContext bc) => Page(title : "Pe"),
}
```

现在，你可以通过名字进行导航了，示例如下：

```
Navigator.pushNamed(context, "/birthdays");
```

也可以嵌套多个导航微件，这将允许用户在应用中实现所谓的"子路由"。

1. BottomNavigationBar 微件

有时，导航并非在应用内界面间跳转的最佳选择。一个重要的考虑是因为没有面向用户界面，是完全程序化的。幸运的是，Flutter 还提供了另外几个微件，其中之一是 BottomNavigationBar。该微件会在屏幕底部显示一个横条，里面嵌入了图表和/或文本，用户可以通过单击它们在应用的界面间移动。

事实上，BottomNavigationBar 微件的作用并非导航，这使它有些名不副实。导航取决于你的代码，你甚至不必使用它来导航！尽管如此，当下通常它还是用于导航，这里有一个例子，参见代码清单 3-4。

代码清单 3-4　BottomNavigationBar 微件实践

```
import "package:flutter/material.dart";


void main() => runApp(MyApp());


class MyApp extends StatefulWidget {
  MyApp({Key key}) : super(key : key);
  @override
  _MyApp createState() => _MyApp();
}


class _MyApp extends State {


  var _currentPage = 0;
  var _pages = [
    Text("Page 1 - Announcements"),
```

```
      Text("Page 2 - Birthdays"),
      Text("Page 3 - Data")
    ];


    @override
    Widget build(BuildContext context) {


      return MaterialApp(title : "Flutter Playground",
        home : Scaffold(
          body : Center(child : _pages.elementAt(_currentPage)),
          bottomNavigationBar : BottomNavigationBar(
            items : [
              BottomNavigationBarItem(
                icon : Icon(Icons.announcement),
                title : Text("Announcements")
              ),
              BottomNavigationBarItem(
                icon : Icon(Icons.cake),
                title : Text("Birthdays")
              ),
              BottomNavigationBarItem(
                icon : Icon(Icons.cloud),
                title : Text("Data")
              ),
            ],
            currentIndex : _currentPage,
            fixedColor : Colors.red,
            onTap : (int inIndex) {
              setState(() { _currentPage = inIndex; });
            }
          )
        )
      );
    }
  }
```

图 3-4 显示了渲染结果。

图 3-4　BottomNavigationBar 微件的效果

　　在这里，我们先创建了一个有状态微件。这是必需的，因为顶级微件仅构建一次，直到其状态发生改变，也就是当用户单击导航栏条目之一的那一刻。因此，我们必须构建一个有状态微件以提供该状态。当需要处理状态时，你会记起需要创建两个类：其中一个扩展自 StatefulWidget，而另一个扩展自 State。尽管这看上去有点儿奇怪(至少对我而言！)，但事实上，你的微件所属的类型正好扩展自 State 而非 StatefulWidget。无论你是否觉得奇怪，关键在于理解。大多数情况下，StatefulWidget 类是一个基本模板，而 State 类的行为或多或少与继承自 StatelessWidget 的类一样，这一点你也应该很熟悉了。

　　查看 State 微件的源代码，可以发现微件的状态保存在私有变量_currentPage 中。此值被传入私有列表_pages 的 elementAt()方法。这决定了列表中的哪一项将作为 Center 微件的内容(可能是整个微件树而非单个 Text 微件)。Scaffold 微件的 bottomNavigationBar 属性是一个 BottomNavigationBar 实例，该实例有一个 items 属性，取值是一个 BottomNavigationBarItem 微件列表，其中任意一项都包含我们指定的图标和标题。Flutter 自带图标集——Icons 类，因此，如果我们不想到处收集图标的话，就可以使用它。并且在使用 Android Studio 进行开发时，你可以使用代码来完成，因此你甚至不必记忆或查看你所需要的那些图标！BottomNavigationBar 的 currentIndex 属性会告诉我们当前导航栏上的哪一个条目被选中，并且 fixedColor 属性决定了已选中条目的前景色。

现在，当用户单击这些条目中的其中一个时，默认不会发生任何事。onTap 属性用于处理该事件。因此，现在我们知道应该显示_pages 的哪一个元素，但_currentPage 的值是如何更新的呢？做法就是调用通过扩展 State 类而提供的 setState()方法。该调用触发了 Flutter 对微件的重新构建。由于_currentPage 现在发生了变化，_pages 内的另一个元素被显示出来。对用户而言就是导航至一个新的界面。

2. TabBar(CupertinoTabBar)和 TabBarView(CupertinoTabView)微件

另一个常用的导航微件是 TabBar，对应的 iOS 版本是 CupertinoTabBar。与之配套的分别是 TabBarView 和 CupertinoTabView 微件(注意，稍后将仅讨论 TabBar 和 TabBarView，但所有内容均适用于 CupertinoTabBar 和 CupertinoTabView)。

TabBarView 从根本上讲是一个界面(或视图)堆栈，在同一时间只有一个可见，且用户可在界面间切换。用户可通过与 TabBar 进行交互来改变显示的界面。通常在切换界面时伴随有动画，例如滑动。

让我们先看示例再做讨论，示例如代码清单 3-5 所示，效果见图 3-5。

代码清单 3-5　TabBar 微件

```dart
import "package:flutter/material.dart";

void main() => runApp(MyApp());

class MyApp extends StatelessWidget {

  @override
  Widget build(BuildContext context) {

    return MaterialApp(
      home : DefaultTabController(
        length : 3,
        child : Scaffold(
          appBar : AppBar(title : Text("Flutter Playground"),
            bottom : TabBar(
```

```
    tabs : [
      Tab(icon : Icon(Icons.announcement)),
      Tab(icon : Icon(Icons.cake)),
      Tab(icon : Icon(Icons.cloud))
    ]
  )
),
body : TabBarView(
  children : [
    Center(child : Text("Announcements")),
    Center(child : Text("Birthdays")),
    Center(child : Text("Data"))
  ]
)
  )
 )
);
}
}
```

在界面的背后，TabController 微件负责跟踪当前页签和每个内容页。你可以手动创建一个，但需要做很多额外的工作，因此很多时候，你可以使用 DefaultTabController 微件作为 MaterialApp 微件的 home 属性值，它将为你处理所有细节。

尽管如此，当使用该微件时，你仍必须通过 length 属性告诉 TabController 有几个页签。之后，你需要定义 TabController 的每个页签，这可以通过设置 tabs 属性为一个 Tab 微件数组来完成。这里我们仅为每个页签指定一个图标。

一旦定义好页签，就必须告诉 TabController 每个页签对应的内容页是什么，这是通过将 body 属性赋值为一个 TabBarView 来完成的。children 列表里的每个元素都可以是一棵足够复杂的微件树，这取决于你。在这里，它们只是一些嵌入 Text 微件的 Center 微件而已。

图 3-5　TabBar 微件的效果

做完这些后，从我们的角度看，界面间的切换动作是自动完成的，用户可自由地在其中导航。

3. Stepper 微件

我想要讨论的最后一个导航微件是 Stepper 微件。该微件用于引导用户体验一系列预定义的事件。从概念上想象一下，当你想要在 Amazon 或其他电商网站上购买一些东西时会发生什么。首先，你必须打开购物信息页，然后单击一个按钮以继续。接着进入支付信息页并且再次单击一个按钮以继续。最后，也许你必须决定是否需要礼品包装或其他服务。单击最后一个按钮后，你的订单生成了。这是一个由三步操作组成的序列，Flutter 应用中的 Stepper 提供了同样的功能。

代码清单 3-6 是一个例子。

代码清单 3-6　使用 Stepper 微件实现步进

```
import "package:flutter/material.dart";


void main() => runApp(MyApp());
```

```
class MyApp extends StatefulWidget {
  MyApp({Key key}) : super(key : key);
  @override
  _MyApp createState() => _MyApp();
}


class _MyApp extends State {

  var _currentStep = 0;

  @override
  Widget build(BuildContext context) {
    return MaterialApp(title : "Flutter Playground",
      home : Scaffold(
        appBar : AppBar(title : Text("Flutter Playground")),
        body : Stepper(
          type : StepperType.vertical,
            currentStep : _currentStep,
          onStepContinue : _currentStep < 2 ?
            () => setState(() => _currentStep += 1) : null,
          onStepCancel : _currentStep > 0 ?
            () => setState(() => _currentStep -= 1) : null,
          steps : [
            Step(
              title : Text("Get Ready"), isActive : true,
              content : Text("Let's begin...")
            ),
            Step(
              title : Text("Get Set"), isActive : true,
              content : Text("Ok, just a little more...")
            ),
            Step(
              title : Text("Go!"), isActive : true,
              content : Text("And, we're done!")
            )
```

```
                ]
              )
            )
          );
        }
      }
```

图 3-6 展示了执行效果。

图 3-6　Stepper 微件的效果

　　到目前为止，大部分 Stepper 看起来都很像，除非我们把 Stepper 微件作为 Scaffold 微件的主体。首先，你需要通过 type 属性告诉它你是否想要将各步骤垂直或水平显示，并且需要告诉它当前步骤是哪个，这可以通过设定_currentStep 变量来完成。这是一个有状态微件，因为_currentStep 变量的值决定了显示哪个步骤，这正是 Flutter 中状态的意义。

　　我们还得为 Stepper 提供一些代码，用于响应用户单击 Continue 和 Cancel 按钮，这些按钮将由 Stepper 负责显示。在这里，只要我们不是处于最后一步，_currentStep 变量的值在 Continue 按钮被单击时就会递增；并且只要不是处于第一步，当 Cancel 按钮被单击时就会递减。这使得用户在事件序列中可以随意后退或前进。

下一步,我们需要定义序列 steps,其中的每一项都是 Step 微件。该微件由一些显示在步骤圆形图标一侧的标题文本以及 isActive 属性组成,当这个属性被设置为 false 时,对应的步骤将会显示成灰色(注意,这除了改变步骤圆形图标的样式之外,没有做任何事——你的代码必须做些什么以忽略它,或者在它未激活时做其他恰当的事)。

每个 Step 微件都有一个 subtitle 属性(如果愿意的话),并且都有一个 state 属性,state 属性决定了组件的样式以及是否激活该步骤。再次声明,你的代码必须支持状态变化功能。还需要注意,Stepper 微件提供了 onStepTapped 属性,它的取值是一个由你提供的函数,在用户单击步骤圆形图标之一时会被调用。显然,通常你会提供直接跳转至选中步骤的代码。

3.1.3 输入表单类微件

输入表单类微件用于以某种方式获取用户的输入。Flutter 内置了大量此类微件,有些似乎有点出乎意料。

1. Form 微件

在 Flutter 中,用户输入依赖 Form 微件。其实这么说也不对:Form 微件实际上是可选的。但是,因为它确实提供了一些功能,并且因此经常用于用户输入场景,所以让我们先假定它是必需的,并好好研究研究。

Form 是表单容器,从字面上可以这样理解:有一个 FormField 微件封装了所有的输入表单并组成 Form 微件的子微件。你选择使用 Form 微件的原因在于它为你提供了一些常用的功能,包括保存表单数据、重置和验证。没有 Form 微件的话,你将需要自行实现你需要的这些功能,因此为什么不用现成的 Form 微件呢?

让我们看一个 Form 微件的例子——一个典型的登录表单,该例还展示了其他一些与用户输入相关的主意,参见代码清单 3-7。

代码清单 3-7　Form 微件实践

```
import "package:flutter/material.dart";


void main() => runApp(MyApp());


class MyApp extends StatefulWidget {
  MyApp({Key key}) : super(key : key);
  @override
  _MyApp createState() => _MyApp();
}
```

```
class LoginData {
  String username = "";
  String password = "";
}

class _MyApp extends State {

  LoginData _loginData = new LoginData();
  GlobalKey<FormState> _formKey = new GlobalKey<FormState>();

  @override
  Widget build(BuildContext inContext) {
    return MaterialApp(home : Scaffold(
    body : Container(
      padding : EdgeInsets.all(50.0),
      child : Form(
        key : this._formKey,
        child : Column(
          children : [
            TextFormField(
              keyboardType :
                TextInputType.emailAddress,
              validator : (String inValue) {
                if (inValue.length == 0) {
                  return "Please enter username";
                }
                return null;
              },
              onSaved: (String inValue) {
                this._loginData.username = inValue;
              },
              decoration : InputDecoration(
                hintText : "none@none.com",
                labelText : "Username (eMail address)"
```

```
      )
    ),
    TextFormField(
      obscureText : true,
      validator : (String inValue) {
        if (inValue.length < 10) {
          return "Password must be >=10 in length";
        }
        return null;
      },
      onSaved : (String inValue) {
        this._loginData.password = inValue;
      },
      decoration : InputDecoration(
        hintText : "Password",
        labelText : "Password"
      )
    ),
    RaisedButton(
      child : Text("Log In!"),
      onPressed : () {
        if (_formKey.currentState.validate()) {
          _formKey.currentState.save();
          print("Username: ${_loginData.username}");
          print("Password: ${_loginData.password}");
        }
      }
    )
  ]
)
)
)
));
}
}
```

图 3-7 显示了上述代码的运行效果。虽然看起来并不意外，但却很好地展示了这些代码应有的功能。

图 3-7　Form 微件的效果

通常在 import 和 main()函数后，我们会处理 StatefulWidget，我们为此定义了一个普通类。但是，在处理你已了解的伴生类 State 之前，我们先来看一个小型类 LoginData，该类的实例用于存储用户输入的用户名和密码。这是一种常见的用于处理 Flutter 表单的较好做法，因为它将所有输入合并到一个对象里，便于处理。

然后我们来看下_MyApp State 类。它与你之前看到的其他任何 State 类都很像，但此例中有一些新的变化。首先，有一个前面提到的 LoginData 实例。随后是一个 GlobalKey 实例。GlobalKey 是整个应用中唯一的标识，通常可作为微件的 key 属性值，该值是微件树中是否用一个微件替换另一个微件的判断依据。如果两个微件的 runtimeType 和 key 属性相等，那么新微件将会通过更新微件树中对应的元素来替换旧微件。否则，旧元素将从微件树中移除，新微件被创建并绑定到新元素上，并且新元素将被插入微件树。使用 GlobalKey 作为微件的标识(还有一种 LocalKey，但它仅保证同一个父元素内的唯一性)可使元素在微件树中移动而不丢失状态。当发现新微件(意为 key 和 runtimeType 属性与微件树中同一位置的原微件不匹配)与微件树前一帧内某处已有的微件拥有相同的 GlobalKey 时，与微件对应的元素将被移动至新的位置。

另外，key 属性相当强大，因为它为我们提供了一种直接"触达"微件的方式，老实说你几乎不应该这么做。但是当需要时，这是一种有效的办法。例如，首先添加一个新的变量到_MyApp 类：

```
GlobalKey _btnKey = new GlobalKey();
```

然后，为 RaisedButton 添加 key 属性以引用它：

```
key : _btnKey,
```

最后，在按钮的 onPressed 事件处理程序内，可以这么做：

```
print(((
  _btnKey.currentWidget as RaisedButton).child as Text).data
);
```

运行结果是在控制台打印 Text 微件的标签。为达到此目的，我们必须使用 as 关键字将_btnKey.currentWidget 转换为 RaisedButton，因为 currentWidget 的类型为 Widget，并且需要将 child 属性的值转换为 Text 类型，然后 data 属性的值就变成按钮上的文本了。这样，你就可以访问任意微件的任意属性或直接执行微件的方法，只要它有一个 key 就行(无论是 GlobalKey 还是 LocalKey)。你确实不应该这么做，因为它与 Flutter 天生的响应式特性相冲突。相反，通常你应该使用状态来驱动这类交互。但是，在你无计可施时，不妨一试，它有助于你稍稍理解 Flutter 的一些原理。

接下来是常见的 build()方法。就像你之前看到的那样，不过现在我们在微件树中多了一个 Form 微件。通常，微件的子微件并不需要显式的 key，这也是我到现在还未用到 key 关键字的原因，但此处 Form 微件的 key 属性正是早些时候我们讨论过的_formKey 的引用。

如你所见，Form 微件有一个 child 属性。因此，如果我们想要添加更多微件到表单中的话(我们也的确需要)，那么我们需要使用某种容器组件，因此这里我使用了 Column 微件。

Column 微件中有 3 个子微件，分别是用户名输入框、密码输入框和 Log In 按钮。前两个使用了 TextFormField 微件，该微件有效地合并了两个其他微件，它们分别是：一个 FormField 微件，你应该还记得我之前说过，必须把所有表单包裹在一个 Form 微件内；以及一个 TextField 微件，该微件用于获取用户输入(相应地有一个 CupertinoTextField 微件)。用户名是一个 TextFormField 微件；因为用户名实际上是用户的电子邮箱地址(这是常见的做法但缺乏安全性)，我们想要显示键盘以方便地输入电子邮件地址，keyboardType 属性允许我们达成这一点。TextInputType 类有多个代表各种键盘类型的常量，其中的 emailAddress 正好适用于此。

TextField 微件还有一个 validator 属性，它定义了一个函数，用于单击 Log In 按钮时执行对表单的验证。该函数可以做任何你想做的事，但最后，它必须要么返回一个显示在表单下方的、红色的错误信息字符串；要么为空，如果其值合法有效的话。

注意表单数据不会保存下来，它们仅在表单内短暂保留。不过这没什么用，为了解决这个问题，我们需要为 onSaved 属性实现一个回调函数。你将看到，在 Form 微件的 save()方法被调用后不久，将触发这个回调函数(事实上它不是 Form 微件本身的方法，你很快就会见到)，onSaved 事件处理程序仅将传入的 inValue 保存在_loginData 变量的 username 成员内。

尽管是可选的，但 decoration 属性是一个 InputDecoration 实例且通常用于声明一些 hintText(在尚未输入任何内容时显示在表单内)。labelText 属性可用作表单的标签，显示在表单上方。

密码字段同用户名字段基本一致，但有一点除外，作为密码，用户输入的内容不应该显示在屏幕上，因此将 obscureText 属性设为 true 可达到这个目的。同样，我们有一个验证函数用于验证密码，并且 onSaved 事件处理程序用于存储数据以及 InputDecoration 的装饰实例。

最后是 Log In 按钮。我们用它做了两件事。首先，我们通过_formKey 变量调用 validate()方法。我们得到该微件的引用，其 currentState 属性包含当前输入表单的值。这就是 validate()方法事实上的操作对象，因此每个表单字段都附带有一个验证函数，validate()方法知道如何逐个调用所有表单字段的验证函数，并且要么显示错误的表单字段，要么返回 true(如果表单合法有效的话)。随后，我们调用了 currentState 的 save()方法，使得触发所有的 onSaved 事件处理程序并将表单数据存储在_loginData 中。最后，打印一些信息到控制台以确保一切如期运行。

2. Checkbox 微件

你一定知道 Checkbox 是什么！它是一个复选框，你可以勾选它！也可以取消勾选。但不管怎样，Flutter 提供了 Checkbox，并且用起来很简单。

■ 注意：

代码清单 3-8 展示了Checkbox、Switch、Slider和Radio微件，图 3-8 展示了它们的显示效果。

代码清单 3-8　Checkbox、Switch、Slider 和 Radio 微件

```
import "package:flutter/material.dart";
```

```
void main() => runApp(MyApp());

class MyApp extends StatefulWidget {
  MyApp({Key key}) : super(key : key);
  @override
  _MyApp createState() => _MyApp();
}


class _MyApp extends State {

  GlobalKey<FormState> _formKey = new GlobalKey<FormState>();
  var _checkboxValue = false;
  var _switchValue = false;
  var _sliderValue = .3;
  var _radioValue = 1;


  @override
  Widget build(BuildContext inContext) {
    return MaterialApp(home : Scaffold(
      body : Container(
        padding : EdgeInsets.all(50.0),
        child : Form(
          key : this._formKey,
          child : Column(
            children : [
              Checkbox(
                value : _checkboxValue,
                onChanged : (bool inValue) {
                  setState(() { _checkboxValue = inValue; });
                }
              ),
              Switch(
                value : _switchValue,
                onChanged : (bool inValue) {
                  setState(() { _switchValue = inValue; });
```

```
          }
        ),
        Slider(
            min : 0, max : 20,
          value : _sliderValue,
          onChanged : (inValue) {
            setState(() => _sliderValue = inValue);
          }
        ),
        Row(children : [
          Radio(value : 1, groupValue : _radioValue,
            onChanged : (int inValue) {
              setState(() { _radioValue = inValue; });
            }
          ),
          Text("Option 1")
        ]),
        Row(children : [
          Radio(value : 2, groupValue : _radioValue,
            onChanged : (int inValue) {
              setState(() { _radioValue = inValue; });
            }
          ),
          Text("Option 2")
        ]),
        Row(children : [
          Radio(value : 3, groupValue : _radioValue,
            onChanged : (int inValue) {
              setState(() { _radioValue = inValue; });
            }
          ),
          Text("Option 3")
        ])
      ]
    )
```

```
            )
         )
      ));
   }
}
```

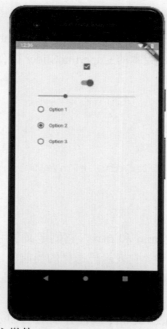

图 3-8　一些输入微件(Checkbox、Switch、Slider 和 Radio)的效果

　　是的，就这么简单！只要为 StatefulWidget 提供一个 checkboxValue 变量，你就可以放手了。或者，你也可以提供一个 onChanged 回调处理程序，从而在勾选或取消勾选 Checkbox 时做一些其他事。另外，Checkbox 还支持 tristate 旗标(true 或 false，默认为 false)，它有 3 个可选值：已勾选、未勾选和 null，值为 null 时会在 Checkbox 内显示一条短线。

　　需要注意的是：Checkbox 微件在本质上并不包含文本标签，而这在此类微件中很常见。为实现这一点，你需要自行构建，通常可以在 Row 容器内为 Checkbox 添加一个 Text 微件(假定你想要将标签附在 Checkbox 一侧的话，也可以使用 Column 容器或其他布局结构)。

3. Switch(CupertinoSwitch)微件

Switch 微件及其 iOS 版本(CupertinoSwitch 微件)在大多数情况下与 Checkbox 类

似，只是显示效果有所不同：它们看起来就像你在机器设备上看到的开关一样。事实上，如果回到之前的 Checkbox 示例并将 Checkbox 修改为 Switch，其他什么都不做，你会发现代码仍将正常运行！

注意，如果 onChanged 为 null，那么 Switch 微件将会显示成灰色，并且不会响应用户的交互。这同样适用于 Checkbox 微件。

4. Slider(CupertinoSlider)微件

Slider 微件由一条线和一个小手柄组成(也称为 thumb，用户可通过它在一个预定义的范围内选择一个值)。iOS 版本的 CupertinoSlider 微件也一样。用法如下：

```
Slider(
  min : 0, max : 20,
  value : _sliderValue,
  onChanged : (inValue) {
    setState(() => _sliderValue = inValue);
  }
)
```

Slider 微件的重要属性有 min 和 max，它们定义了用户可以选择的范围的最小值和最大值；此外还有 value 属性，它表示已选择的当前值。作为 StatefulWidget 的成员，value 属性的值应为 State 对象的一个变量。最后，onChanged 用于当 thumb 移动时设定 State 中的值。

另外，activeColor 和 inactiveColor 属性分别用于 Slider 在激活或非激活状态下调整滑动轨道的颜色。你可以在限定范围内设定 divisions 的数量(默认为 null，Slider 会在从 min 到 max 的范围内自动生成连续或离散的 divisions)。事件处理回调会在用户开始移动 thumb(onChangedStart)以及释放(onChanged)时触发。

5. Radio 微件

Radio 微件的行为非常类似于 CheckBox 及 Switch 微件，除了一点：Radio 微件从不单独使用。Radio 微件总是成组使用，一组中往往有一个或多个 Radio 微件，并且它们是互斥的：选中任意一个 Radio 会引起同组中的其他 Radio 取消选中。因此，常见写法如下：

```
Column(children : [
  Row(children : [
    Radio(value : 1, groupValue : _radioValue,
      onChanged : (int inValue) {
```

```
      setState(() { _radioValue = inValue; });
    }
  ),
  Text("Option 1")
]),
Row(children : [
  Radio(value : 2, groupValue : _radioValue,
    onChanged : (int inValue) {
      setState(() { _radioValue = inValue; });
    }
  ),
  Text("Option 2")
]),
Row(children : [
  Radio(value : 3, groupValue : _radioValue,
    onChanged : (int inValue) {
      setState(() { _radioValue = inValue; });
    }
  ),
  Text("Option 3")
])
])
```

这里显示了三个 Radio 微件，每个都附带一个 Text 微件作为标签。注意到它们是怎么持有 groupValue 属性值了吗？这是特意设计的：由于它们持有相同的变量引用，因此它们被视为同一分组，从而表达了它们互斥这一之前提到的概念。不过，因为每个 Radio 都有一个离散值，所以当选择第一个 Radio 时，它的离散值将通过 onChanged 事件处理程序中对 setState()的调用传给_radioValue。使用这三个 Radio 微件的代码就可以通过检查该值来判定它们中的哪个被勾选了。

6. 日期和时间选择器微件(CupertinoDatePicker、CupertinoTimePicker)

在应用内选择日期和时间是一种常见操作,因此 Flutter 自然也提供了相应的微件。更准确地说,至少在 Android 平台上,Flutter 提供了显示此类 UI 组件的函数。在 Android 平台上,我们可以使用 showDatePicker()和 showTimePicker()函数,如代码清单 3-9 所示,执行效果如图 3-9 所示。

代码清单 3-9　选择日期和时间

```dart
import "package:flutter/material.dart";

void main() => runApp(MyApp());

class MyApp extends StatelessWidget {
  @override
  Widget build(BuildContext context) {
    return MaterialApp(home : Scaffold(body : Home()));
  }
}

class Home extends StatelessWidget {

  Future<void> _selectDate(inContext) async {
    DateTime selectedDate = await showDatePicker(
      context : inContext,
      initialDate : DateTime.now(),
      firstDate : DateTime(2017),
      lastDate : DateTime(2021)
    );
    print(selectedDate);
  }

  Future<void> _selectTime(inContext) async {
    TimeOfDay selectedTime = await showTimePicker(
      context : inContext,
      initialTime : TimeOfDay.now(),
    );
    print(selectedTime);
  }

  @override
  Widget build(BuildContext inContext) {
```

```
return Scaffold(
  body : Column(
    children : [
      Container(height : 50),
      RaisedButton(
        child : Text("Test DatePicker"),
        onPressed : () => _selectDate(inContext)
      ),
      RaisedButton(
        child : Text("Test TimePicker"),
        onPressed : () => _selectTime(inContext)
      )
    ]
  )
);
}
}
```

这两个函数都是异步的，因此我们需要通过一些异步函数来使用它们，比如
_selectDate()和_selectTime()，它们可由主界面上的两个按钮调用。

图3-9 日期选择器和时间选择器

可以看到，这里分别使用了 showDatePicker()和 showTimePicker()。前者需要构建上下文，并默认选中了 initialDate，通过选择器可以选择 firstDate 和 lastDate，这里仅设定了年份，然后返回并显示一个 DateTime 对象。showTimePicker()仅需要构建上下文及 initialTime 即可。

在 iOS 端有一个 CupertinoDatePicker 微件和一个 CupertinoTimerPicker 微件，它们被实现为普通微件，因此没有函数可调用它们。

注意，在 Android 平台上还有 3 个可用的其他微件：DayPicker 用于选择某月中的某天，MonthPicker 用于选择某年中的某月，YearPicker 用于选择年份。

7. Dismissible 微件

Dismissible 微件是一种可以通过给定方向的滑动操作来关闭的元素。该微件有一个 direction 属性，用于指定其可被拖曳的方向。当用户拖曳时，其子微件将滑出可见区域，并且如果可选的 resizeDirection 属性不为空，Dismissible 将以垂直于拖曳的方向动态地将高度和宽度设置为零。

示例如下：

```
Dismissible(
  key : GlobalKey(),
  onDismissed : (direction) { print("Goodbye!"); },
  child : Container(
    color : Colors.yellow, width : 100, height : 50,
    child : Text("Swipe me")
  )
)
```

你还可以定制一个"后置"对象，它将在 background 属性被设定时触发。那样的话，它所修饰的微件将被摆放在 Dismissible 的子微件之后，并在子微件拖离时显示出来。

如果设定了 resizeDuration，那么在大小被调整到 0，或者在滑动动画结束后，回调函数 onDismissed 会被调用。你必须设定 key 属性以支持该操作；在此例中，虽然未被使用，但我还是使用了一个 GlobalKey 来满足要求。

3.1.4 对话框、弹窗、消息微件

有几种与用户交互的方式，可用来显示一些信息。在某种意义上，这是一种"带外数据"，意思是它们并不直接属于人们当时正在查看的屏幕内容。从更广的意义上说，它们是对话框(通常用于向用户请求某些信息)、弹窗(通常用于显示一些需要引起注意

的信息)和消息(通常用于向用户显示快速的、瞬间的信息片段)。

1. Tooltip 微件

Tooltip 微件用于在你执行某些适当的操作时(多见于长按按钮)，显示其他微件的描述信息。使用时可将目标微件包裹在一个 Tooltip 微件内，示例如下：

```
Tooltip(
  message : "Tapping me will destroy the universe. Ouch!",
  child : RaisedButton(
    child : Text("Do Not Tap!"),
    onPressed : () { print("BOOM!"); }
  )
)
```

事实上，有些微件含有 tooltip 属性，该属性能自动将这些微件包装在 Tooltip 微件中。如果没有的话，你可以手动添加相关代码。

通常，Tooltip 微件显示在用它包裹的微件的下方，但你可以通过设置 preferBelow 属性为 false 来将其显示在上方(当下方没有足够的显示空间时，它会自动显示在上方)。也可以微调 verticalOffset 属性来设定 Tooltip 微件与目标微件之间的间距。

2. SimpleDialog(CupertinoDialog)微件

SimpleDialog 微件是弹窗，用于支持用户在几个选项中进行选择。SimpleDialog 微件可在选项的上方显示一些标题文本。大多数时候，这些选项使用 SimpleDialogOption 来渲染。SimpleDialog 的实例通常可作为 showDialog()函数的入参传入并显示，如代码清单 3-10 所示。

代码清单 3-10 SimpleDialog 微件实践

```
import "package:flutter/material.dart";


void main() => runApp(MyApp());


class MyApp extends StatelessWidget {
  @override
  Widget build(BuildContext context) {
    return MaterialApp(home : Scaffold(body : Home()));
  }
```

```
    }


class Home extends StatelessWidget {

  @override
  Widget build(BuildContext inContext) {

    Future _showIt() async {
      switch (await showDialog(
        context : inContext,
        builder : (BuildContext inContext) {
          return SimpleDialog(
            title : Text("What's your favorite food?"),
            children : [
              SimpleDialogOption(
                onPressed : () {
                  Navigator.pop(inContext, "brocolli");
                },
                child : Text("Brocolli")
              ),
              SimpleDialogOption(
                onPressed : () {
                  Navigator.pop(inContext, "steak");
                },
                child : Text("Steak")
              )
            ]
          );
        }
      )) {
        case "brocolli": print("Brocolli"); break;
        case "steak": print("Steak"); break;
      }
    }
```

```
    return Scaffold(
      body : Center(
        child : RaisedButton(
          child : Text("Show it"),
          onPressed : _showIt
        )
      )
    );
  }

}
```

上述代码的实际执行效果见图 3-10。

图 3-10 SimpleDialog 微件的效果

当单击 RaisedButton 时，调用_timeForADialog()函数。该函数等待 showDialog()
返回并将返回值作为 switch 的状态。当用户单击选项之一时，对话框会隐藏起来，这
是通过调用 Navigator.pop()来完成的。此时，对话框位于导航堆栈的顶部，因此对其
执行 pop()操作会使它隐藏起来。pop()的第二个参数是其返回值，后面的两个 case 语

Flutter 实战

句会将该值打印到控制台。

CupertinoDialog 微件和相应的 CupertinoDialogAction 微件提供了 iOS 版本的同类对话框，你可以同样的方式使用它们。

■ **注意：**

这里的代码结构与你之前见到的略有不同。原因是：如果尝试在RaisedButton的onPressed事件处理程序中直接调用showDialog()——这可能是你首先想到要做的，你会得到一个需要MaterialLocalization的错误提示。问题在于showDialog()必须在MaterialApp为根节点的构建上下文中调用，其中默认包含一个在本地化的应用中引入的MaterialLocalization微件。RaisedButton的onPressed事件处理程序中的构建上下文并没有这样的根节点(即使build()方法返回MaterialApp作为顶级微件，其构建上下文与传入build()的构建上下文也并不相同)。因此，解决方案是创建一个顶级MaterialApp微件并将其home属性指向另一个微件，此例中为Scaffold微件，它以Home微件作为其子微件(这里Scaffold微件是可选的，但它对本节中其他一些在此基础上构建的例子是必需的)。这样，顶级微件的构建上下文即为调用showDialog()时使用的上下文，并且以MaterialApp为根节点，因而避免了错误提示。尽管大部分代码示例并没有这么做，但在这里你所看到的是较为常见的结构，并且直到此刻它才显得比较重要，因此我选择保持代码简单直接(并且我将继续保持，除非它像这里一样变得重要)。

---

3. AlertDialog(CupertinoAlertDialog)微件

除了表达紧急情况需要用户立即关注之外，AlertDialog 与 SimpleDialog 微件几乎一样，并且通常最多有一正一反两个选项(或者根本没有选项)。代码示例可参考SimpleDialog，所有需要我们做的就是编写_showIt()函数，示例如下：

```
_showIt() {
  return showDialog(
    context : inContext,
    barrierDismissible : false,
    builder : (BuildContext context) {
      return AlertDialog(
        title : Text("We come in peace..."),
        content : Center(child :
          Text("...shoot to kill shoot to kill shoot to kill")
        ),
        actions : [
          FlatButton(
```

```
          child : Text("Beam me up, Scotty!"),
          onPressed : () { Navigator.of(context).pop(); }
        )
      ]
    );
  }
);
}
```

这里像之前一样使用了 showDialog()，但这次 builder()方法返回了一个 AlertDialog。我们通过 content 属性告诉 AlertDialog 显示什么内容，actions 属性允许我们提供一个用户可以单击的 UI 元素数组，其中只有一个 FlatButton。就像 SimpleDialog，我们需要弹出该对话框以将其从导航堆栈中移出，这次并没有返回任何东西，因此无须提供第二个参数。barrierDismissable 属性被设置为 false 以确保用户必须单击 FlatButton，该对话框不能像 SimpleDialog 一样通过单击外部屏幕位置来关闭。它适用于信息弹窗，以警告用户有重要的事情发生。

AlertDialog 也有 iOS 版本，叫作 CupertinoAlertDialog，你可以同样的方式使用它。

4. SnackBar

SnackBar 是一种轻量级的信息微件，用于在屏幕底部显示短暂的信息，并能够添加用户可以单击的动作，多数用于取消 SnackBar。基于前面的 SimpleDialog 和 AlertDialog 示例，我们将_showIt()函数修改成如下所示：

```
_showIt() {
  Scaffold.of(inContext).showSnackBar(
    SnackBar(
      backgroundColor : Colors.red,
      duration : Duration(seconds : 5),
      content : Text("I like pie!"),
      action : SnackBarAction(
        label : "Chow down",
        onPressed: () {
          print("Gettin' fat!");
        }
      )
    )
```

```
  );
}
```

图 3-11 展示了显示效果。

图 3-11　SnackBar 微件(显示在底部)的效果

我们必须使用 Scaffold.of(inContext)来获取 Scaffold 的引用，该 Scaffold 是调用此函数的微件的父微件。Scaffold 有一个 showSnackBar()方法，它就是我们要调用的方法。我们可以设置 backgroundColor 和 duration 属性，后者需要一个 Duration 类(该类可以接收各种形式的值，如小时、分钟和秒)的实例。Content 属性用于指定显示在 SnackBar 上的文本。action 属性是可选的，用于指定可单击部分的文本。通常，你应该在单击时隐藏 SnackBar，但并非必须这么做。如果不主动隐藏，SnackBar 将在指定时长后自动消失(如果未指定，则使用默认时长)。

5. BottomSheet(CupertinoActionSheet)微件

由 BottomSheet(及 iOS 版本的 CupertinoActionSheet)微件提供的底栏功能，显示在屏幕底部，用于向用户显示额外的内容和/或征询选择。在某种意义上，该微件介于 SimpleDialog 和 SnackBar 之间。让我们继续使用之前的示例并再次修改_showIt()函数，显示效果如图 3-12 所示。

```
_showIt() {
  showModalBottomSheet(context : inContext,
```

```
builder : (BuildContext inContext) {
  return new Column(
    mainAxisSize : MainAxisSize.min,
    children : [
      Text("What's your favorite pet?"),
      FlatButton(child : Text("Dog"),
        onPressed : () { Navigator.of(inContext).pop(); },
      ),
      FlatButton(child : Text("Cat"),
        onPressed : () { Navigator.of(inContext).pop(); },
      ),
      FlatButton(child : Text("Ferret"),
        onPressed : () { Navigator.of(inContext).pop(); }
      )
    ]
  );
}
);
}
```

图 3-12　BottomSheet 微件的效果

实际上，BottomSheet 有两种变化。其中一种通过调用 showModalBottomSheet() 显示，另一种通过调用 showBottomSheet()显示，两者都是继承了 Scaffold 的子类的方法。区别在于：前者不允许用户与应用的其他部分交互，直到隐藏底栏；后者则被称为"持久的"，因为它将持续显示，直到消失后才允许与应用的其他部分交互。无论哪种情形，BottomSheet 都使用同一种基本方式构建。显示的内容由你决定，而无论其是否可以交互。此例中，有一个 Text 微件显示在三个 FlatButton 微件的上方。单击任何一个按钮都会隐藏 BottomSheet，这是通过调用 Navigator.of(inContext).pop()来实现的，到目前为止你已多次见到这种用法。

3.2　小结

在本章中，你学习了 Flutter 自带微件的一些高级概念，但是还有很多内容需要学习，包括更多微件以及一些 API。

第4章

■■■

你好 Flutter，第二部分

从上一章我们开始探索 Flutter 自带的微件，本章我们将继续研究微件以及 Flutter 提供的一些主要 API。

4.1 微件样式

Flutter 有一个功能强大的系统，它可以使用多种方式定制微件样式，其内核是面向微件的，效果如图 4-1 所示。

4.1.1 Theme 微件和 ThemeData

Theme 微件能将一个主题应用到其子微件，涵盖颜色及排版设置。

查看 MaterialApp 微件你会发现，它有一个 theme 属性，可用于声明要应用到整个应用的主题。Theme 微件通常用于仅对一部分微件子集应用以覆盖应用级别的主题的场景。也可以将整个应用的微件树包裹在一个 Theme 微件中以应用该主题，但你通常不这么做，而是通过设置 MaterialApp 的 theme 属性来实现。

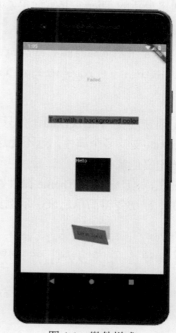

图 4-1 微件样式

Theme 微件有两种使用方式：扩展父主题或构建全新主题。扩展父主题(向上遍历微件树之后找到的第一个主题)适用于仅需改变元素子集的场景。做法很简单，示例如下：

```
Theme(
  data : Theme.of(context).copyWith(accentColor : Colors.red),
  child : /* Your widget tree to be styled with this theme */
)
```

Theme.of()方法像是在问："嗨，Flutter，离这个微件最近的主题是哪个？"它将
找到一个主题，该主题来自任意一个有主题的父微件(请记住：即使你没有在某处显式
地定义一个主题，也会找到一个自动生成的默认主题)。该方法会返回一个 ThemeData
对象，它有一个 copyWith()方法。这个方法会返回一个新的 ThemeData 对象，但其属
性值已被你传入的值覆盖。在这里，我们将这个新的 ThemeData 对象的 accentColor
属性设置为 Colors.red，从而覆盖其原始值。现在，所有受该 Theme 微件管理的微件
都将有一个红色的主色调，而应用中的其他微件则不受影响。

创建全新的 Theme 非常简单，示例如下：

```
Theme(
  data : ThemeData( accentColor : Colors.red ),
  child : /* Your widget tree to be styled with this theme */
);
```

无须获取父 ThemeData，你只需要创建一个新的实例并定义想要的属性即可。
ThemeData 支持多个属性，远不止这里列出的那些，因此你需要参考 Flutter 文档以确
定想要定义的属性。

现在，一旦定义好 Theme 微件，就可以将其应用于独立的微件。但是，由于 Theme
的存在，一切变得简单起来，示例如下：

```
Theme (
  data : ThemeData( accentColor : Colors.red ),
  child : Container(
   color : Theme.of(context).accentColor,
   child : Text(
      "Text with a background color,"
     style : Theme.of(context).textTheme.title,
   )
  )
)
```

请牢记关键的一点：由于这里的 Container 被包裹在一个 Theme 内，

Theme.of(context)将返回主题的 ThemeData；如果 Container 没有被包裹在一个 Theme 内，那么将使用应用级别的 ThemeData，它是通过 MaterialApp 微件的 theme 属性来设定的，于是默认的 Theme 及 ThemeData 将被隐式地构建出来并应用为默认值。

4.1.2　Opacity 微件

Opacity 微件很简单：它按指定的数值将子微件透明化。举一个简单的例子，修改早些时候的例子中的第二个 Text 微件：

```
Opacity(opacity: .25, child : Text("Faded") )
```

重新运行代码，你会发现文本有些透明了(或者换种说法：25%透明度)。

4.1.3　DecoratedBox 微件

顾名思义，DecoratedBox 微件表示被修饰过的盒子！概括来讲，它用于将一个装饰绘制到另一个像盒子一样的容器微件上，而该容器微件是 DecoratedBox 的子微件。BoxDecoration 微件定义了你想要的装饰，它几乎总是与 DecoratedBox 同时出现。

示例如下：

```
DecoratedBox(
  decoration : BoxDecoration(
  gradient : LinearGradient(
    begin : Alignment.topCenter,
    end : Alignment.bottomCenter,
    colors : [ Color(0xFF000000), Color(0xFFFF0000) ],
    tileMode : TileMode.repeated
    )
  ),
  child : Container(width : 100, height : 100,
    child : Text("Hello",
      style : TextStyle(color : Colors.white)
    )
  )
)
```

在这里，我们用 DecoratedBox 包裹了一个 Container 微件，其中内嵌了一个 Text 微件。DecoratedBox 本身并没有任何可显示的内容，这是其子微件的职责。我们需要为它提供一个盒子以进行装饰。内置的 Text 微件只是一个额外的微件，用来说明被装饰的对象是 Container 而非 Text。

现在，我们使用 decoration 属性指定了装饰的效果，取值为 BoxDecoration 实例。BoxDecoration 微件提供了一种使用颜色、图片(例如在 Text 的下面为 Container 应用背景图片)、边框调整(例如圆角)以及阴影或梯度来实现装饰效果的方式。LinearGradient 是梯度类(还有 RadialGradient 和 SweepGradient)之一，可以指定盒子绘制的起点和终点(可便利地通过 Alignment 类常量来指定)、使用的颜色，以及依据盒子大小如何重复绘制梯度。

DecoratedBox 可与 BoxDecoration 搭配使用，这是一种便利且灵活的方式，可按需要为任意容器元素添加装饰效果。

4.1.4 Transform 微件

Transform 微件能够应用一些几何变换到子微件上。理论上，任意形式的变换都可以通过它来编码实现。例如：

```
Center(
  child : Container(
    color : Colors.yellow,
    child : Transform(
      alignment : Alignment.bottomLeft,
      transform : Matrix4.skewY(0.4)..rotateZ(-3 / 12.0),
        child : Container(
        padding : const EdgeInsets.all(12.0),
        color : Colors.red,
        child : Text("Eat at Joe's!")
      )
    )
  )
)
```

上面旋转并扭曲了一个红色的盒子，背景色为黄色，还内嵌了一些文本，左下角固定在原始位置。这可能不是一个很有用的例子，但它展示了 Transform 微件的能力，如果熟悉矩阵变换的话。

除了构造方法之外，Transform.rotate()、Transform.scale()和 Transform.translate()也会返回一个 Transform 微件，它们是专为三种最常用的变换类型而配置的，分别是旋转、拉伸、和平移。这几类变换非常易用，因为它们不需要你了解矩阵操作(这些方法使用远少于数学算法的简单参数集)。因此，如果需要这些常见变换类型中的其中一种，我极力推荐使用它们来代替 Transform()构造方法。

4.2 动画和过渡

最近，用户界面中的动效引起人们的极大重视！用户期望他们的应用能以直观且引人入胜的方式运行。为此，Flutter 提供了一些动效微件。既然显示这些内容的屏幕快照没什么意义，我也因此没这么做。但是，我认为这是一个绝佳的机会，你可以打开 Android Studio，创建一个基础项目，并运行这些代码。你必须做些事情来创建一个基础应用，这是测试你是否理解这些知识点的极好练习，你可以直观地看到代码的视觉效果。

4.2.1 AnimatedContainer

AnimatedContainer 微件可完美实现一些相对简单的动画，它在预定义的时间周期内逐步改变自身的值。它可以自动完成：你只需要告诉它起始值是多少，然后修改为新值，它将在这些值之间如期变化。

示例如下：

```
class _MyApp extends State {

  var _color = Colors.yellow;
  var _height = 200.0;
  var _width = 200.0;

  @override
  Widget build(BuildContext context) {
    return MaterialApp(home : Scaffold(
      body : Center(child : Column(
        mainAxisAlignment : MainAxisAlignment.center,
        children : [
          AnimatedContainer(
            duration : Duration(seconds : 1),
            color : _color, width : _width, height : _height
          ),
          RaisedButton(
            child : Text("Animate!"),
```

```
      onPressed : () {
       _color = Colors.red;
       _height = 400.0;
       _width = 400.0;
       setState(() {});
      }
     )
    ]
   ))
  ));
 }
}
```

在这里，我们将 AnimatedContainer 的 duration 属性设置为 1 秒，换言之，动画的执行时长为 1 秒。同时，将 color、width 和 height 属性的初始值设置为定义在 State 内的变量值。然后，当用户单击 RaisedButton 时，所有三个变量的值发生了变化，且 setState() 被调用，因而触发了重新构建行为，但这次 Flutter 在 1 秒内逐渐放大 AnimatedContainer 的尺寸，并将颜色改变为红色。

你还会发现，DecoratedBoxTransition 可以用于将 DecoratedBox 的多种属性以动画形式改变。因此从概念上讲，它与 AnimatedContainer 非常相似，只是限定了特定的目标微件而已。

4.2.2 AnimatedCrossFade 微件

特别设计的 AnimatedCrossFade 微件用于两个元素间的淡入淡出动效。淡入淡出是指一个元素逐渐消失的同时，另一个元素逐渐显示在同一位置。用法很简单，示例如下：

```
class _MyApp extends State {

 var _showFirst = true;

 @override
 Widget build(BuildContext context) {
  return MaterialApp(home : Scaffold(
   body : Center(child : Column(
    mainAxisAlignment : MainAxisAlignment.center,
```

```
children : [
  AnimatedCrossFade(
    duration : Duration(seconds : 2),
    firstChild : FlutterLogo(
      style : FlutterLogoStyle.horizontal,
      size : 100.0
    ),
    secondChild : FlutterLogo(
      style : FlutterLogoStyle.stacked,
      size : 100.0
    ),
    crossFadeState : _showFirst ?
      CrossFadeState.showFirst :
      CrossFadeState.showSecond,
  ),
  RaisedButton(
    child : Text("Cross-Fade!"),
    onPressed : () {
      _showFirst = false;
      setState(() {});
    }
  )
]
))
));
}
}
```

首先，这是 FlutterLogo 的第一次亮相。我相信你会猜到：它使用各种各样的风格显示 Flutter 微件(它是专用于显示 Flutter 标志的微件)。你无须将其添加为资源或其他类似的东西，直接使用即可。

在这里，我们嵌入两个 FlutterLogo 到 AnimatedCrossFade 内，将它们分别设置为 firstChild 和 secondChild 属性的值。像 AnimatedContainer 一样，该微件也有一个 duration 属性，这里设置为 2 秒。

crossFadeState 属性在多数情况下都很有用：它告诉容器微件显示哪个子微件。如果设置为 CrossFadeState.showFirst，那么显示第一个子微件；设置为 CrossFadeState.showSecond 的话将显示第二个子微件。这取决于布尔变量_showFirst 的值，初始值为 true，因此显示第一张图片，然后当 RaisedButton 被单击时设置为 false。于是，我们看到了淡入淡出动效。

注意，FadeTransition 可将元素的透明度动效化。如果愿意，你可以使用两个 FadeTransition 微件构建自己的 AnimatedCrossFade 来模拟该动效(尽管未查阅源代码，但我相信这就是 AnimatedCrossFade 的实现原理)。

4.2.3 AnimatedDefaultTextStyle 微件

AnimatedDefaultTextStyle 是实现文本动效的不错选择，背后的原理非常类似于 AnimatedContainer 和 AnimatedCrossFade。示例如下：

```
class _MyApp extends State {

  var _color = Colors.red;
  var _fontSize = 20.0;

  @override
  Widget build(BuildContext context) {
    return MaterialApp(home : Scaffold(
      body : Center(child : Column(
        mainAxisAlignment : MainAxisAlignment.center,
        children : [
          AnimatedDefaultTextStyle(
            duration : const Duration(seconds : 1),
            style : TextStyle(
              color : _color, fontSize : _fontSize
            ),
            child : Text("I am some text")
          ),
          RaisedButton(
            child : Text("Enhance! Enhance! Enhance!"),
            onPressed : () {
              _color = Colors.blue;
```

```
            _fontSize = 40.0;
            setState(() {});
          }
        )
      ]
    ))
  ));
  }
}
```

在这里，AnimatedDefaultTextStyle 的子微件 Text 被放大了一倍，且颜色在 1 秒内
发生了变化。至此，我认为无须解释太多，毕竟最后这三个微件非常相似。

4.2.4   其他微件

还有一些其他微件，这些微件可以像之前的微件那样用于对元素的透明度、位置、
尺寸或旋转进行动效化。

注意，AnimatedOpacity 必须谨慎使用，因为透明度动效是相对低效的操作
(AnimatedCrossFade 和 FadeTransition 微件同样如此)。

还需要注意 AnimatedPositioned 微件仅在子微件为 Stack 元素时才生效。简而言之，
它允许你显示几个层叠的子微件而无论它们的大小是否相等，如果一个大元素位于一
个小元素之下，那么大元素可以从小元素的下面"露出"至最上层，至少是局部露
出。在后续章节中你会见到 Stack 元素，但要明白它并非之前说过的导航堆栈。它们
是两个独立的概念。Stack 元素只是一个容纳其他元素的容器，这些元素可位于彼此
上方。

有意思的是，Transition 系列微件都支持物理模拟，动画可以是非线性的。这也在
不同程度上适用于 Animated 系列微件，但该特性对 Transition 系列微件的支持更加稳
定。也就是说，你可以获得更加炫酷的动效。

4.3   拖放

拖放交互更常见于桌面，尽管这在移动设备上不太常见。不管怎样，Flutter 支持
该特性。可通过两个主要的微件来实现：Draggable 和 DragTarget。用法并不难，示例
如下：

```
class MyApp extends StatelessWidget {

  @override
  Widget build(BuildContext context) {
    return MaterialApp(home : Scaffold(
      body : Center(child : Column(mainAxisAlignment :
        MainAxisAlignment.center,
        children : [
          DragTarget(
            builder : (BuildContext context,
              List<String> accepted,
              List<dynamic> rejected) {
              return new Container(width : 200, height : 200,
                color : Colors.lightBlue);
            },
            onAccept : (data) => print(data)
          ),
          Container(height : 50),
          Draggable(
            data : "I was dragged",
            child : Container(width : 100, height : 100,
              color : Colors.red),
            feedback : Container(width : 100, height : 100,
              color : Colors.yellow)
          )
        ]
      ))
    ));
  }
}
```

首先，我们准备了一个 DragTarget，它就是要拖曳且可被放下的目标容器微件。我们需要指定这个目标容器微件可接收的数据类型，此例中是指普通的 String 类型。builder()函数返回了一个 Container，但它也可以返回任意我们想要拖曳的对象。

接下来，第二个 Container 被添加到 Column 布局中，只是为了在 DragTarget 和

Draggable 之间添加一点间隔，这是与拖放相关的另一个微件。这里我们需要设置的主要属性是 data，它可以是你想提供给 DragTarget 的任意数据；我们还需要设置 feedback 属性，它是用户实际拖曳的微件。

我们看到了拖放的运行原理，通过 child 属性指定的原始微件其实并未发生移动。相反，当用户开始移动 Container 容器 child 时，feedback 指向的微件被渲染出来并开始拖曳。当它被拖放在 DragTarget 上时，其 onAccept 函数被调用并接收到 Draggable 的 data 属性值。

这两个微件还有很多可在各种场景下触发的回调，但 onDragComplete 事件处理程序可能是其中最有用的，它是当 Draggable 被拖放在 DragTarget 上时调用的函数。通常可以在这里隐藏原始的子微件或者做其他任何有意义的事。

最后，LongPressDraggable 微件可用于代替 Draggable。不同之处在于通过长按激活子微件的拖放功能。这是一个很小的交互差别，仅仅取决于使用场景。

4.4 数据视图

通过表格向用户显示数据列表，是移动应用或其他类型应用的一种典型模式。Flutter 提供了专用于满足该需求的一系列微件(尽管总是可以按你所需自行构建各种滚动组件，但通常没有必要，因为这些微件已足够满足各种需求了)。

4.4.1 Table 微件

Table 微件可能是最简单的"数据视图"了，它用于显示一个数据集。如果熟悉 HTML 表格，那么你已具备对 Table 微件的基本认知：构建行列以显示元素。查看代码清单 4-1，渲染结果如图 4-2 所示。

代码清单 4-1　使用 Table 微件设置表格

```
import "package:flutter/material.dart";

void main() => runApp(MyApp());

class MyApp extends StatelessWidget {

  Widget build(BuildContext inContext) {
    return MaterialApp(home : Scaffold(
      body : Column(children : [
        Container(height : 100),
```

```
Table(
  border : TableBorder(
    top : BorderSide(width : 2),
    bottom : BorderSide(width : 2),
    left : BorderSide(width : 2),
    right : BorderSide(width : 2)
  ),
  children : [
  TableRow(
    children : [
    Center(child : Padding(
      padding : EdgeInsets.all(10),
      child : Text("1"))
    ),
    Center(child : Padding(
      padding : EdgeInsets.all(10),
      child : Text("2"))
    ),
    Center(child : Padding(
      padding : EdgeInsets.all(10),
      child : Text("3"))
    )
    ]
  )
  ]
  )
  ]) 
));
}
}
```

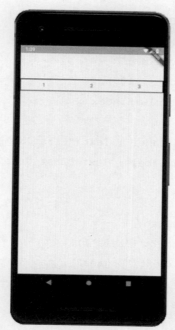

图 4-2　虽然没有什么内容，但却是一个基本的 Table 示例

　　简单而直接，对吗？你可以定义 Table 的 border 属性，但默认没有边框。接下来，你只需要通过 children 提供一些 Row，它们可以是你喜欢的任意微件或微件树，但最外层必须是一个 TableRow 实例，并且 Row 中的子微件必须是 Cell 或 Column。Table 中的每个 Row 必须拥有相同数量的子微件。你可以通过 columnWidths 属性手动设置 Column 的宽度，还可以通过 defaultVerticalAlignment 属性调整每个 Cell 的垂直对齐方式。

4.4.2　DataTable 微件

　　在表单中显示数据是一种非常通用的做法，为此 Flutter 提供了 DataTable 微件，如代码清单 4-2 所示，渲染效果如图 4-3 所示。

代码清单 4-2　使用 DataTable 微件设置表单

```dart
import "package:flutter/material.dart";



void main() => runApp(MyApp());



class MyApp extends StatelessWidget {
```

```
Widget build(BuildContext inContext) {
  return MaterialApp(home : Scaffold(
    body : Column(children : [
      Container(height : 100),
      DataTable(sortColumnIndex : 1,
        columns : [
          DataColumn(label : Text("First Name")),
          DataColumn(label : Text("Last Name"))
        ],
        rows : [
          DataRow(cells : [
            DataCell(Text("Leia")),
            DataCell(Text("Organa"), showEditIcon : true)
          ]),
          DataRow(cells : [
            DataCell(Text("Luke")),
            DataCell(Text("Skywalker"))
          ]),
          DataRow(cells : [
            DataCell(Text("Han")),
            DataCell(Text("Solo"))
          ])
        ]
      )
    ])
  ));
}
```

在最简单的用法中，DataTable 需要你告知表单中的 columns 是什么，以及 rows 中显示什么数据。其中的每一列都是通过 DataColumn 实例定义的，而每一行是通过 DataRow 实例定义的，行中包含了由 DataCell 实例组成的 cells 集合。尽管不是必需的，但你可以通过 sortColumnIndex 属性来设定当前排序。注意，这只是一个可视标记——你的代码负责对数据完成实际排序(大多数时候，你不会像示例中那样提供数据；你会通过一些函数来产生列表，并且在那里对数据进行排序)。

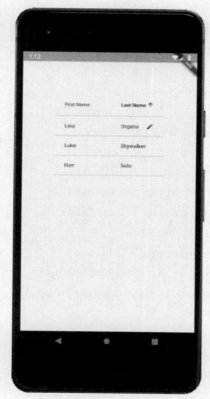

图 4-3　DataTable 示例

DataColumn 可在用户长按时提供 tooltip 属性来显示一些描述性文本。DataCell 包含了 showEditIcon 属性，当它为 true 时会显示一个小的铅笔图标以表示单元格可被编辑。尽管如此，你仍必须编码以实现实际编辑功能。

注意，由于 DataTable 必须实现布局处理，因此它是一种计算消耗型微件。如果需要显示大量数据，建议使用 PaginatededDataTable 微件。其运行方式与 DataTable 类似，但它会将数据分为多页，用户可以在这些数据页之间切换。由于一次布局一页，因而消耗较低。

4.4.3　GridView 微件

GridView 微件会显示微件的二维宫格，它可以依据 scrollDirection 属性在任意方向上滚动(默认方向为 Axis.vertical)。它提供了多种布局方式，其中最常用的是通过 GridView.count()构造方法生成的，如代码清单 4-3 所示。

代码清单 4-3　由 FlutterLogo 填充的 GridView

```
import "package:flutter/material.dart";

void main() => runApp(MyApp());

class MyApp extends StatelessWidget {

  @override
  Widget build(BuildContext inContext) {
    return MaterialApp(home : Scaffold(
      body : GridView.count(
        padding : EdgeInsets.all(4.0),
        crossAxisCount : 4, childAspectRatio : 1.0,
        mainAxisSpacing : 4.0, crossAxisSpacing : 4.0,
        children: [
          GridTile(child : new FlutterLogo()),
          GridTile(child : new FlutterLogo()),
          GridTile(child : new FlutterLogo()),
          GridTile(child : new FlutterLogo()),
          GridTile(child : new FlutterLogo()),
          GridTile(child : new FlutterLogo()),
          GridTile(child : new FlutterLogo()),
          GridTile(child : new FlutterLogo()),
          GridTile(child : new FlutterLogo())
        ]
      )
    ));
  }
}
```

上述代码会生成包含固定数量元素(称为贴片)的双向布局，如图 4-4 所示。使用 GridView.extent()可以生成最大横轴宽度的布局。如果需要显示"无限"多的贴片，那么可以使用 GridView.builder()构造方法。

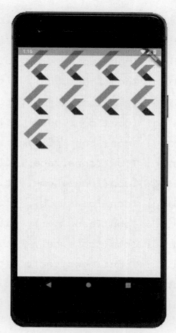

图 4-4　双向布局效果

注意，GridView 与 ListView 很像，在某种意义上，ListView 是纯线性的 GridView(马上就会介绍 ListView)。

4.4.4　ListView 和 ListTile 微件

ListView 可能是最重要的数据视图微件了。我敢肯定地说，它很可能是你需要显示滚动列表项时最常使用的微件，其最简用法如代码清单 4-4 所示。

代码清单 4-4　简单的静态 ListView

```
import "package:flutter/material.dart";

void main() => runApp(MyApp());

class MyApp extends StatelessWidget {

  @override
  Widget build(BuildContext inContext) {
    return MaterialApp(home : Scaffold(
      body : ListView(children : [
```

```
            ListTile(leading: Icon(Icons.gif), title: Text("1")),
            ListTile(leading: Icon(Icons.book), title: Text("2")),
            ListTile(leading: Icon(Icons.call), title: Text("3")),
            ListTile(leading: Icon(Icons.dns), title: Text("4")),
            ListTile(leading: Icon(Icons.cake), title: Text("5")),
            ListTile(leading: Icon(Icons.pets), title: Text("6")),
            ListTile(leading: Icon(Icons.poll), title: Text("7")),
            ListTile(leading: Icon(Icons.face), title: Text("8")),
            ListTile(leading: Icon(Icons.home), title: Text("9")),
            ListTile(leading: Icon(Icons.adb), title: Text("10")),
            ListTile(leading: Icon(Icons.dvr), title: Text("11")),
            ListTile(leading: Icon(Icons.hd), title: Text("12")),
            ListTile(leading: Icon(Icons.toc), title: Text("3")),
            ListTile(leading: Icon(Icons.tv), title: Text("14")),
            ListTile(leading: Icon(Icons.help), title: Text("15"))
          ])
        ));
    }
  }
```

ListView 的 children 可以是你喜欢的任意内容，但多数情况下你会使用 ListTile 微件(准确地说，是使用多个此类微件)。ListTile 微件就像是固定高度的 Row，里面包含一些文本以及一个 leading 或 trailing 图标。ListTile 最多可以显示 3 行文本，包括一个 subtitle。此例中，leading 属性用于在文本前显示一个 Icon，渲染效果如图 4-5 所示。

ListView 可依据 scrollDirection 属性的设置而垂直或水平滚动。你甚至可以通过调节 physics 属性来改变 ListView 处理滚动的方式，该属性的值是 ScrollPhysics 实例。

ListView 提供了几个不同的构造方法，上例展示了其默认构造方法。还有一个 ListView.builder() 构造方法，它使用 builder() 函数来渲染行。你还可以使用 ListView.separated()，它可以提供一个由你定义的行分隔线进行分隔的 ListView。 ListView.custom()构造方法允许你更灵活地设置子微件模型，使其外观和行为更好地满足你的期望。

还有 PageView 微件，它实际上是一个 ListView，并且支持分页。如果有大量需要确保以良好性能展示的元素，PageView 是不错的选择，但更重要的是，你将能够以某种方式从逻辑上进行分组，然后将每个分组展示为一页。

图 4-5　由 ListTile 组成的 ListView

4.5　其他微件

4.5.1　CircularProgressIndicator(CupertinoActivityIndicator)和 LinearProgressIndicator 微件

当执行一些耗时操作时，你会向用户显示什么内容？也许该操作是一个远程服务调用，其响应有点慢。你有很多选择，但 CircularProgressIndicator 是其中最好的选择。虽然只是一个一直旋转的圆圈，但它完成了该任务并且非常容易使用，示例如下：

```
CircularProgressIndicator()
```

是的，Flutter 为你处理了其他所有事情。现在，还有一些你显然也会感兴趣的设定项。首先，strokeWidth 允许你设定圆圈的粗细。其次，backgroundColor 让你可以为指示器设定不同的背景颜色。最后，valueColor 允许你设定圆圈自身的颜色。遗憾的是，这不像通过 Colors 类来设置颜色那样简单。是的，你必须提供一个 Animation 类或其派生类的实例。我们通常总是使用 AlwaysStoppedAnimation 类，它有一个可以接收颜色值作为参数的构造方法，因此其实也没那么难。

对应的 iOS 版本是 CupertinoActivityIndicator，其外观及行为没什么两样。你需要导入 package:flutter/cupertino.dart 才能使用它，对所有 Cupertino 微件来说都是如此。另外，灵活性有所不足：只有一个 radius 属性来定义大小——没有可用的颜色属性。

最后，如果不喜欢曲线，可使用 LinearProgressIndicator 微件显示彩色的直线进度条，示例如下：

```
LinearProgressIndicator(value : .25, backgroundColor : Colors.yellow)
```

在这里，value 的取值在 0 到 1 之间，具体取决于已完成多少，因而相应长度的进度条被渲染为彩色。backgroundColor 定义了进度条未完成部分的颜色，而 valueColor(与 CircularProgressIndicator 使用 Animation 实例的目的相同)定义了已完成部分的颜色。因此，在此例中，进度条的 75%将被渲染为黄色，因为未设置 valueColor 的缘故，进度条的 25%将被渲染为当前主题的默认颜色。

4.5.2　Icon 微件

Icon 微件是 Flutter 微件中最简单的一种，它提供了一种在屏幕上显示 Material 图标的方法。可以按如下方式使用 Icon 微件：

```
Icon(Icons.radio)
```

Icons 类包含一系列 Material 图标供你使用，事实上数量相当多。尽管如此，你还可以自行添加。如果需要的话，可以通过字体来实现；如果需要其他图标(例如，流行的 Font Awesome 图标库)，那么可以添加定制的字体。

为此，需要打开在第 1 章中已大概介绍过的 pubspec.yaml 文件。简而言之，这个文件提供了 Flutter 用于构建和运行应用的配置信息，包括项目依赖、应用名、需要的 Flutter 版本和其他信息，如下所示：

```
name: flutter_playground
description: flutter playground

version: 1.0.0+1
environment:
  sdk: ">=2.0.0-dev.68.0 <3.0.0"

dependencies:
  flutter:
    sdk: flutter
```

```
    cupertino_icons: ^0.1.2

dev_dependencies:
  flutter_test:
    sdk: flutter

flutter:

  uses-material-design: true
```

要添加 Font Awesome 图标库，你可以这么做：

```
flutter:
  fonts:
    - family: FontAwesome
    fonts:
       - asset: fonts/font-awesome-400.ttf
```

完成上述设置后，就可以在合适的代码位置创建一个 IconData 实例，它代表你在添加的图标库中想要使用的那个图标的索引编号，并指定所属的字体族，如下所示：

```
Icon(IconData(0xf556, fontFamily : "FontAwesome"))
```

这用起来并不太难。不过，至少对一些字体来说还有一种更简单的方式。例如，图标库 Font Awesome 对 Flutter 的支持要更好些，在这里，你可以添加一个插件来让事情变得更简单，这个插件扩展自 Dart 和/或 Flutter，通常使用 Dart 编写而成，你可以按照自己的需要导入自己的项目。使用插件的方式是在 pubspec.yaml 的 dependencies 部分添加一行，示例如下：

```
dependencies:
  font_awesome_flutter: ^8.4.0
```

以上配置指定使用 font_awesome_flutter 插件的 8.4.0 或更高版本(如果更高版本可用的话)。如果不熟悉语义版本控制，可通过 Google 搜索相关概念以快速理解。该插件的信息可以在 https://pub.dartlang.org/packages 上查阅，并且你可以在上面找到许多其他有用的插件，所有插件的添加方式都与此一致。本书还使用了其他很多插件。

接下来需要告诉 Android Studio 下载依赖，当监测到 pubspec.yaml 改变时，在编辑器的上方会自动展示提示栏。单击 Packages Get 后，开始下载依赖。插件中包括必要的 TTF 文件以及一些额外代码。

导入示例如下：

```
import "package:font_awesome_flutter/font_awesome_flutter.dart";
```

导入的好处是不必尝试找到代码的入口就能直接使用，示例如下：

```
Icon(FontAwesomeIcons.angry)
```

用起来就像内置的 Material 图标一样容易，但现在你有了更多可以选择的图标。

我们将根据需要来查阅 pubspec.yaml，这是很好的入门指导，它向你展示了一些项目配置选项。

4.5.3　Image 微件

Image 微件与 Icon 微件类似，我肯定你能猜到它用于显示某些图片。该微件提供了几个不同的构造方法，用于从不同的存储位置读取一张图片。尽管如此，我将只讨论其中两个，因为以我的经验看它们大都差不多：Image.asset()从应用自身加载图片，而 Image.network()从网络上加载图片。

首先，Image.asset()允许你从应用自身加载图片，示例如下：

```
Image.asset("img/ron.jpg")
```

看起来很简单，对吗？但漏掉了一点：我们必须告诉 Flutter 资源文件中图片的名称。为此，必须查阅 pubspec.yaml，并且在 flutter 配置项之后添加一个新的配置项。示例如下：

```
assets:
- img/ron.jpg
```

所有希望引入的资源都必须在这个配置项中声明，否则 Flutter SDK 将不知道如何引入。也可以使用 img/来引入 img 目录下的所有内容。但是请注意，只有 img/根目录下的文件才能被引入——img/子目录下的任意文件都不行(必须为每个子目录添加配置)。

虽然有点不相关，但请注意资源可不止包括图片——也可以引入文本。你可以使用 rootBundle 对象来加载其他资源，该对象的可见性贯穿于整个应用代码。例如，加载 settings.json 文件：

```
String settings = await rootBundleloadString("textAssets/settings.json");
```

另外值得关注的是：编译完毕后，Flutter SDK 创建了一个随应用一起的称为资源包的特殊产物。你可以在运行时读取资源，就像 settings.json 示例一样(显然，Image.asset() 在背后就是这么做的)。

■ 注意：

Flutter中有大量资源需要打包，这里提到的只是很小的一部分，如变体资源、分辨率感知图片资源，并且AssetBundle对象提供了访问打包资源的能力(rootBundle实例所属的类还像大多数类一样提供了其他便利功能)。

最后，从网络加载图片更为简单，因为没有任何资源需要声明，示例如下：

```
Image.network("http://zammetti.com/booksarticles/img/darkness.png")
```

是的，就这么简单！如果设备已联网，图片将被加载并显示出来，就像打包到应用中的图片一样(尽管因为网络延迟的缘故，可能有点慢)。

4.5.4 Chip 微件

Chip 微件是一种小小的可视元素，通常用于显示对象的属性或小的文本，以及用于表示用户实体或者用户可执行的操作。典型用法是显示一个小的元素来表示当前用户，也许紧挨着名字摆放或用在详情界面上，参见代码清单 4-5 和图 4-6。

代码清单 4-5 一个简单的 Chip 微件

```
import "package:flutter/material.dart";

void main() => runApp(MyApp());

class MyApp extends StatelessWidget {

  @override
  Widget build(BuildContext inContext) {
    return MaterialApp(home : Scaffold(
      body : Center(child :
        Chip(
          avatar : CircleAvatar(
            backgroundImage : AssetImage("img/ron.jpg")
          ),
          backgroundColor : Colors.grey.shade300,
```

```
        label : Text("Frank Zammetti")
      )
    )
  ));
 }
}
```

图 4-6　Chip 微件的效果

　　avatar 属性是可选的，通常要么显示一张图片，要么显示用户名的首个字符。该属性的值本身就是微件，因此理论上可以设置为你想要的任意微件。此例中，我使用了一个 CircleAvatar 微件，这也是最常见的做法。它可以显示图片或文本(通常，当 Chip 表示用户时，它是用户名的首个字符)，也可以嵌入一个子微件。这里使用了前面 Image 示例中的同一张图片。backgroundColor 属性表示 Chip 的颜色，显示在头像图片旁边的 label 属性表示文本(也可以只显示文本，如果未设定 avatar 属性的话)。

　　如果添加 onDeleted 属性，Chip 将引入删除按钮来删除表示的实体。你需要提供一个函数来实现删除操作，尽管对 Chip 来说该属性只是视觉效果。

4.5.5　FloatingActionButton 微件

FloatingActionButton 是 Android 设备上非常常见的微件之一，但在 iOS 设备上却不多见。它是一个圆形按钮，悬浮在主界面的上方，为用户提供某些主要功能的快速访问入口。例如，打开日历应用的约会添加界面。

尽管可以直接创建一个 FloatingActionButton，但几乎不需要这么做。通常在屏幕上一次只会显示一个悬浮按钮，从技术上讲你可以这么做，但更常见的做法是将其设置为 Scaffold 微件的 floatingActionButton 属性，参见代码清单 4-6。

代码清单 4-6　FloatingActionButton 微件实践

```
import "package:flutter/material.dart";


void main() => runApp(MyApp());


class MyApp extends StatelessWidget {


  @override
  Widget build(BuildContext inContext) {
    return MaterialApp(home : Scaffold(
      floatingActionButton : FloatingActionButton(
        backgroundColor : Colors.red,
        foregroundColor : Colors.yellow,
        child : Icon(Icons.add),
        onPressed : () { print("Ouch! Stop it!"); }
      ),
      body : Center(child : Text("Click it!"))
    ));
  }
}
```

通常，FloatingActionButton 的子微件是 Icon，如图 4-7 所示，尽管并没有规定必须如此。

图 4-7　FloatingActionButton 的悬浮效果

backgroundColor 属性可将按钮设置为你喜欢的颜色，而 foregroundColor 属性可将按钮上的图标或文本设置为指定的颜色。onPressed 属性是可选的，如果未设置的话，按钮将不可用且不可单击。这样并不友好，因此通常需要定义一个函数来实现一些按钮应该具备的功能。

你还可以通过 elevation 属性来调节阴影，甚至可以通过将 shape 属性设置为RoundedRectangleBorder 微件的实例来得到一个方形按钮。

4.5.6　PopupMenuButton 微件

PopupMenuButton 微件实现了常见的"三圆点"式菜单，也就是显示一个弹出菜单，为用户提供一些选项。该微件可放置在任何你认为合适的地方，并将显示为三个垂直排列的圆点。其 onSelected 属性是一个回调函数，可通过它来接收为用户选择的选项绑定的值，此外也可以实现其他适当的功能，参见代码清单 4-7。

代码清单 4-7　PopupMenuButton 及其菜单

```
import "package:flutter/material.dart";


void main() => runApp(MyApp());
```

```
class MyApp extends StatelessWidget {

  @override
  Widget build(BuildContext inContext) {
    return MaterialApp(home : Scaffold(
      body : Center(child :
        PopupMenuButton(
          onSelected : (String result) { print(result); },
          itemBuilder : (BuildContext context) =>
            <PopupMenuEntry<String>>[
              PopupMenuItem(
                value : "copy", child : Text("Copy")
              ),
              PopupMenuItem(
                value : "cut", child : Text("Cut")
              ),
              PopupMenuItem(
                value : "paste", child : Text("Paste")
              )
            ]
        )
      )
    ));
  }
}
```

PopupMenuButton 微件使用之前讨论过的 builder 模式来构造 PopupMenuItem 微件
数组。这些微件可以拥有你认为合适的任意子微件，但通常大多数时候是 Text 微件。
为每一个子项分配一个值，然后为 onSelected 函数传入该值并处理每个子项要做的事
(这里只是向控制台打印了一些内容)。

其他一些属性(如 initialValue)支持预先选中一个子项的功能，还可通过 onCanceled
属性设定的函数支持用户取消而不选择一个子项的功能，以及使用 elevation 属性微调
阴影，通过 padding 属性设置间距，等等。

4.6　常用 API

除了大量的微件外，Flutter 还提供了一些 API 供你使用，并将这些 API 打包成库。它们大概分为三类：核心 Flutter 框架库、Dart 库以及其他/支持库。我们将分别介绍它们，但由于后两者所涵盖的内容存在关联，它们被合并在一起。

注意，像微件一样，将从较高层次概要性介绍 API 的可用性。API 的数量远不止这里所介绍的，其中大多数都不会附有代码示例，更不会深入讲述细节，只有一些基础的"你所感兴趣的一些内容"。像之前一样，我将尝试指出大多数开发者都感兴趣的内容。毫无疑问，你需要花一些时间通过 flutter.io 查阅所有可用的 API，并且需要参考在线文档来学习所有细节，以便掌握它们的正确用法，但学完本节后，你至少应该对哪些是可用的、哪些需要查阅有一些自己的理解。

4.6.1　核心 Flutter 框架库

核心 Flutter 框架库提供 Flutter 的大多数基础功能，其中大部分由微件在内部使用，因此你会发现没有理由直接使用它们中的大部分。当然，事实上还是有一些需要使用的，让我们来看一下。

注意，为了使用这些库，你必须导入它们，使用的 import 语法是 package:flutter/<library-name>.dart。

1. animation 库

animation 库提供了大量函数，用以实现 Flutter 应用中的各种动画。其中较重要的类成员如下。

- Animation：该类包含动画的基础信息，比如是否正在执行以及允许挂载事件监听函数。
- AnimationController：该类允许你控制动画，如启动和停止、重置和重复动画。
- Curve：该类包含用于定义缓冲曲线的数据，允许你实现非严格线性的动画效果。Curve 类有大量子类，包括 Cubic、ElasticInOutCurve、Interval 和 Sawtooth 类，用于定义常见的缓冲效果。
- Tween：像 Curve 类一样，该类包含用于定义特定类型的补间操作数据，且拥有众多子类用于常见的补间动画，如 ColorTween(用于两种颜色之间的补间)、TextStyleTween(用于两种文本样式之间的动画，如常规字体到加粗字体的变化)以及 RectTween(用于两个矩形之间的插值动画，也可用于实现矩形的大小变化动画效果)。

2. foundation 库

foundation 库包含基础 Flutter 类以及函数等。Flutter 的所有其他层都会使用这个库，里面包括如下内容。

- Key：之前介绍过其子类 GlobalKey 和 LocalKey。
- kReleaseMode：常量值，true 代表应用以发布模式编译。
- required：常量值，用于标记方法或函数的参数为必需的，可以用于自定义类。
- debugPrintStack：一个将当前调用栈全部打印至控制台的函数。
- debugWordWrap：一个依据给定长度填充并格式化给定字符串的函数。
- TargetPlatform：一个定义了各种支持平台对应值的枚举类(撰写本书时枚举成员有 android、fuscia 和 iOS)。

3. gestures 库

gestures 库包含用以识别用户不同手势的代码，常见于面向触摸的设备，如双击、滑动和拖放操作。在这个库中你会看到的类包括如下几个。

- DoubleTapGestureRecognizer：一个用于检测双击的类。
- PanGestureRecognizer：一个用于检测水平和垂直方向上拖曳动作的类。
- ScaleGestureRecognizer：一个用于检测通常用于缩放的捏合手势的类。

4. painting 库

painting 库包括各种用于封装 Flutter 引擎的绘制功能的 API 类，它们能够处理其他一切所依赖的基础及核心的绘制操作，用于执行更特殊的绘制任务，如绘制拉伸图像、围绕盒子的边框以及在阴影之间插值。你将看到其中一部分 API 类，且大多数对你来说应该已经很熟悉了具体包括如下几个。

- Alignment：用于定义矩形内的点。
- AssetImage：用于通过 AssetBundle 获取一张图片并根据上下文环境决定适合的图像。
- Border：用于定义盒子的边框。
- Gradient：用于显示 2D 颜色梯度。
- TextDecoration：用于在文本的上方或下方显示线性装饰。
- debugDisableShadows：可设置为 true，用于将所有阴影改变为实心颜色块以实现问题排查目的。
- BorderStyle：定义了用于盒子边框的线条样式的常量枚举值(none、solid 或自定义值)。
- TextAlign：定义了文本如何水平对齐的常量枚举值(center、end、justify、left 或 start)。

5. services 库

services 库包含以相对低级的方式与设备平台底层交互的功能。其中包括如下类或枚举值。

- AssetBundle：供应用使用的资源集组成的类(之前我们简单介绍过)。图片甚至数据文件都可以成为 AssetBundle 中的资源。
- ByteData：长度固定且可随机访问的字节序列类，另外还对由这些字节表示的固定宽度的整型和浮点型数字提供了随机访问能力。
- Clipboard：该类的方法可用于访问系统剪贴板(如 getData()和 setData()方法)。可使用 ClipboardData 存储放进或取出剪贴板的数据。
- HapticFeedback：该类提供访问设备触摸引擎的能力。在该类提供的方法中，heavyImpact()可产生重压之下的触摸碰撞反馈，mediumImpact()和 lightImpact()则分别用于中度或轻度的压力反应等。
- SystemSound：该类提供了 play()方法，它接收 SystemSoundType 实例，以使应用播放一段由该实例指定且取自系统声音库的短时系统音。
- DeviceOrientation：可用于设定和改变系统方向的枚举值，如 landscapeLeft 和 portraitDown。

6. widgets 库

widgets 库包含所有的 Flutter 微件。

4.6.2　Dart 库

Dart 库由 Dart 自身提供。要导入 Dart 库，可使用 import 语法 dart:<library-name>.dart。

1. core 库

严格来讲，core 库包含每个 Dart 程序都需要的(或者至少是可以访问的)内置类型、集合以及其他基础功能。与其他 Dart 库相比，你无须显式导入 core 库。你应该明白，在开发 Dart 程序时它就已经自动导入了！

2. ui 库

由于 Google 同时推出 Flutter 和 Dart 两个平台，有时你会发现一些跨平台的实现，也就是说，ui 库正用于此。ui 库包含 Flutter 应用的内置类型和核心原语。尽管如此，鉴于 ui 库包含 Flutter 框架启动应用的较低级服务，如输入驱动、图形、文本、布局等类和框架的渲染子系统，你不大可能在应用代码中直接使用它们，并且当确实需要使用时，我认为在特定的上下文中再来讨论更合适。

3. async 库

async 库提供异步编程支持。尽管有几个类和函数，但公平地说，我认为以下两个类最有用。

- Future：该类表示一种计算任务，它的返回值可能暂时还不可用。纵览 Flutter 和 Dart，你会发现很多方法会返回一个 Future。Future 有一个 then()方法，它由你定义，在 Future 最终返回值时你会用到它。
- Stream：该类提供数据流的异步访问支持。Stream 类有一个 listen()方法，该方法由你定义，每当数据流中有更多可用的数据时，就会调用它。

说真的，只要掌握 async 库的用法，你就能掌握其他任何你需要的内容，绝无例外！

4. collection 库

core 库已经包含一些集合相关的功能，但 collection 库还提供了以下类或功能。

- DoubleLinkedQueue：基于双链表实现的 Queue 类(Queue 类也是 collection 库中的类)。
- HashSet：基于无序哈希表实现的 Set 类。
- SplayTreeMap：该类可存储彼此相对有序的对象。
- UnmodifiableListView：该类代表不可修改的列表视图。

5. convert 库

在 convert 库中，你会找到一些实用程序，包括常见的使用 JSON 和 UTF-8 等不同格式数据表达的编解码程序。最常用的一些如下。

- JsonCodec：一个用于编解码 JSON 字符串和对象的类，主要使用的是 json.encode()和 json.decode()方法(注意 json 是 JsonCodec 的实例，只要导入 convert 库，就可以在代码中直接使用它)。
- Utf8Codec：一个能够自动实例化的类，实例名为 utf8。它也有 encode()和 decode()方法，可用来在 Unicode 字符串和它们相应的字节数据之间进行转换。
- AsciiCodec：通过该类的 ascii 实例，可以使用 encode()方法将字符串编码为 ASCII 字节数据，而通过 decode()方法可将 ASCII 字节数据转换为字符串。
- Base64Codec：该类用于将字符串编解码为 base64 格式，它同样拥有 encode() 和 decode()方法。

注意，除了 json 和 base64 实例，因为 json 和 base64 编解码如此常见，你还会找到顶级函数 base64Encode()、base64Decode()、jsonEncode()和 jsonDecode()。

6. io 库

io 库提供了各种实用程序来处理文件、套接字、网络和其他输入输出功能，其中最重要的如下。

- File：用于表示文件系统中文件的类。在其众多可用方法中，可以使用 copy()、create()、length()、openRead()、openWrite() 和 rename() 操作文件。
- Directory：用于表示文件系统中目录的类。在其众多可用方法中，可以使用 create()、list()、rename() 和 delete() 操作目录。
- HttpClient：可用于基于 HTTP 从远端服务器取回内容的类。它能与以下类搭配使用：Cookie 类处理 HTTP 缓存，HttpClientBasicCredentials 类支持 BASIC Auth，HttpHeaders 类处理 HTTP 头，HttpServer 类运行 HTTP 服务。
- Socket：用于执行基于 TCP 套接字的较低等级通信的类。
- exit()：用于退出 Dart VM 进程，并返回一个错误码的顶级函数。在移动应用中你可能不想这么做，但在编写普通的 Dart 程序时，你也许想要了解 exit() 的用法。

当然，io 库中还有很多可用的类，其中大多数其他类与 HTTP 通信有关，但我觉得你在大多数情况下会用到以上这些类。

7. math 库

所有编程语言都有数学函数，Dart 也不例外，它提供了 math 库。在这里你会找到数学常数和函数，包括随机数生成函数。

- Random：用于生成随机数的类，它提供了用以生成加密安全随机数的 secure() 方法。
- pi：著名的常数，表示圆周率。
- cos()：先将角度转换为双精度浮点型，再计算余弦值。其他三角函数还有 acos()、asin()、atag()、sin() 等。
- max()：返回两个数字中较大的那个。
- min()：返回两个数字中较小的那个。
- sqrt()：返回数字的平方值。

4.6.3 其他(支持)库

最后，我们再介绍两个其他(支持)库。当然远不止这两个，但由于用途非常特殊，因此专门介绍。

1. crypto 库

如果在研究密码学，那么 crypto 库正适合你！

- MD5：用于生成 MD5 哈希值的类。你不必将其实例化，因为 crypto 库自动提供 md5 实例。但是，除非需要向后兼容，否则你不需要使用 MD5 类。
- Sha1：该类的哈希算法优于 MD5 类，并且提供 sha1 实例。
- Sha256：如果觉得 Sha1 还不够，可以使用 Sha256！是的，该类还提供了 Sha256 全局实例。

2. Google 版本的 collection 库

为了提供更多的集合类，Google 发布了自己的 collection 库，里面常用的类和函数如下。

- CanonocalizedMap：键值可被转换为指定类型的规范值的 Map 类。当想要 Map 的键值对大小写敏感且不为空时，可以使用这个类。
- DelegatingSet：将所有操作委托给基类的集合类。当想要隐藏一个集合对象的非集合方法时，使用这个类会很方便。
- UnionSet：该类可提供 Set 实例集合的联合视图。
- binarySearch()：用于查找列表中某个值的顶级函数。
- compareNatural()：依据自然排序来比较两个字符串的顶级函数。
- mergeMaps()：合并两个 Map 实例并返回一个新的 Map 实例的顶级函数。
- shuffle()：用于随机打乱列表项的顶级函数。

3. Google 版本的 convert 库

像 collection 库一样，你可能认为已经有足够的方式来将对象转换为另一种类型，但 Google 显然不认同这一点，因而提供了自己的 convert 库！其中较重要的类如下。

- HexCodec：该类可在字节数组和十六进制字符串之间进行转换。该类提供了一个可直接使用的全局实例 hex，并且提供了你所期望的 encode() 和 decode() 方法。
- PercentCodec：该类的命名有点奇怪，它的含义实际上指的是 "URL 编码"。像 HexCodec 一样，该类也提供了一个全局实例 percent。

4.7 小结

通过本章以及上一章，我们概览了 Flutter。在此过程中，你对 Flutter 内置的大量(甚至是大多数)微件形成了良好的印象。你也见识了一些开箱即用的 API，这些 API 为你构成了基础框架，让我们动手写一些代码，开始构建一些 Flutter 应用吧！

第 5 章

■ ■ ■

FlutterBook，第一部分

我们已经完成了准备工作，你已经具备 Dart 和 Flutter 的良好知识基础，现在是时候运用它们开始构建一些真正的应用了！在接下来的 5 章中，我们将一起创建 3 个应用，首先创建的是 FlutterBook 应用。在此过程中，你将获得使用 Flutter 的实际经验，这是到达 Flutter 旅程下一站所必需的。

事不宜迟，让我们开始吧！我们首先介绍一下与这项工作相关的事情：讨论我们将要构建的确切内容！

5.1 我们在构建什么

PIM 一词最初是从 PalmPilot 设备占主流的时代开始流行的，尽管在此之前它就已经存在了。PIM(Personal Information Manager，个人信息管理器)是一类应用程序(或设备，例如 PalmPilot)的花哨称呼，这类应用程序存储了一些最忙碌的现代人所需要的基本信息并且这些信息十分方便使用。在电子产品时代之前，你可能会有一本带标签的记事本，其中包含各种信息，但是无论采用哪种方式，它们的作用都是相同的。PIM 中的数据可能有所不同，但是对于大多数人来说，信息主要包含 4 部分：约会、联系人、便签和任务。可能还会包含其他信息，甚至在这 4 部分之间可能有一些重叠的信息，但是通常认为这 4 部分信息是基础信息，我们要开发的 FlutterBook 应用就包含这 4 部分信息。

FlutterBook 应用将显示 4 个"实体"，实体是指代约会、联系人、便签和任务的术语。实体为用户提供输入每种类型事项的方法，将它们存储在设备上，并且提供查看、编辑和删除方法。在构建该应用时，我们将以粗略模块化的方式进行，以便之后在你需要时可以添加其他模块来处理其他类型的数据。例如，也许你想在 PIM 中添加书签，或者可能想要添加食谱。关键是，你可以轻松地添加它们，因为我们会将代码设计为合理的模块且易于扩展。

虽然前面对 FlutterBook 应用的讲解很清楚，其实你也能明白，但是若能看到效果岂不更好？图 5-1 可供你参考。

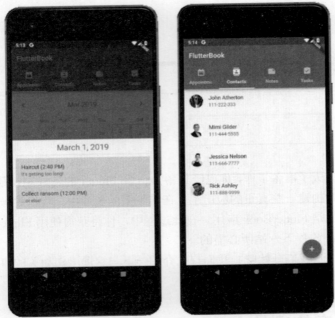

图 5-1　FlutterBook 应用中约会与联系人实体的列表页

如你所见，界面的顶部有 4 个标签，用户可以单击它们从而在 4 种实体类型之间移动(显然，也可以通过滑动来完成导航操作，但是由于在界面上提供滑动功能还需要一些额外的处理，因此我们稍后再讨论)。

每个实体都需要两个界面：列表页和输入页。不过如你所见，对于图 5-1 中左图所示的约会列表页来说，术语"列表"有点用词不当，因为实际上你看到的是一个可以交互的日历(你可以通过某天的明细隐约看到日历，显然这里因为我单击了 3 月 1 日，因此你可以看到这一天的约会事项)。对于联系人而言，它实际上就是一个列表。

便签和任务实体采用的是类似的模式，如图 5-2 所示。

每个列表页在本质上都会有些不同，这是由于每种实体的类型略有不同：约会以日历形式呈现更合理，而联系人则应显示头像，便签的样式(大致)类似于便利贴，可以使用 Card 微件，同时任务列表允许用户勾除已完成的任务。

图 5-2　FlutterBook 应用中便签和任务实体的列表页

在介绍每种实体类型时，我们会通过介绍输入页让你了解对应的实体。

5.2　启动项目

开始构建 FlutterBook 应用的第一步，是使用 Android Studio 提供的新项目向导，这个向导为我们提供了所需的项目框架以及一个完整的可运行应用，虽然它不是一个特别令人兴奋的应用，但却是一个好的起点。我们可在此基础上根据需要编辑和添加内容，首先让我们配置项目。

5.3　配置和插件

如代码清单 5-1 所示，文件 pubspec.yaml 自动具备我们所需的大部分功能，但是由于该项目要求我们使用一些 Flutter 插件，因此需要添加一些内容，参见代码清单5-1 中的 dependencies 部分。

代码清单 5-1　pubspec.yaml 文件

```
name: flutter_book
description: flutter_book
version: 1.0.0+1
```

```
environment:
  sdk: ">=2.1.0 <3.0.0"

dependencies:
  flutter:
    sdk: flutter
  scoped_model: 1.0.1
  sqflite: 1.1.2
  path_provider: 0.5.0+1
  flutter_slidable: 0.4.9
  intl: 0.15.7
  image_picker: 0.4.12+1
  flutter_calendar_carousel: 1.3.15+3
  cupertino_icons: ^0.1.2

dev_dependencies:
  flutter_test:
    sdk: flutter

flutter:
  uses-material-design: true
```

■ 警告：

YAML文件对缩进敏感！例如，如果这些依赖项之一未正确缩进(此处"正确"是指相对于父项缩进两个空格)，那么将会遇到问题。注意flutter的子项是sdk，但scoped_model是dependencies而不是flutter的子项，因此scoped_model应该处于dependencies的右边两个空格处，而不是在flutter的右边两个空格处与sdk对齐。这是一种常犯的错误，特别是刚接触YAML结构的人更容易犯。

Flutter 有相当多的插件，当然，在代码中遇到它们时你会对它们有所了解，此处只是为了提供基本概述。这些插件包括：

- scoped_model——它将为我们提供一种很好的方式来管理整个应用的状态。
- sqflite——由于应用需要数据存储，因此必须选择操作方式，我决定使用流行的 SQLite 数据库，该插件可为我们提供访问该数据库的权限。

- path_provider——对于联系人，我们必须存储联系人的头像(如果有的话)，而 SQLite 并非最佳选择。相反，我们将使用文件系统。每个应用都有自己的文档目录，我们可以在其中存储任意文件，此插件可以帮助我们实现这一目标。
- flutter_slidable——对于联系人、便签和任务，用户可以在列表页上滑动它们以显示删除按钮。作为一个微件，它为我们提供了这一功能。
- intl——我们将需要一些日期和时间格式功能，因为我们的某些实体需要处理日期和时间。
- image_picker——这个插件提供了应用所需的基础结构，使用户可以通过相册或使用设备的相机进行拍照来为联系人添加头像。
- flutter_calendar_carousel——此插件为约会列表页提供日历和功能。

5.4 UI 结构

FlutterBook 应用的 UI 结构如图 5-3 所示。尽管并不能展示每一个细节，但却可以使你对事物有更全面的了解。在顶部，主微件是 MaterialApp，其中包含一个 DefaultTabController，而它的子项是一个 Scaffold 微件。接下来是一个 TabBar 微件。TabBar 微件的子项是 4 个主界面，4 个实体各一个。每个主界面都会有两个"子界面"：列表页和输入页，它们作为子项归属于同一个 IndexedStack 微件。这样代码只需要通过更改堆栈索引即可显示两个子界面中的任何一个。在约会实体中，列表页下方的子项是一个 BottomSheet 微件，用于显示选定日期的详细信息；在联系人实体中，输入页下方的子项是一个对话框，供用户选择图像源(相机或相册)。

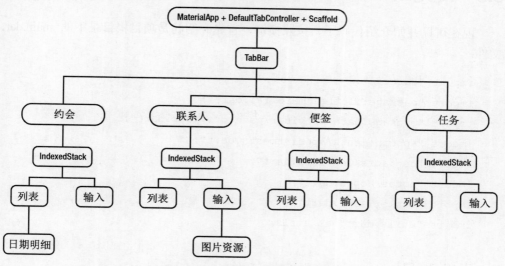

图 5-3　FlutterBook 应用的 UI 结构

147

　　每种实体类型的列表页和输入页的详细信息当然要比这复杂得多，我们将在适当时再进行介绍。在此之前，让我们从代码角度介绍一下应用的基本结构。

5.5　应用的代码结构

　　到目前为止，应用的目录结构是百分之百标准的，这里没有什么新鲜的东西。应用的所有代码像往常一样位于 lib 目录中，只是本例由于文件数量众多且希望至少具有一定的模块化，因此每种实体类型都有自己的目录。lib/contacts 目录包含与联系人相关的文件，lib/notes 则包含与便签相关的文件，依此类推。

　　可以在每个目录中找到相同的基本文件集，在以下所有情况中，xxx 代表实体名称(Appointments、Contacts、Notes 或 Tasks)。

- xxx.dart：这些文件是每个界面的主入口。
- xxxList.dart：实体的列表页。
- xxxEntry：实体的输入页。
- xxxModel.dart：这些文件包含一个表示每种实体类型的类，以及 scoped_model 所需的模型对象(我们将在后面介绍)。
- xxxDBWorker.dart：这些文件包含使用 SQLite 的代码。由于在数据库上提供了一个抽象层，因此可以更改数据存储机制而无须更改应用代码，你只需要更改这些文件即可。

5.6　起跑线

　　现在可以开始介绍代码了！按照惯例，首先介绍的是项目根目录下的 main.dart 文件：

```
import "dart:io";
import "package:flutter/material.dart";
import "package:path_provider/path_provider.dart";
import "appointments/Appointments.dart";
import "contacts/Contacts.dart";
import "notes/Notes.dart";
import "tasks/Tasks.dart";
import "utils.dart" as utils;

void main() {
```

```
startMeUp() async {
  Directory docsDir =
    await getApplicationDocumentsDirectory();
  utils.docsDir = docsDir;
  runApp(FlutterBook());
}
startMeUp();
}
```

让我们先停一下以便讨论清楚(我通常会将这些列表分成更容易理解的部分来展示——特别是对于较长的部分，帮助你理解发生了什么是非常重要的)。

首先，要进行一些导入(import)。你已经知道，material.dart 是 Material 样式的 Flutter 类的代码。我们需要 io 库和 path_provider 插件来获取应用的文档目录(稍后我们将回到这里)。其余的部分是应用的代码。导入 4 个界面的文件，再导入 utils.dart 文件，我们稍后再介绍这个文件，但简而言之，其中包含一些函数和变量，这些函数和变量在整个代码中都是全局性的。

接下来是一如既往的 main()函数，执行就是从这里开始的。我们需要检索应用的文档目录，这里有一个小技巧。函数 getApplicationDocumentsDirectory() 由 path_provider.dart 提供。该函数返回一个 Directory 对象，该对象由导入的 io 库提供。除了这个函数之外，这里还提供了一个 getExternalStorageDirectory()函数，它只在 Android 上可用(且只在部分设备上可用)，所以在进行调用之前，通常应该检查 OS(操作系统)类型。该函数提供了到外部存储设备(通常是 SD 卡)上顶级存储的路径，应用可以在这种设备上读写数据。最后，还有一个 getTemporaryDirectory()函数，它将返回应用的临时目录的路径(与提供持久存储目录的 getApplicationDocumentsDirectory()函数相反，通常在其中写入短暂的临时数据)。

但是这里还有一个问题：我们必须确保在这段代码完成之前没有其他代码执行，否则将会抛出异常，因为数据库尚不可用。正如你稍后将看到的，每个实体 1 个，共 4 个数据库，每个数据库都是单独的 SQLite 文件，存储在应用的文档目录中。因为创建主微件时会加载界面，所以如果这段代码在确定 docsDir 之前被调用，我们将遇到问题。因此，为了实现这一点，在 main()中创建一个函数(是的，在 Dart 中可以这样做)并确保它是异步(async)函数，我们将等待(await)对 getApplicationDocumentsDirectory()函数的调用。一旦返回 Directory 对象，它就会被存储在 utils.docsDir 中(这样我们只需要获得对该目录的一次引用)，然后调用 runApp()，向它传递一个 FlutterBook 类的新实例。

■ **注意：**

这不一定是最好的方法，因为这意味着在getApplicationDocumentsDirectory()解析之前不会构建UI。就用户体验而言这通常不是一件好事，但考虑到这不会占用太长时间，甚至不会引起用户注意，我想这是最简单的方法。

在那之后是创建主微件，接下来 FlutterBook 类登场了：

```
class FlutterBook extends StatelessWidget {

  Widget build(BuildContext inContext) {

    return MaterialApp(
      home : DefaultTabController(
        length : 4,
        child : Scaffold(
          appBar : AppBar(
            title : Text("FlutterBook"),
            bottom : TabBar(
              tabs : [
                Tab(icon : Icon(Icons.date_range),
                  text : "Appointments"),
                Tab(icon : Icon(Icons.contacts),
                  text : "Contacts"),
                Tab(icon : Icon(Icons.note),
                  text : "Notes"),
                Tab(icon : Icon(Icons.assignment_turned_in),
                  text : "Tasks")
              ]
            )
          ),
          body : TabBarView(
            children : [
              Appointments(), Contacts(), Notes(), Tasks()
            ]
          )
        )
```

```
    )
  );
  }
}
```

　　首先是前面提到的 MaterialApp，它的主界面是 DefaultTabController。
DefaultTabController 是 TabController 的一种类型，它负责协调 TabBar 微件中选项卡的
选择，你可以看到，它是 Scaffold 微件下 AppBar 微件的 bottom 属性指定的子项。控
制器负责在子项之间进行切换，子项由 TabBar 微件的 tabs 属性定义。tabs 中的每个条
目都是一个 Tab 对象，它有一个图标(icon)和/或一个文本(text)标签，这里选择同时显
示两者。有了以上设置，你不必做任何其他事情来启用导航功能；这些微件会为你提
供导航功能。

　　最后，Scaffold 微件的 body(主体)必须是 TabBarView，这样 TabBar 微件才能恰当
地显示，同时 DefaultTabController 才可以正确地管理它。它的 children 属性是 4 个界
面，每个实体 1 个(很明显这些界面承载了大部分功能，我们很快就会介绍这些功能，
我们先介绍一些其他东西，首先是 utils.dart 文件)。

5.7　一些全局工具类

　　utils.dart 文件包含我前面提到的那些全局工具类的小功能，现在让我们来看一下：

```
import "dart:io";
import "package:flutter/material.dart";
import "package:path_provider/path_provider.dart";
import "package:intl/intl.dart";
import "BaseModel.dart";
Directory docsDir;
```

　　正如你在 main.dart 中看到的，docsDir 是应用的文档目录，它在 main()中被获取到。
接下来我们在这个文件中看到的是 selectDate()函数：

```
Future selectDate(
  BuildContext inContext, BaseModel inModel,
  String inDateString
) async {

  DateTime initialDate = DateTime.now();
```

```
    if (inDateString != null) {
      List dateParts = inDateString.split(",");
      initialDate = DateTime(
        int.parse(dateParts[0]),
        int.parse(dateParts[1]),
        int.parse(dateParts[2])
      );
    }

    DateTime picked = await showDatePicker(
      context : inContext, initialDate : initialDate,
      firstDate : DateTime(1900), lastDate : DateTime(2100)
    );

    if (picked != null) {
      inModel.setChosenDate(
        DateFormat.yMMMMd("en_US").format(picked.toLocal())
      );
      return "${picked.year},${picked.month},${picked.day}";
    }
}
```

现在想要完全解释这个函数有点困难，因为它依赖于一些你尚未学到的东西，你可以稍后再回到这里，这里有你需要的其他信息。

首先，selectDate()函数用于在约会、联系人和任务实体的输入页中选择日期(约会日期、联系人的生日或任务的到期日期)。因此，它必须是泛型函数，并且可以与这三种实体类型一起工作(以后可能还会与其他类型一起工作)。所以，传入的参数有调用它的输入界面的 BuildContext，以及 BaseModel 和字符串形式的日期。BaseModel 暂时还没有，所以现在只能说它最终是选择日期用的。传入的日期是可选的，如果提供的话，将采用 yyyy,mm,dd 格式，这是整个代码中的常见格式。这是因为在将日期存储到 SQLite 时，没有可用的日期数据类型，将其保存为字符串是合理的。之所以选择这种格式，是因为这样构造 DateTime 对象显得更容易，因为 DateTime 对象的构造函数正是按照这种顺序获取这些信息的，你可以在这里看到。如果传入了日期，则使用 split()函数对其进行分割，然后构造 DateTime，将每个已分割的部分传递给它，因此年、月、日与字符串格式完全相同。

initialDate 是显示弹出日历时默认选择的日期，仅在编辑实体时适用(创建时，不会指定 initialDate 以便日历默认选择当前日期)。

然后，调用 showDatePicker()函数，这将为用户显示一个弹出式日历，并返回一个 DateTime 实例。请注意，可选年份的范围为 1900 年到 2100 年。从逻辑上讲，基于实体类型限制它更有意义(相对而言，在过去的日期创建约会是没有意义的)，这就是 firstDate 和 lastDate 的作用。但是，为了减少代码量，我没有实现这种逻辑，而是选择了一个(至少名义上)对所有实体类型都有效的范围。

一旦 showDatePicker()返回(我们可以通过调用它时的 await 判断出它是异步的)，我们就会看到是否选择了日期。如果用户单击 Cancel，返回值将为 null。否则，我们将获得一个包含了选定日期的 DateTime 对象。现在，正如前面提到的，我们必须将该日期存储在传入的 BaseModel 实例中，因此调用 setChosenDate()函数就可以实现这一点。传入的值必须采用人类可读的形式，默认情况下 DateTime 对象的 toString()提供的并不是这种形式，所以现在我们使用导入的 intl.dart 文件中的一些功能。具体来说，DateFormat.yMMMMd.format()函数提供了一个格式为 MONTH dd, yyyy 的字符串，其中 MONTH 是完整的月份名称(January、February、March 等)。

这还没有结束！调用此函数的代码需要返回日期，返回的形式与传入的形式相同。

5.8　关于状态管理

状态和状态管理的概念(也就是微件产生并使用的数据和代码的交互方式)是一个令人惊讶的话题，有待开发人员自己去弄清楚。至少在撰写本书时，Flutter 在此话题上还没有什么明确的说法。

我们在前几章探讨了有状态微件(stateful widget)的概念(在本书结束之前，你无疑会再次看到它们)。那确实是一种状态。但实际上，这只是状态中的一种：本地状态。换句话说，是给定组件的本地状态。为此，有状态微件往往就足够了。

但是还有另一种状态，你可以将其视为"全局"状态。换句话说，它是微件外部所需的状态，在许多情况下，超出了给定微件的生命周期。也许是子微件需要父微件的状态，反之亦然，给定微件的父微件(可能不是直接父微件)需要访问子微件的状态。前一种情况并不太难，但是后一种情况在 Flutter 中可能令人沮丧。你可能需要查看甚至不在同一微件树中的(反正不是直接的)另一个微件的状态。如果需要处理的只是有状态微件和 setState()范式，这些情况就可能变得十分棘手。

就像我说的那样，Flutter 在这方面没有指定明确的答案。在 Flutter 应用中，除了 setState()之外，还有许多状态管理解决方案可供使用，下面仅举几个示例：BloC、Redux 和 scoped_model。至少还有十几种，它们各有优缺点。因此，使用哪种状态管理方法取决于许多因素，包括但不限于项目目标、所需的特定状态交互以及最终对如何构建代码的简单个人偏好。

在这个项目中，实际上在本书的其余内容中，我将重点介绍其中的一种特定方法：scoped_model。做出此决定的原因仅在于，scoped_model 可能是可用的最直接选项，因为这种简单性倾向于使应用的代码更简单，简单就是可靠！老实说，在查看所有选项时，我觉得 scoped_model 最合理。

那么，scoped_model 到底是什么呢？只需要三个简单的类，并且当它们与你的三个简单步骤结合使用时，可以为微件树提供模型(即数据存储)。

第一步要求你创建一个模型类,该模型类将从 scoped_model 的 Model 类扩展而来，你将在其中放置数据处理逻辑以及数据变量。请注意，你可能不需要任何真实的逻辑，这是完全可以的(尽管有点不够典型)。将代码放入此模型类的最终目的是使你可以调用基类 Model 的 notifyListeners()方法(只能从 Model 的子类调用)。这就是秘诀！调用此方法后，将通知已"连接"到模型类的所有微件：模型已更改，并且如果有必要，它们应该重新绘制自身。

第二步是将 scoped_model 连接到微件树。这一步超级简单：只需要将微件包装到你必须掌握的第二个类 ScopedModel 中。例如，如果顶部的微件是 Column，则可以这样做：

```
return ScopedModel<your-model-class-here>(
  child : Column(...)
)
```

实际上，不必将顶层的微件包装在微件树中，尽管这很常见，因为这意味着微件树中的任何微件都可以访问模型。但是，如果只有一部分微件需要访问模型，则可以选择它们的父微件，并包装在 ScopedModel 中，即使不是顶层的微件也可以。无论哪种情况，都必须通过泛型声明<这里写出模型类>(从 scoped_model 的基类 Model 扩展而来的类)来告知你的类型。

最后一步是，对于包装在 ScopedModel 中的要访问模型的微件，将其包装到需要掌握的第三个类 ScopedModelDescendent 中(并再次指定类型)。与 ScopedModel 一样，你不需要单独包装每个微件；仅包装一个就可以覆盖所有子微件。当模型更改时(当然是由 Flutter 的 diff 算法决定的),所有使用此类包装的微件都将被重建。ScopedModelDescendent 的语法与 ScopedModel 略有不同，因为需要使用构建器模式(builder pattern)：

```
return ScopedModel<your-model-class-here>(
  child :
    ScopedModelDescendent<your-model-class-here>(
```

```
    builder : (BuildContext inContext, Widget inChild,
      <your-model-class-here> inModel) {
        return Column(...);
    }
  );
)
```

现在，在 Column 微件中，如果有一个 Text 微件要用于显示模型中的值，则可以这么做：

```
Text(inModel.myVariable)
```

你已经拥有自己的数据状态存储，可以随时使用，并且可以在数据更改时重新构建 UI，而无须使用有状态微件(是的，你可以使用无状态微件来做这些)，并以更全局的方式。

最后一个难题是改变状态，让我们看一下实际的模型类，也就是 FlutterBook 应用中的 BaseModel.dart 文件。在开始探索之前，我先说一下，FlutterBook 处理的每种类型的实体都有自己的模型类。你不必这样做，你可以用一个模型类来保存所有这四种实体类型的数据。但是，我觉得将它们分开更合乎逻辑。事实是，它们之间有一些共同点。因此，我创建了 BaseModel 类，以避免代码重复，BaseModel 类是从 scoped_model 的基类 Model 扩展而来的。然后，用于单个实体类型的模型类可从 BaseModel 类扩展而来，显然这意味着它也是从 scoped_model 的基类 Model 扩展而来的，正如我们最终需要的那样。

```
import "package:scoped_model/scoped_model.dart";
```

除非我们导入 scoped_model，否则无法使用，因此首先导入 scoped_model。然后，看看 BaseModel 类：

```
class BaseModel extends Model {
```

它确实是从 scoped_model 提供的 Model 类扩展而来的！

```
int stackIndex = 0;
List entityList = [ ];
var entityBeingEdited;
String chosenDate;
```

以上就是所有信息了(或者至少大多数是共有的，例如 chosenDate)。我曾说过，这四个实体的每个界面实际上是两个界面——列表页和输入页，它们都是 IndexedStack

的子微件，显示的内容取决于 stackIndex 变量的值。同样，所有四种实体类型都有某种类型的实体列表，包含在 enityList 中。当用户编辑现有实体时，entityBeingEdited 将指向用户选择的实体。这就是实体数据从列表页传到输入页的方式。最后，chosenDate 变量将存储用户在编辑条目时选择的日期。你很快会明白为什么需要这样做，但是现在，让我们继续讲解。

```
void setChosenDate(String inDate) {
  chosenDate = inDate;
  notifyListeners();
}
```

当用户选择日期时，他们会通过弹出窗口来选择日期，但随后必须将所选日期返回给模型。如你所见，要做的最后一件事是调用 notifyListeners()。这十分关键，只有这样才能更新界面以显示所选日期。否则，尽管数据被保存在模型中，但用户无法从界面上看到数据，因为包装在 ScopedModel(和 ScopedModelDescendent)中的微件不知道要重新绘制自身。

```
void loadData(String inEntityType, dynamic inDatabase) async {
  entityList = await inDatabase.getAll();
  notifyListeners();
}
```

每当向 entityList 添加实体或从中删除实体时，都会调用 loadData()方法(稍后你将看到代码)。这利用了 xxxDBWorker 类，该类知道如何与 SQLite 对话。再一次，我们将很快讲到这一点，但是现在请注意，用调用 getAll()方法的结果替换 entityList，然后再次调用 notifyListeners()，以便重新绘制实体列表本身。

最后，看一下 setStackIndex()方法：

```
void setStackIndex(int inStackIndex) {
  stackIndex = inStackIndex;
  notifyListeners();
}
```

每当我们要在给定实体的列表页和输入页之间切换时，都会调用这个方法。

5.9 从简单的开始：便签

在四种实体类型中，我认为便签的代码可能是最简单的，因此这会是不错的起点。

我们从定义该实体类型的顶级主界面的代码开始探索。

5.9.1 起点：Notes.dart

回想一下，四种实体中的每一种都有主界面，主界面是标签的主内容。Notes.dart文件包含主界面的代码，就像大多数 Dart 源文件一样，首先是一些导入代码：

```
import "package:flutter/material.dart";
import "package:scoped_model/scoped_model.dart";
import "NotesDBWorker.dart";
import "NotesList.dart";
import "NotesEntry.dart";
import "NotesModel.dart" show NotesModel, notesModel;
```

除了导入常规的诸如 material.dart 的文件之外，还导入了 scoped_model.dart。你将看到，这个界面的整个微件树都可以访问便签的数据模型。我们还需要导入NotesDBWorker.dart 文件，以便我们可以加载便签数据。然后，我们需要两个子界面的源文件：NotesList.dart 和 NotesEntry.dart。最后，我们需要 NotesModel.dart 中的便签数据模型。我们将依次介绍所有这些内容，现在继续介绍源文件：

```
class Notes extends StatelessWidget {
```

这就是微件的开头！最重要的是，这是一个无状态微件。请记住：使用 scoped_model 意味着你在负责处理状态，但这并不意味着你必须使用有状态微件。有状态微件实际上是另一种有效管理状态的方法，这是我们在此应用(此源文件或任何其他文件)中未曾使用的方法。

然后，我们可以看到一个构造函数：

```
Notes() {
  notesModel.loadData("notes", NotesDBWorker.db);
}
```

回想一下，BaseModel 有一个 loadData()方法，它是泛型方法，因此适用于任何实体类型。但是，要像这样写成泛型的唯一原因是，构造函数会在这里调用它并提供它所需的实体规范信息——实体类型及其数据库引用。调用的结果是：模型中的 entityList 将会具有从 SQLite 数据库加载到其中的便签列表，这样在构建列表页时，便签列表将会被显示出来。从技术上讲，由于数据加载是异步的，因此可以并且通常在数据可用之前构建列表页，但是由于被包装在 scoped_model 中，当数据加载时 loadData()会调用 notifyListeners()，因此界面会在数据可用时收到通知并重新绘制以显示数据，所有这些都在一瞬间发生。

```
Widget build(BuildContext inContext) {

  return ScopedModel<NotesModel>(
    model : notesModel,
    child : ScopedModelDescendant<NotesModel>(
      builder : (BuildContext inContext, Widget inChild,
        NotesModel inModel
      ) {
        return IndexedStack(
          index : inModel.stackIndex,
          children : [ NotesList(), NotesEntry() ]
        );
      }
    )
  );
}
```

最后，微件从 build() 方法返回，对此你必须知晓，因为整个源文件都是在定义这个微件。你可以在顶部看到 ScopedModel，在它的下面是 ScopedModelDescendent，如前所述。IndexedStack 用于承载两个界面，这两个界面是在单独的源文件中定义的，我们将在稍后介绍它们。请注意，IndexedStack 的索引值是对 NotesModel 实例中 stackIndex 字段的引用。

这样便可以显示其中一个或另一个界面：将 stackIndex 的值设置为 0 以显示 NotesList，设置为 1 以显示 NotesEntry(当然，假设在更改之后会调用 notifyListeners()，就像你在 BaseModel 中看到的那样)。

5.9.2　模型：NotesModel.dart

便签实体的模型类位于 NotesModel.dart 中。不过，这种实体类型的模型不仅是模型类，还是呈现便签的类。

首先是如下代码：

```
import "../BaseModel.dart";
```

如你所知，这个类扩展自 BaseModel，因而也是从 scoped_model 的 Model 扩展而来的，必须导入它。

接下来，我们有如下类定义：

```
class Note {

  int id;
  String title;
  String content;
  String color;

  String toString() {
    return "{ id=$id, title=$title, "
      "content=$content, color=$color }";
  }

}
```

Note 类的实例就是便签。每个便签都有四条信息：唯一的 id、title、content(便签上显示的文本)以及用于指定便签列表页上 Card 背景的 color。因此，每条信息都由一个成员变量表示。在没有要求的情况下，我还添加了 toString()方法，用它覆写 Object 类提供的默认实现，Object 类是 Dart 中所有类的父类。默认的实现并没有益处：只是指出调用的对象是什么类型。取而代之的版本显示了便签的详细内容，在调试时，当你想在控制台上打印便签对象时，这会非常方便。

接下来是模型类本身：

```
class NotesModel extends BaseModel {

  String color;

  void setColor(String inColor) {
    color = inColor;
    notifyListeners();
  }

}
```

是的，就是这样！这个类的大部分都是由 BaseModel 提供的，所以只有颜色是个问题。冒着有一点抢跑的风险：这是必要的，因为当用户在输入页上选择一个颜色块时，仅仅更改 Note 实例中的值不会反映到模型中，界面也不知道要改变。相反，我们需要使用模型类的一个直接成员来实现这一点。别担心，我不指望你能完全理解这一部分！一旦我们进入编辑页，它应该很快就会有意义了。

但是，在这个文件中还有一行代码，它相当重要：

```
NotesModel notesModel = NotesModel();
```

在这之前我们有一个类定义，但是还没有 NotesModel 实例。上面这行代码的作用就是获得 NotesModel 实例。这个文件只被解析过一次，而不管它被导入多少次，或者它是在哪里导入的，所以这保证了我们只有一个 NotesModel 实例，这正是我们所需要的！

5.9.3 数据库层：NotesDBWorker.dart

要介绍的下一个文件是 NotesDBWorker.dart，它包含使用 SQLite 的所有代码。首先是一些导入语句：

```
import "package:path/path.dart";
import "package:sqflite/sqflite.dart";
import "../utils.dart" as utils;
import "NotesModel.dart";
```

不用惊讶，显然 path.dart 模块提供了以跨平台的方式处理文件系统中路径的功能，比如获得平台分隔符、路径规范化、从路径中获取文件扩展名，等等。大多数典型的路径操作都在这里，但是我们只需要其中的一个，它即将出现。

不过，在此之前，我们将从 NotesDBWorker 类本身开始：

```
class NotesDBWorker {

  NotesDBWorker._();
  static final NotesDBWorker db = NotesDBWorker._();
```

第一步是确保此类只有一个实例，因此我们将实现单例模式。可首先创建私有的构造函数，然后调用这个构造函数，并将该类的实例静态存储在变量 db 中。

接下来，我们需要一个 Database 类的实例，Database 类是通过 sqflite 插件处理 SQLite 时的关键类：

```
Database _db;

Future get database async {
```

```
if (_db == null) {
  _db = await init();
}
return _db;

}
```

当调用数据库的 getter 方法时，我们将检查_db 中是否已经存在一个实例。如果存在，则返回它，否则调用 init()方法。这样可以确保 NotesDBWorker 的单个实例中仅包含一个 Database 对象，这正是我们确保没有数据完整性问题的手段之一。

现在介绍一下 init()方法：

```
Future<Database> init() async {

  String path = join(utils.docsDir.path, "notes.db");
  Database db = await openDatabase(
    path, version : 1, onOpen : (db) { },
    onCreate : (Database inDB, int inVersion) async {
      await inDB.execute(
        "CREATE TABLE IF NOT EXISTS notes ("
          "id INTEGER PRIMARY KEY,"
          "title TEXT,"
          "content TEXT,"
          "color TEXT"
        ")"
      );
    }
  );
  return db;

}
```

这里的关键任务是确保 notes 数据库存在于 SQLite 中。notes 数据库将作为文件存储在应用的 documents 目录中，因此我们需要一个指向那个目录的路径。在这里，我使用了 path 模块中的 join()方法，该方法将 documents 目录路径连接到文件名

notes.db(我们可以对它随意命名，但是我敢说这个名字很合逻辑)。

完成此操作后，我们需要在该路径上创建一个 Database 对象，这是 openDatabase() 函数的用武之地。我们会向该函数传入路径、版本(如果需要的话，可以对数据库结构进行更新)以及打开数据库时会被调用的回调函数(此处为空，因为在这种情况下无须执行任何操作)。我们还提供了一个函数，以便在创建数据库后调用，这里需要创建便签的数据表(假定该表尚不存在)。已创建的 Database 对象的 execute()方法就是用来帮我们的，它只需要执行 SQL。完成此操作后，将返回数据库实例，它将被存储到_db 中。之后，我们就可以执行数据库操作了！

但是，在执行这些操作之前，必须先创建两个辅助函数。可以这么说，问题在于 SQLite 和 sqflite 对我们的 Note 类一无所知，它们所知道的只是基本的 Dart 映射。因此，我们需要提供一些功能，可以从映射转换为 Note 类，反之亦然，如下所示：

```
Note noteFromMap(Map inMap) {

  Note note = Note();
  note.id = inMap["id"];
  note.title = inMap["title"];
  note.content = inMap["content"];
  note.color = inMap["color"];
  return note;

}

Map<String, dynamic> noteToMap(Note inNote) {

  Map<String, dynamic> map = Map<String, dynamic>();
  map["id"] = inNote.id;
  map["title"] = inNote.title;
  map["content"] = inNote.content;
  map["color"] = inNote.color;
  return map;

}
```

是的，它们非常简单，现在我敢打赌你已经完全明白，让我们去做些更有趣的事情——在数据库中创建便签：

这也是为什么我无法为所有实体都使用同一个DBWorker的原因。除了实际的SQL语句有所不同之外，本可以使用一些switch语句就可以解决，目前似乎在Dart中还没有类似于Java的反射功能。

```
Future create(Note inNote) async {

  Database db = await database;
  var val = await db.rawQuery(
    "SELECT MAX(id) + 1 AS id FROM notes"
  );
  int id = val.first["id"];
  if (id == null) { id = 1; }

  return await db.rawInsert(
    "INSERT INTO notes (id, title, content, color) "
    "VALUES (?, ?, ?, ?)",
    [ id, inNote.title, inNote.content, inNote.color ]
  );
}
```

创建便签是一个三步过程。首先，我们需要获取对 Database 对象的引用，因此我们要等待(await)(记住：可调用 getter 函数来满足此要求)。其次，我们需要为便签提供唯一的 ID。为此，我们查询现有的便签，然后对找到的最高 ID 加 1。如果这是第一个便签，我们将得到返回值 null，因此我们将明确处理这种情况(在实践中，ID 为 null 是有效的，但是如果没有其他问题，它会使我感到不满，因此这可以确保我们始终有一个有效的数字 ID)。

最后，调用 db 引用的 Database 对象的 rawInsert()方法，并使用一个简单的 SQL 查询插入值，这些值自然取自作为 inNote 传入的 Note 对象。如你所见，我们得到 rawInsert()返回的 Future，因此 create()的调用者可以等待(await)该结果，但这是我们需要此方法返回的唯一信息，因此我们完成了任务！

如果查阅Database对象的API，你会发现除了rawInsert()方法之外，还有一个insert()方法，其他操作也有类似的情况。该如何选择？insert()方法本质上是一种抽象，使你不必自己编写SQL，但你必须为rawInsert()编写SQL。就个人而言，我对SQL很熟悉，并且实际上大部分时间更喜欢自己编写。但是，如果你喜欢更高层次的内容，那么你可能更喜欢insert()而不是rawInsert()。

接下来，我们需要获得指定便签的能力。假如目前还不清楚，我们将实施 CRUD 操作：创建(C)、读取(R)、更新(U)和删除(D)。

```
Future<Note> get(int inID) async {

  Database db = await database;
  var rec = await db.query(
    "notes", where : "id = ?", whereArgs : [ inID ]
  );
  return noteFromMap(rec.first);

}
```

调用者传入想要检索的 ID，然后调用 Database 实例的 query()方法。该方法接收要查询的表的名称，以及一个 where 子句(此方法可以采用多种形式，这只是其中一种形式)，再加上这个 where 子句的参数。在这里，我们只需要查询 id 字段。调用的结果将是一个映射(map)，因此我们现在需要使用 noteFromMap()函数返回一个 Note 对象。

与此对应的功能是，在一次调用中获取所有的便签，使用 getAll()方法可以做到这一点：

```
Future<List> getAll() async {

  Database db = await database;
  var recs = await db.query("notes");
  var list = recs.isNotEmpty ?
  recs.map((m) => noteFromMap(m)).toList() : [ ];
  return list;

}
```

在这里，query()方法只需要表的名称，它将忠实地检索表中的所有记录。如果没有记录，则返回一个空的列表。但是，如果确实有记录，则对返回的列表使用 map()，对其中的每一项调用 noteFromMap()，最后将生成的映射转换为列表以返回给调用者。

接下来更新便签：

```
Future update(Note inNote) async {

  Database db = await database;
  return await db.update("notes", noteToMap(inNote),
    where : "id = ?", whereArgs : [ inNote.id ]
  );

}
```

update()方法接收表的名称——一个包含要更新的值的映射(可通过调用 noteToMap()将 Note 对象 inNote 转换为映射来获取到)作为入参并使用 where 子句按 ID 标识更新记录。update()方法知道如何获取映射中的元素并将其转换为列名，因为假设列名是根据映射中的元素命名的，所以没有必要进行真正的转换。

最后介绍的当然是 delete()方法：

```
Future delete(int inID) async {

  Database db = await database;
  return await db.delete(
    "notes", where : "id = ?", whereArgs : [ inID ]
  );


}
```

5.9.4　列表页：NotesList.dart

首先是一组导入语句：

```
import "package:flutter/material.dart";
import "package:scoped_model/scoped_model.dart";
import "package:flutter_slidable/flutter_slidable.dart";
import "NotesDBWorker.dart";
import "NotesModel.dart" show Note, NotesModel, notesModel;


class NotesList extends StatelessWidget {
```

与之前相比，这里唯一不一样的，就是 flutter_slidable.dart 的导入。接下来开始介绍无处不在的 build()方法：

```
Widget build(BuildContext inContext) {

  return ScopedModel<NotesModel>(
    model : notesModel,
    child : ScopedModelDescendant<NotesModel>(
      builder : (BuildContext inContext, Widget inChild,
        NotesModel inModel
      ) {
        return Scaffold(
```

你现在已经很熟悉了，我们用一个 ScopedModel 引用了 notesModel 实例。我们将一个 ScopedModelDescendent 作为 child(子项)，以便微件中的所有子项都真的可以访问模型。我们向 ScopedModelDescendent 提供了 builder()方法，我们将从 Scaffold 微件开始构建，这在 Flutter 应用的界面中最为常见。

```
floatingActionButton : FloatingActionButton(
  child : Icon(Icons.add, color : Colors.white),
  onPressed : () {
    notesModel.entityBeingEdited = Note();
    notesModel.setColor(null);
    notesModel.setStackIndex(1);
  }
)
```

Scaffold 微件有一个 floatingActionButton(悬浮按钮)，这样用户就可以添加新的便签，它悬浮在界面的右下角。单击后，onPressed 处理程序将被触发，然后进入输入页。为此，我们首先创建一个新的 Note 实例，并将其作为 entityBeingEdited 存储在模型中。一旦将用户输入的所有数据放入其中(你将在有关输入页的 5.9.5 节中看到)，Note 对象最终就将保存在数据库中。

用户在输入页上可以做的一件事就是为便签选择一种颜色。回想之前介绍的模型更改后界面将如何重新绘制自身的内容。每当用户选择一种颜色时，这都是必要的。但是，仅将颜色存储在新的 Note 对象中是不够的，因为 scoped_model 不会看到发生的变化(因为不是模型的顶级属性——scoped_model 无法查看对象的属性)，因此如前所述，NoteModel 具有 color 属性。最初，我们希望没有选择任何颜色，因此调用 setColor()

并传入 null，这将设置模型的 color 属性，并调用 notifyListeners()，以便对界面进行更新(这实际上并不重要，因为此时尚未到达输入页)。

最后，我们通过调用 setStackIndex()并传入值 1，让用户移动至输入页，输入页是 IndexedStack 的第二项(显然 IndexedStack 是从零开始的，而列表页处在索引为 0 的位置)。

定义 Scaffold 微件的主体，接下来绘制便签列表：

```
body : ListView.builder(
  itemCount : notesModel.entityList.length,
  itemBuilder : (BuildContext inBuildContext, int inIndex) {
   Note note = notesModel.entityList[inIndex];
   Color color = Colors.white;
   switch (note.color) {
    case "red" : color = Colors.red; break;
    case "green" : color = Colors.green; break;
    case "blue" : color = Colors.blue; break;
    case "yellow" : color = Colors.yellow; ;
    case "grey" : color = Colors.grey; break;
    case "purple" : color = Colors.purple; break;
   }
```

我们在这里使用了 ListView 微件，因为我们需要滚动列表项。这要求我们使用 builder()构造函数，该构造函数通过 itemCount 来获取列表中列表项的数量，而这只是模型中 entityList 的 length(长度)，然后用一个函数为列表中的每个列表项构建微件。对于每个对象，我们从列表中获取 Note 对象，我们要做的第一件事就是处理颜色。默认情况下，我们假设未指定颜色，这表示便签为白色。对于所有其他颜色，我们可以从 Colors 集合中获取(请注意，这些常量的值是对象，而不是简单的字符串或数字，这就是为什么我没有直接存储那些值的原因，因此需要使用分支逻辑)。

设置完颜色后，就可以返回微件了：

```
return Container(
  padding : EdgeInsets.fromLTRB(20, 20, 20, 0),
  child : Slidable(
   delegate : SlidableDrawerDelegate(),
   actionExtentRatio : .25,
   secondaryActions : [
```

```
IconSlideAction(
  caption : "Delete",
  color : Colors.red,
  icon : Icons.delete,
  onTap : () => _deleteNote(inContext, note)
)
]
```

一切都从 Container 微件开始，我们在左侧、顶部和右侧进行了一些填充。这样可以使便签远离界面的边缘，从美学角度讲，这只是让人感觉舒服一点，并确保便签之间有一些空间。

接下来，我们介绍一下先前导入的 Slidable 微件。该微件只是一种容器，它引入了一些幻灯片功能。在许多移动应用中，当存在一个项目列表时，你可以左右滑动它以显示各种功能的按钮。用最简单的术语来说，你必须为其提供 delegate(代理)，用以控制幻灯片的动画显示方式(这里只是 Slidable 微件提供的 SlidableDrawerDelegate()的一个实例)。你还必须告诉它可以将子项滑动多远，这里的.25 表示界面上 25%的距离。然后，你必须指定 actions 和/或 secondaryActions 属性。actions 属性指定将子项向右滑动时显示哪些功能，而 secondaryActions 属性指定向左滑动时显示哪些功能。在这里，我们只有删除操作需要实现，最典型的是在右侧设置删除操作(尽管没有规则说必须这样做)。因此，这里使用了向左滑动的 secondaryActions。

secondaryActions 列表中的每个对象都可以包含你所希望的任意数量的 IconSlideAction 对象，此对象也由 Slidable 微件提供。这些对象可以让你定义所需的 caption(标题)、icon(图标)和 color(颜色)以及想要执行的操作(也就是 onTap)。我们将很快介绍_deleteNote()方法，但首先还有更多的微件配置需要了解：

```
child : Card(
  elevation : 8, color : color,
  child : ListTile(
    title : Text("${note.title}"),
    subtitle : Text("${note.content}"),
    onTap : () async {
      notesModel.entityBeingEdited =
        await NotesDBWorker.db.get(note.id);
      notesModel.setColor(notesModel.entityBeingEdited.color);
      notesModel.setStackIndex(1);
    }
```

```
    )
  )
```

在 Container 和 Slidable 微件中，每个便签都由一个 Card 微件显示，你会记得卡片上提供了一个带有阴影的盒子，遵循 Google 的 Material 设计指南。这些看起来有点像便签，所以我觉得这是个不错的选择。将 elevation(阴影高度)稍微提高一点，以使阴影更明显，并且使用我们先前确定的颜色。然后，卡片的 child(子项)就是 ListTile 微件。这个微件为我们提供了一种常见的方式来布置带有 title(标题)和 subtitle(副标题)的内容，在这里我们用它来显示便签的标题和内容。便签将根据需要垂直扩展以显示所有内容。ListTile 是一个非常常见的微件，通常用作 ListView 的子项，但是你可以看到，它不必是直接子项(在技术上甚至不必是间接子项)。我们将在下一章中介绍更多有关此微件的信息，并了解它具有的其他功能。

现在，单击便签时，我们希望用户能够对它进行编辑。这看起来几乎与创建新便签相同，但有一个关键的例外：便签数据是从数据库中检索的。这实际上是不必要的，因为我们已经在模型的 entityList 属性中拥有了。但是，出于演示目的，我认为最好将它们显示为来自数据库(还有一点要说明的是，必须使数据库成为应用的唯一数据源。如果便签数据来自 entityList，情况就不会如此)。

最后，我们介绍一下刚才跳过的_deleteNote()方法：

```
Future _deleteNote(BuildContext inContext, Note inNote) {

  return showDialog(
    context : inContext,
    barrierDismissible : false,
    builder : (BuildContext inAlertContext) {
      return AlertDialog(
        title : Text("Delete Note"),
        content : Text(
          "Are you sure you want to delete ${inNote.title}?"
        ),
        actions : [
          FlatButton(child : Text("Cancel"),
            onPressed: () {
              Navigator.of(inAlertContext).pop();
            }
          ),
```

```
        FlatButton(child : Text("Delete"),
          onPressed : () async {
            await NotesDBWorker.db.delete(inNote.id);
            Navigator.of(inAlertContext).pop();
            Scaffold.of(inContext).showSnackBar(
              SnackBar(
                backgroundColor : Colors.red,
                duration : Duration(seconds : 2),
                content : Text("Note deleted")
              )
            );
            notesModel.loadData("notes", NotesDBWorker.db);
          }
        )
      ]
    );
  }
);
}
```

就大多数删除操作而言，确认用户的意图是一件好事。因此，我们将使用 showDialog()启动一个对话框，从而确认用户的意图。为了做到这一点，我们需要在显示对话框时传入 BuildContext，同时传入的还有 Note 实例，以便我们可以在对话框中使用某些数据(例如标题)。然后，在 showDialog()所需的 builder()函数中，构造一个 AlertDialog，在其中显示便签的 title(标题)并要求用户确认删除。接下来构建两个按钮：取消按钮和删除按钮。其中，取消按钮仅弹出对话框。单击删除按钮时，调用 NotesDBWorker 的 delete()方法(从技术上讲是 db 属性，实际上是 NotesDBWorker 单例实例)，并传入便签的 id。然后，我们弹出对话框，并使用 Scaffold 微件的 showSnackBar()方法显示一条消息，指示该便签已被删除。消息将显示两秒的时间，这取决于 Duration(持续时间)。最后，需要调用 notesModel 的 loadData()方法，以便刷新列表。回想一下，loadData()将重新从数据库中加载所有便签，然后调用 notifyListeners()，这将触发界面重新绘制。这个操作必须在删除便签后执行；否则，虽然会从数据库中删除便签，但不会在界面上反映出来。

5.9.5 输入页：NotesEntry.dart

现在，我们进入便签拼图的最后一部分——输入页，如图 5-4 所示。

图 5-4　便签的输入页

标题(我在这里输入的 My note)和内容(我在这里没有输入)是必需的(你会看到在不输入内容的情况下，尝试保存时显示的错误消息)。颜色框是可选的，但在这里我选择了红色。底部是 Cancel 和 Save 按钮，前者将用户返回到列表页，后者会保存新的便签(并且正如你现在已经意识到的那样，这会触发列表页的重绘以显示新的便签)。

与往常一样，由导入语句拉开序幕：

```
import "package:flutter/material.dart";
import "package:scoped_model/scoped_model.dart";
import "NotesDBWorker.dart";
import "NotesModel.dart" show NotesModel, notesModel;

class NotesEntry extends StatelessWidget {
```

微件类的开头也与你之前看到的一样。请记住，尽管必须处理某些状态，但这仍然是一个无状态微件(stateless widget)。

现在，我们有两样新东西：

```
final TextEditingController _titleEditingController =
  TextEditingController();
final TextEditingController _contentEditingController =
  TextEditingController();
```

TextFormField(标题和内容的输入对象)需要一个 TextEditingController 与之关联，从而处理默认值以及用户键入时可能发生的各种事件。但是，我们也需要从代码中访问它们，稍后当我们定义 TextFormField 作为类的属性时，会将它们连接到 TextFormField，这样我们的应用代码就可以使用它们了(而不是使用 TextFormField 内联定义它们，在这种情况下，我们将没有任何方法来引用它们)。

但是首先，由于我们要处理必填字段的概念，因此我们将拥有一个表单(其实我们可以自己实现该逻辑，这不是必需的，但是正如你在前两章中所看到的，使用表单使事情变得更容易)，这个表单需要一个键(key)：

```
final GlobalKey<FormState> _formKey = GlobalKey<FormState>();
```

我们不太关心键是什么，只知道要有键，因此创建了一个简单的 GlobalKey。

接下来，在创建类时我们需要做一些工作，因此我们创建了如下这个构造函数：

```
NotesEntry() {

  _titleEditingController.addListener(() {
   notesModel.entityBeingEdited.title =
    _titleEditingController.text;
  });
  _contentEditingController.addListener(() {
   notesModel.entityBeingEdited.content =
    _contentEditingController.text;
  });
}
```

看！我们确实需要访问这两个控制器！这里的窍门是，每当控制器附加的 TextFormField 的值发生更改时，entityBeingEdited 中的相应值也都需要更新。可通过调用 addListener()并为其提供一个函数来实现这个目标。如果不这样做，那么用户在界面上输入的任何内容都不会反映到模型中，因此以后也没有任何可保存的内容。

现在，build()方法再次出现：

```
Widget build(BuildContext inContext) {

  _titleEditingController.text =
    notesModel.entityBeingEdited.title;
  _contentEditingController.text =
    notesModel.entityBeingEdited.content;
```

由于此界面可以有效地用于两种模式——添加和维护模式，因此我们要确保在编辑时先前的 title(标题)和 content(内容)会显示在界面上。当界面处于添加模式时，将仅设置 null 值，因为这是 String 对象的默认值，而 Note 类的 title 和 content 属性就是 String 类型的。TextFormField 可以很好地处理这种情况，并如我们所愿，显示为空白；相反，当编辑便签时，将显示当前值。

现在，我们开始构建 build()返回的顶级微件：

```
return ScopedModel(
  model : notesModel,
  child : ScopedModelDescendant<NotesModel>(
    builder : (BuildContext inContext, Widget inChild,
      NotesModel inModel
    ) {
      return Scaffold(
```

到目前为止，没有什么新内容：开始的部分就像列表页上的微件那样。但是，从那之后的部分就变得不同了：

```
bottomNavigationBar : Padding(
  padding :
    EdgeInsets.symmetric(vertical : 0, horizontal : 10),
  child : Row(
    children : [
      FlatButton(
        child : Text("Cancel"),
        onPressed : () {
          FocusScope.of(inContext).requestFocus(FocusNode());
          inModel.setStackIndex(0);
        }
```

```
  ),
  Spacer(),
  FlatButton(
    child : Text("Save"),
    onPressed : () { _save(inContext, notesModel); }
  )
 ]
)
)
```

Scaffold 微件的 bottomNavigationBar(底部导航栏)让我们可以在底部放置一些静态
内容，即使上方的内容需要滚动，这些静态内容也不会随着滚动而消失。在这里放置
按钮是最完美的，也正是我们想要做的。第一个按钮是 Cancel，它通过调用
setStackIndex()将用户导航回列表页。不过在此之前，我们需要隐藏键盘(如果已打开
的话)。否则，键盘仍然会在便签列表页上遮盖住 ListView。FocusScope 类建立了一个
范围，微件可以在其中获得焦点。Flutter 通过焦点树跟踪用户当前的焦点在哪个微件
上。当你通过静态的 of()方法获得给定上下文的 FocusScope 时，可以通过调用
requestFocus()方法将焦点发送到特定位置，但是传递新的 FocusNode 实例会有效地导
致焦点不在任何地方，这将导致操作系统折叠键盘。

第二个按钮是 Save，这里只是调用_save()方法，当我们完成对微件代码的查看后，
便会使用这个方法。

查看以下代码：

```
body : Form(
  key : _formKey,
  child : ListView(
    children : [
      ListTile(
        leading : Icon(Icons.title),
        title : TextFormField(
          decoration : InputDecoration(hintText : "Title"),
          controller : _titleEditingController,
          validator : (String inValue) {
            if (inValue.length == 0) {
              return "Please enter a title";
            }
```

```
      return null;
    }
  )
)
```

在第 3 和第 4 章中，你了解了如何有选择地使用一个 Form 微件，以便使用包括针对输入字段的验证事件在内的许多东西。这正是我们这里想要的结果，当然，这里使用了先前创建的_formKey。ListView 的子项是 ListTile 微件，在这里你可以看到该微件提供的其他功能之一：leading。leading 可以是主要内容左侧的一些内容，通常此处会展示一个图标(Icon)。ListTile 微件还支持 trailing 以在右侧提供相同的功能，但此处并不需要。

ListTile 的 title(标题)就是第一个 TextFormField。名为 title 的属性不仅仅是一个文本字符串，这看起来也许很奇怪，而这正是 Flutter 中"一切皆为微件"之美：(通常)这无关紧要！你可以在其中放置任何东西，只要它是一个微件就行(它看上去是否还不错以及是否如你预期的那样当然也很重要，但实际上它将一如既往地有效，这才是关键)。TextFormField 有一个 decoration(装饰)属性，它的值是一个 InputDecoration 对象。此对象有许多属性，包括 labelText(描述字段的文本)、enabled(用于以视觉方式启用或禁用字段)、suffixIcon(在文本字段的可编辑部分之后，且在后缀或 suffixText 之后显示的图标，范围不超出装饰的容器)。在前面的代码中，hintText 属性的设置效果是：当没有用户输入时，Title 一词就会显示为稍微暗淡的文本。换言之，具有与标签相同的功能。如你所见，controller 属性引用了先前为字段创建的 TextEditingController，并且定义了一个 validator(验证器)以确保输入了某些内容。一旦表单经过验证，没有输入的话就将在字段的下方以红色显示错误字符串，这一切都发生在_save()方法中，我们稍后介绍。

在此之前，我们还有另一个 TextFormField 用于输入内容：

```
ListTile(
  leading : Icon(Icons.content_paste),
  title : TextFormField(
    keyboardType : TextInputType.multiline,
    maxLines : 8,
    decoration : InputDecoration(hintText : "Content"),
    controller : _contentEditingController,
    validator : (String inValue) {
      if (inValue.length == 0) {
        return "Please enter content";
```

```
      }
      return null;
    }
  )
)
```

它与标题字段几乎相同，除了 maxLines，maxLines 决定了字段的高度。在这里，将有足够的空间容纳八行文本。如果熟悉 HTML，那么实际上可以将 TextFormField 当作<textarea>使用。

现在介绍这些色块的部分作用，用户可以使用这些色块来选择便签的颜色：

```
ListTile(
  leading : Icon(Icons.color_lens),
  title : Row(
    children : [
```

我们从另一个 ListTile 开始，用 leading 显示调色板颜色图标(Flutter 称之为颜色"镜头"，但无论如何，看起来就像调色板)。这次的 title(标题)是一个 Row 实例，因此所有色块都可以彼此相邻放置。

由于以下内容具有重复性，因此我仅展示一个色块的代码。其他色块的代码与此相似。

```
GestureDetector(
  child : Container(
    decoration : ShapeDecoration(
      shape : Border.all(width : 18, color : Colors.red) +
      Border.all(width : 6,
        color : notesModel.color == "red" ?
        Colors.red : Theme.of(inContext).canvasColor
      )
    )
  ),
  onTap : () {
    notesModel.entityBeingEdited.
    color = "red";
    notesModel.setColor("red");
  }
```

```
),
Spacer(),
...repeated for each color...
```

每个色块都是一个 GestureDetector，这是一个微件，它为我们提供了一个响应各种触摸事件的元素。不过我们在这里只关心单击事件，因此提供了 onTap() 函数。这有点超前！GestureDetector 的内部是一个 Container 微件，此微件提供了一个 decoration，它定义了一个上下左右都带有 Border 的盒子。这个盒子具有 18 像素宽的边框，由于没有内容，这导致一个填满的盒子，因此边框在某种意义上"塌陷"成了实心盒子。然后，再次使用 all() 构造函数向其添加另一个 Border，从而在盒子的周围放置一个 6 像素宽的边框。如果模型中的 color 属性值为红色，则边框的颜色为红色。否则，边框的颜色与背景色相同，我们可以通过查询与 BuildContext 关联的 Theme 来获得背景色。canvasColor 是绘制的所有内容的背景，因此这是我们想要的 Theme 元素。这里的想法是，只有在选中盒子后，盒子才会通过叠加外部边框变厚。

轻按色块后，就会将颜色设置到 entityBeingEdited 中，并通过调用 setColor() 将其设置为模型的 color 属性。该调用还会导致调用 notifyListeners()，这将导致重新绘制界面，最终导致边框现在以盒子的颜色显示，从而达到盒子显得更大的效果。

本章最后要介绍的是你之前看到的 _save() 方法：

```
void _save(BuildContext inContext, NotesModel inModel) async {

  if (!_formKey.currentState.validate()) { return; }

  if (inModel.entityBeingEdited.id == null) {
    await NotesDBWorker.db.create(
      notesModel.entityBeingEdited
    );
  } else {
    await NotesDBWorker.db.update(
      notesModel.entityBeingEdited
    );
  }

  notesModel.loadData("notes", NotesDBWorker.db);

  inModel.setStackIndex(0);
```

```
Scaffold.of(inContext).showSnackBar(
  SnackBar(
    backgroundColor : Colors.green,
    duration : Duration(seconds : 2),
    content : Text("Note saved")
  )
);
}
```

显然，_save()方法用于将便签保存到数据库中。首先，表单被验证了。如果表单无效，事件将通过提前返回而终止；如果表单有效，那么首先要确定的是，我们是要创建新的便签还是更新某个便签。

由于没有专门用于此目的的标志位，因此我们必须查询数据才能知道，这很容易：新的便签尚无 ID，但更新后的便签有。因此，我们以 inModel.entityBeingUpdated.id 是否为 null 作为分支条件。如果为 null，那么调用 NotesDBWorker 的 create()方法就是正确的做法；否则，我们将进行更新，因此需要调用 update()方法。无论是哪种情况，entityBeingEdited 都需要传入。如你先前所见，便签将被转换为映射并保存到数据库中。

保存便签后，我们只需要完成一些最终任务即可结束这个过程。首先，需要调用 loadData()，以便更新列表页以反映新的便签或对现有便签所做的更改。然后，我们通过调用 setStackIndex()将用户导航回输入页。最后，我们将一条 SnackBar 消息展示两秒时间，用以指示便签已保存。

就像他们说的那样，这是对便签的包装！

■ 警告：

尽管热重载无疑会产生巨大的生产力，但是，在进行热重载时所做的更改并不会永久保留在应用中，如果你忘记了这一点，那么有时可能会给你带来麻烦。这意味着，如果你的应用在模拟器中运行，更改并进行热重载后，你将在模拟器中看到更改，与预期的一样。但是，如果你随后关闭应用并在模拟器中重新启动，那么变化不会出现。更改将仅在应用运行时出现，或者直到你进行完全重建以有效地重新部署(包含更改)应用为止。

5.10 小结

太棒了，我们做到了！我们让 FlutterBook 运行起来了，虽然尚未完全完成！在第一次构建真正的 Flutter 应用的过程中，你学到了很多内容，包括整个应用的结构、项目配置(包括如何添加插件)、如何在应用的各个部分之间导航、状态管理、使用 SQLite 进行数据存储以及大量的微件！当然，这还不是一个完整的应用，但它是很好的开始。

在下一章中，我们将通过添加其他三个实体(约会、联系人和任务)的代码来完成 FlutterBook。最后，你将拥有一个完整且可用的应用，并且掌握 Flutter 的很多出色知识！

第 6 章

■ ■ ■

FlutterBook，第二部分

在第 5 章，我们讲解了 FlutterBook 的部分代码，具体来说就是便签实体部分的代码。在本章，我们将通过讲解任务、约会和联系人实体的代码来完成 FlutterBook 应用。

这看起来可能有很多内容需要涵盖，但其实我们并不需要这样做，因为这里有一个秘密：如果比较这 4 个实体的代码，你会发现它们大概有 90％ 相同。这 4 个实体的代码都具有相同的文件结构：一个主代码文件(如 notes.dart)，然后是一个列表页和一个输入页，它们都在各自的源文件中。各个实体的大部分代码都与便签实体的代码相同(或极其相似)。然而 4 个列表页却有所不同，所以我们将对它们进行详细讲解，而输入页在很大程度上却非常相似，因此节省了一些篇幅。

我要做的只是向你展示与上一章中介绍的代码相比不同的部分。因此，我将主要讲解部分源文件而不是全部源文件。原则是，如果我在这里没有讨论，那么你可以假定与第 5 章中的便签实体代码没什么区别(除了一些小地方，如变量名和字段名，这类显而易见的区别对你的学习没有多大影响)。

6.1 搞定这一切：任务

本章将介绍的第一个实体是任务。任务很简单：任务只需要用一行文本来描述，还有一个可选的截止日期。正如你在上一章的屏幕截图中所见，列表视图用户可以勾除他们已完成的任务。因此，任务实体的代码非常简单，甚至比便签实体的代码还简单。

6.1.1 TasksModel.dart

首先，如你所知，每个实体都有自己的模型以及一个表示实体实例的类。任务并没有什么不同：这里有一个 Task 类，它与上一章的 Note 类之间的唯一区别在于 Task 类中的字段。

```
int id;
String description;
String dueDate;
String completed = "false";
```

和往常一样，Tast 类的实例将存储在数据库中，因此我们需要一个唯一的 id 字段。除此之外，我们还有 description(任务的说明)、dueDate(它是可选的)和 completed(完成)标记用于指示任务是否已完成。你可能认为 completed 应该是布尔值，我同意！但是，由于需要存储在 SQLite 表中，并且 SQLite 本身没有为我们提供布尔类型，因此必须将其存储为字符串。虽然必要时在布尔值和字符串之间进行转换以便在 Dart 代码中使用布尔类型是可行的，但在这种情况下，我认为这没有多大意义，所以它就是一个字符串！

之后是模型：

```
class TasksModel extends BaseModel { }
```

等一下，我在将代码粘贴到本章时是否犯了一个错误？不！TasksModel 真的是空的！你可以看到，输入页上并没有像便签那样需要跟踪(处理所选颜色)的字段。因此，模型中不必包含任何内容。回想一下，BaseModel 提供了全部 4 个模型都需要的通用代码，但是任务不需要任何其他东西；因此，它只是一个空的对象(除了 BaseModel 提供的对象之外，其他都是空的)。

6.1.2　TasksDBWorker.dart

像便签一样，任务实体也需要具有数据库工作类，但是与便签的数据库工作类有一个实质性的区别(同样，除了变量名和方法名等基本内容之外)，那就是为创建任务实体的表而执行的 SQL：

```
CREATE TABLE IF NOT EXISTS tasks (
  id INTEGER PRIMARY KEY, description TEXT,
  dueDate TEXT, completed TEXT
)
```

6.1.3　Tasks.dart

与 TasksDBWorker.dart 的情形类似，任务实体界面的入口与我们在上一章中介绍的 Notes.dart 几乎相同——由 IndexedStack 组织的相同的界面结构以及所有将在此显示的内容，让我们继续分析其他那些有差异的代码，好吗？

6.1.4 TasksList.dart

如前所述，4 个列表视图各有所不同，尽管在那里你会发现很大一部分代码是相同的。对于任务，主要区别在于：可以在完成任务后将其勾除，因此这里 build()函数返回的是一个 ScopedModel 微件，它包装了一个 Scaffold 微件并带有以下 body(内容)部分：

```
body : ListView.builder(
 padding : EdgeInsets.fromLTRB(0, 10, 0, 0),
 itemCount : tasksModel.entityList.length,
 itemBuilder : (BuildContext inBuildContext, int inIndex) {
  Task task = tasksModel.entityList[inIndex];
  String sDueDate;
  if (task.dueDate != null) {
   List dateParts = task.dueDate.split(",");
   DateTime dueDate = DateTime(int.parse(dateParts[0]),
    int.parse(dateParts[1]), int.parse(dateParts[2]));
   sDueDate = DateFormat.yMMMMd(
    "en_US"
   ).format(dueDate.toLocal());
  }
```

截止日期(如果有的话)将被 split()分为三个独立的部分(参考上一章，它将被存储为"year,month,day"格式)，并被传入 DateTime 构造函数以获取指定截止日期的 DateTime 对象。然后，我们使用了 DateFormat 类提供的一种格式化功能。该类是 intl 包中的实用程序类，它提供了数量众多的用于格式化日期和时间以及处理其他国际化问题的功能。使用这些功能的复杂性超出了我们的讨论范围。但最重要的是，调用 yMMMMD()函数，然后将返回值提供给 format()函数，并将 DateTime 对象 dueDate 的 toLocal()调用结果传给它，从而得到一个格式良好的适合显示的日期版本。这是本练习的重点！

接下来，我们可以开始构建 UI，就像便签一样，使用 Slidable 微软作为基础：

```
return Slidable(delegate : SlidableDrawerDelegate(),
 actionExtentRatio : .25, child : ListTile(
  leading : Checkbox(
   value : task.completed == "true" ? true : false,
   onChanged : (inValue) async {
```

```
      task.completed = inValue.toString();
      await TasksDBWorker.db.update(task);
      tasksModel.loadData("tasks", TasksDBWorker.db);
    }
  ),
```

但是，这次我们可以在 leading 中找到一个 Checkbox 微件，用户可以在任务完成时勾选该复选框，其值取自 task 引用，如你所见，它是任务列表中的下一个任务。由于 completed 是字符串而不是布尔值，因此它不能直接作为 value 属性的值，可使用简单的三元表达式获取所需的布尔值。在那之后，我们必须附加一个 onChanged 事件处理程序，在 Checkbox 微件被选中时(或被反选时)进行处理。这里的工作很简单：将传入 onChanged 的布尔值通过调用 toString()设置为 task.completed 的值。然后，要求 TasksDBWorker 更新任务，最后通过调用 BaseModel 提供的 loadData()方法来告诉 TasksModel 重建列表。就是这么简单！

接下来，我们还需要进行 Slidable 微件的其余配置：

```
title : Text(
  "${task.description}",
  style : task.completed == "true" ?
    TextStyle(color :
      Theme.of(inContext).disabledColor,
      decoration : TextDecoration.lineThrough
    ) :
    TextStyle(color :
      Theme.of(inContext).textTheme.title.color
    )
),
subtitle : task.dueDate == null ? null :
  Text(sDueDate,
    style : task.completed == "true" ?
      TextStyle(color :
        Theme.of(inContext).disabledColor,
        decoration : TextDecoration.lineThrough) :
      TextStyle(color :
        Theme.of(inContext).textTheme.title.color)
  ),
```

```
    onTap : () async {
      if (task.completed == "true") { return; }
      tasksModel.entityBeingEdited =
        await TasksDBWorker.db.get(task.id);
      if (tasksModel.entityBeingEdited.dueDate == null) {
        tasksModel.setChosenDate(null);
      } else {
        tasksModel.setChosenDate(sDueDate);
      }
      tasksModel.setStackIndex(1);
    }
  ),
      secondaryActions : [
        IconSlideAction(
          caption : "Delete",
          color : Colors.red,
          icon : Icons.delete,
          onTap : () => _deleteTask(inContext, task)
        )
      ]
    );
  }
)
```

　　鉴于你已经了解便签实体的代码，因此你对这一切应该都很熟悉，但有一点要注意：我们不允许用户编辑已经完成的任务，因此会在 onTap()事件处理程序中检查 task.completed 的值。

　　与便签一样，这里也有 deleteTask()方法，可以通过 Slidable 微件的 secondaryActions 看到对它的调用，但是鉴于它与便签实体的代码相同，我们可以跳过它并继续介绍输入页。

6.1.5 TasksEntry.dart

　　如前所述，输入页没有太多的内容，只有两个字段，其中只有描述是必须输入的，如图 6-1 所示。

图 6-1　任务实体的输入页

此处我们唯一需要介绍的是与截止日期字段相关的代码：

```
ListTile(leading : Icon(Icons.today),
  title : Text("Due Date"), subtitle : Text(
    tasksModel.chosenDate == null ? "" : tasksModel.chosenDate
  ),
  trailing : IconButton(
    icon : Icon(Icons.edit), color : Colors.blue,
    onPressed : () async {
      String chosenDate = await utils.selectDate(
        inContext, tasksModel,
        tasksModel.entityBeingEdited.dueDate);
      if (chosenDate != null) {
        tasksModel.entityBeingEdited.dueDate = chosenDate;
      }
    }
  )
)
```

我们最后要介绍的是上一章中简单略过的 utils.selectDate()函数的用法。用户选择日期后,此函数将以"year,month,day"的格式返回字符串,这也是日期在数据库中的保存形式。当然,如果返回 null,则不会选择任何日期,因此我们仅在未返回 null 的情况下设置任务的 dueDate 字段。

以上就是任务实体的全部代码!

6.2　定个日子:约会

接下来是约会实体,在这里我们要介绍一些新东西,包括一个主要显示在列表页上的漂亮插件。但是,在此之前,让我们看一下数据模型。

6.2.1　AppointmentsModel.dart

与任务实体和便签实体一样,我们有一个用来描述约会的类,毫无意外它被命名为 Appointment,并具有以下字段:

```
int id;
String title;
String description;
String apptDate;
String apptTime;
```

你所熟悉的 id 以及 title 和 description 字段的用途是显而易见的。与任务类似,约会也有日期,命名为 apptDate,但与任务不同的是,约会还有时间:apptTime。两者都是字符串,因为最终它们就是以这种样式存储到数据库中的,因此很自然地,我们将在某个地方添加一些转换用的代码,稍后会介绍。

在介绍了定义数据模型的类之后,我们需要添加一个方法用以处理时间,从而能够在输入页上显示时间:

```
class AppointmentsModel extends BaseModel {
  String apptTime;
  void setApptTime(String inApptTime) {
    apptTime = inApptTime;
    notifyListeners();
  }
}
```

与任务实体(还有联系人实体，将在稍后介绍)一样，BaseModel 的 chosenDate 字段和 setChosenDate()方法将用于输入页上的约会日期(因为在多个输入页上都需要，所以将其放入 BaseModel 可以避免重复代码)。由于只有约会实体才有时间，因此在模型中我们只需要 apptTime 和 setApptTime()方法，setApptTime()方法的代码类似于 setChosenDate()：将传入的值存储在模型中并通知侦听器，从而使用新值重建界面。

6.2.2 AppointmentsDBWorker.dart

与便签和任务实体一样，约会实体也具有数据库工作类，除了表定义外，其他代码与另外两个几乎相同，具体代码如下：

```
CREATE TABLE IF NOT EXISTS appointments (
  id INTEGER PRIMARY KEY, title TEXT,
  description TEXT, apptDate TEXT, apptTime TEXT
)
```

这里没有其他新的内容；介绍完便签实体的数据库工作类后，你基本上对此已经很了解了，所以让我们继续。

6.2.3 Appointments.dart

同样，约会实体的核心界面定义与便签及任务实体的相同，因此我们可以立即跳到列表页，那里的代码确实不太一样。

6.2.4 AppointmentsList.dart

首先，大部分导入你之前都见过，但其中也有一些新的导入：

```
import
  "package:flutter_calendar_carousel/"
  "flutter_calendar_carousel.dart";
import "package:flutter_calendar_carousel/classes/event.dart";
import
  "package:flutter_calendar_carousel/classes/event_list.dart";
```

Calendar Carousel 是一个插件(参见 https://pub.dartlang.org/packages/flutter_calendar_carousel)，该插件提供了一个日历微件，可以通过水平滑动在数个月份之间切换。它具有许多其他可用选项，例如在日期上显示事件的指示器、各种显示模式，以及在单击日期时执行操作的单击处理程序。

这听起来完全像是在简单列表以外的其他位置显示约会所需要做的！Flutter 不提

供开箱即用的功能，因此需要插件，Calendar Carousel 恰好适用。

因此，让我们开始构建列表页微件并介绍其用法：

```
class AppointmentsList extends StatelessWidget {

  Widget build(BuildContext inContext) {

    EventList<Event> _markedDateMap = EventList();
    for (
      int i = 0; i < appointmentsModel.entityList.length; i++
    ) {
      Appointment appointment =
        appointmentsModel.entityList[i];
      List dateParts = appointment.apptDate.split(",");
      DateTime apptDate = DateTime(
        int.parse(dateParts[0]), int.parse(dateParts[1]),
        int.parse(dateParts[2]));
      _markedDateMap.add(apptDate, Event(date : apptDate,
        icon : Container(decoration : BoxDecoration(
          color : Colors.blue))
      ));
    }
```

Calendar Carousel 提供的功能之一是：在具有相关事件的日期上显示某种指示符。为此，它具有一个 markedDatesMap 属性，该属性接收一个映射值，其中包含的键是 DateTime 对象，而对应的值是用于描述每个事件的 Event 对象(后者是它提供的类)。当日历被渲染后，将使用此映射显示事件指示符。在这里，我们通过迭代 appointmentsModel.entityList 来构建该映射，你可以从便签的使用经验中了解到这一点，因为此处的逻辑相同，所以它就是从数据库中检索到的约会数组。对于每种方法，我们拆分 apptDate 属性，然后将其提供给 DateTime 构造函数，以获取约会日期的 DateTime 实例。然后，我们构造一个 Event 对象，并将其添加到_markedDateMap 映射中。Event 对象当然带有 date(日期)，并且还带有 icon(图标)。这可以是你想要的任何微件，并且最终会成为显示在日期上的指示符。在这里，我使用一个简单的 Container 微件，它使用 BoxDecoration 作为装饰。在没有为 BoxDecoration 或 Container 定义任何其他属性的情况下，只能使用你可以使用的最小空间，得到的结果是正方形，宽度仅几像素，如图 6-2 所示。

189

图 6-2　带有日期指示的约会列表页

　　你在 2019 年 3 月的 8 号和 13 号有约会，因此日期上分别有点的标记。请注意，在 13 号，因为有多个约会，所以日期上有多个点。这很完美！

　　现在，我们可以继续构建从 build()方法返回的微件：

```
return ScopedModel<AppointmentsModel>(
  model : appointmentsModel,
  child : ScopedModelDescendant<AppointmentsModel>(
    builder : (inContext, inChild, inModel) {
    return Scaffold(
      floatingActionButton : FloatingActionButton(
        child : Icon(Icons.add, color : Colors.white),
        onPressed : () async {
        appointmentsModel.entityBeingEdited =
          Appointment();
        DateTime now = DateTime.now();
        appointmentsModel.entityBeingEdited.apptDate =
          "${now.year},${now.month},${now.day}";
        appointmentsModel.setChosenDate(
```

```
        DateFormat.yMMMMd("en_US").format(
          now.toLocal()));
      appointmentsModel.setApptTime(null);
      appointmentsModel.setStackIndex(1);
    }
  ),
```

开头与便签和任务实体相同，并带有用于创建新约会的悬浮按钮。在这一点上，我们应该已经非常熟悉这些代码，因此不再赘述。相反，让我们看看接下来会发生什么：

```
body : Column(
  children : [
    Expanded(
      child : Container(
        margin : EdgeInsets.symmetric(horizontal : 10),
        child : CalendarCarousel<Event>(
          thisMonthDayBorderColor : Colors.grey,
          daysHaveCircularBorder : false,
          markedDatesMap : _markedDateMap,
          onDayPressed :
            (DateTime inDate, List<Event> inEvents) {
              _showAppointments(inDate, inContext);
            }
        )
      )
    )
  ]
)
```

这里的目标是使 Calendar Carousel 展开以填充整个屏幕。为此，使用 Expanded 微件就很合理，因为其用途很明确：扩展 child(子项)以填充 Row、Column 或 Flex 微件中的可用空间。重要的一点是，父微件必须具有伸缩功能，因此将仅限于刚才所说的三个微件。考虑到这是界面(更确切地说是 body)中唯一的微件，因此在这里使用哪一个无关紧要，我只使用了能够胜任这项工作的 Column 微件。我没有将 CalendarCarousel 微件直接作为 Expanded 微件的 child(子项)，而是将其放在 Container

微件中，以便可以在周围设置一些边距。我只是觉得最好不要一直延伸到界面的边缘，以避免碰到顶部的 TabBar 或底部的悬浮按钮。

只需要简单设置 CalendarCarousel 微件就可以满足我们的场景(尽管提供了许多配置选项，但我们只需要少数几个)。我将每个日期的边框设置为灰色，并通过将 daysHaveCircularBorder 设置为 false 来确保它们是正方形。然后，我们之前讨论的 markedDatesMap 指向之前填充的_markedDateMap。最后，连接一个事件处理程序以处理日期的单击。发生单击时，我想在 BottomSheet 中显示所选日期的事件(如果有的话)，这就得依靠_showAppointments()方法了：

```
void _showAppointments(
  DateTime inDate, BuildContext inContext) async {


  showModalBottomSheet(context : inContext,
    builder : (BuildContext inContext) {
      return ScopedModel<AppointmentsModel>(
        model : appointmentsModel,
        child : ScopedModelDescendant<AppointmentsModel>(
```

这个方法接收被单击日期的 DateTime，以及与调用它的微件相关联的 BuildContext。请注意，虽然 onDayPressed 定义的函数接收一个事件(event)列表，但为了显示我们想要的内容，还需要从模型中的 entityList 获取数据。那是因为传入的 Event 对象并不包含我所需要的所有数据，因此事件列表将会被忽略。这就是为什么 showModalBottomSheet()调用的 builder 函数返回的微件以 ScopedModel 开头并引用 AppointmentsModel 的原因。

接下来是 builder 函数：

```
builder : (BuildContext inContext, Widget inChild,
  AppointmentsModel inModel) {
  return Scaffold(
    body : Container(child : Padding(
      padding : EdgeInsets.all(10), child : GestureDetector(
```

到目前为止，你都见过，对不？我再次感到这里需要加一些 padding，所以主体(body)从一个 Container 微件开始，以便可以应用 padding。

在这之后，由于 BottomSheet 中显示的内容是垂直滚动的约会列表，因此在此处使用 Column 布局是合理的：

```
child : Column(
  children : [
    Text(DateFormat.yMMMMd("en_US").format(inDate.toLocal()),
      textAlign : TextAlign.center,
      style : TextStyle(color :
        Theme.of(inContext).accentColor, fontSize : 24)
    ),
    Divider(),
```

第一个子项只是一个简单的 Text 元素，通过设定 textAlign 属性居中显示在 BottomSheet 内，textAlign 属性的值是选定的格式化的日期。注意在此处检索文本颜色的方式：Theme.of()函数始终可用，可为你提供对应用中当前活动的主题的引用。获得引用后，就可以访问其成员，其中之一是 accentColor，默认的主题拥有漂亮的蓝色阴影。你可以指定 fontSize 以使此文本与其他文本有所区别。之后，我还添加了一个 Divider 微件，以将日期与约会列表分开。

之后是另一个 Expanded 微件，以便约会列表填充 Column 布局中的剩余空间。然后从 entityList 构建每个子项，我们必须编写一些代码以过滤非选定日期的约会：

```
Expanded(
  child : ListView.builder(
    itemCount : appointmentsModel.entityList.length,
    itemBuilder : (BuildContext inBuildContext, int inIndex) {
      Appointment appointment =
        appointmentsModel.entityList[inIndex];
      if (appointment.apptDate !=
        "${inDate.year},${inDate.month},${inDate.day}") {
        return Container(height : 0);
      }
      String apptTime = "";
      if (appointment.apptTime != null) {
        List timeParts = appointment.apptTime.split(",");
        TimeOfDay at = TimeOfDay(
          hour : int.parse(timeParts[0]),
          minute : int.parse(timeParts[1]));
        apptTime = " (${at.format(inContext)})";
      }
```

对于不在选定日期范围内的任何约会，我们将返回 height(高度)为 0 的 Container 微件。这是必要的，因为从 itemBuilder 函数返回 null 会导致异常。Flutter 希望在所有情况下都可以返回某些内容，因此在这里它不会显示任何内容，就像我们想要的那样，你最后只能看到该日期的约会。

对约会的时间(如果有的话)必须与日期一样进行拆分，因为它会以字符串的形式存储在数据库中。完成后，我们可以将这两条信息传递给 TimeOfDay 的构造函数，与 DateTime 类似，但是很明显，区别在于处理的是时间！TimeOfDay 的 format()方法以适用的本地形式为我们提供格式正确的时间。

现在，每个约会都需要可编辑、可删除，到目前为止，我们一直在与其他实体一起使用 Slidable 微件来进行此操作，此处也是如此：

```
return Slidable(delegate : SlidableDrawerDelegate(),
  actionExtentRatio : .25, child : Container(
  margin : EdgeInsets.only(bottom : 8),
    color : Colors.grey.shade300,
    child : ListTile(
      title : Text("${appointment.title}$apptTime"),
      subtitle : appointment.description == null ?
        null : Text("${appointment.description}"),
      onTap : () async {
        _editAppointment(inContext, appointment);
      }
    )
  ),
```

如果约会中有 description(描述)，就将其显示为 subtitle 文本；否则，值为 null 的话将不显示任何内容。我们稍后将讨论_editAppointment()方法，但在此之前，我们将使用 Slidable 微件的 secondaryActions 属性完成微件定义：

```
secondaryActions : [
  IconSlideAction(caption : "Delete", color : Colors.red,
    icon : Icons.delete,
    onTap : () =>
      _deleteAppointment(inBuildContext, appointment)
  )
]
```

这与我们在便签和任务实体中介绍的没有什么不同，事实上，_deleteAppointment()
方法的代码与这两个实体的删除方法一样，因此我们不再赘述。但是，我们仍然需要
介绍一下_editAppointment()方法，其代码如下：

```
void _editAppointment(BuildContext inContext, Appointment
  inAppointment) async {

  appointmentsModel.entityBeingEdited =
    await AppointmentsDBWorker.db.get(inAppointment.id);
  if (appointmentsModel.entityBeingEdited.apptDate == null) {
    appointmentsModel.setChosenDate(null);
  } else {
    List dateParts =
      appointmentsModel.entityBeingEdited.apptDate.split(",");
    DateTime apptDate = DateTime(
      int.parse(dateParts[0]), int.parse(dateParts[1]),
      int.parse(dateParts[2]));
    appointmentsModel.setChosenDate(
      DateFormat.yMMMMd("en_US").format(apptDate.toLocal()));
  }
  if (appointmentsModel.entityBeingEdited.apptTime == null) {
    appointmentsModel.setApptTime(null);
  } else {
    List timeParts =
      appointmentsModel.entityBeingEdited.apptTime.split(",");
    TimeOfDay apptTime = TimeOfDay(
      hour : int.parse(timeParts[0]),
      minute : int.parse(timeParts[1]));
    appointmentsModel.setApptTime(apptTime.format(inContext));
  }
  appointmentsModel.setStackIndex(1);
  Navigator.pop(inContext);

}
```

上述代码与便签和任务实体的编辑方法几乎相同(类似于删除方法的代码)，但是在这里我们必须处理时间。由于约会的日期和时间是可选的，因此我们必须检查日期和时间是否为 null，并且仅在非空时才进行处理。如果非空，我们将必须解析出日期组件，构造一个 DateTime 并传入模型中的 setChosenDate()。同样，我们还必须解析出时间组件，构造一个 TimeOfDay 并传入模型中的 setApptTime()。

6.2.5　AppointmentsEntry.dart

约会拼图的最后一块当然是输入页，如图 6-3 所示。

图 6-3　约会实体的输入页

这是一个非常简单的界面，在标题、一个多行描述字段以及用于选择日期和时间的两个字段中，只有标题是必填字段。从技术上讲，日期也是必需的，因为没有日期的约会没有多大意义(尽管时间不是必需的，因为从逻辑上讲约会本身不一定非得有时间)。但是默认情况下，日期会被设置为当前日期而不是增加验证处理，且无法清除。因此，约会将自动具有日期，如果当前日期不合适，则由用户自行更改。

就代码而言，除了获得约会时间这部分(与日期部分非常相似)之外，没有什么新内容，现在让我们介绍一下时间部分的代码，从字段定义开始：

```
ListTile(leading : Icon(Icons.alarm),
  title : Text("Time"),
    subtitle : Text(appointmentsModel.apptTime == null ?
```

```
          "" : appointmentsModel.apptTime),
      trailing : IconButton(
        icon : Icon(Icons.edit), color : Colors.blue,
        onPressed : () => _selectTime(inContext)
      )
    )
  ]
  )
)
```

就像你到目前为止看到的其他字段定义一样，这是非常普通的字段定义，只保留了 onPressed 事件处理程序中对_selectTime 的调用，如下所示：

```
Future _selectTime(BuildContext inContext) async {

  TimeOfDay initialTime = TimeOfDay.now();

  if (appointmentsModel.entityBeingEdited.apptTime != null) {
    List timeParts =
      appointmentsModel.entityBeingEdited.apptTime.split(",");
    initialTime = TimeOfDay(hour : int.parse(timeParts[0]),
      minute : int.parse(timeParts[1])
    );
  }

  TimeOfDay picked = await showTimePicker(
    context : inContext, initialTime : initialTime);
  if (picked != null) {
    appointmentsModel.entityBeingEdited.apptTime =
      "${picked.hour},${picked.minute}";
    appointmentsModel.setApptTime(picked.format(inContext));
  }

}
```

就像我说的那样，这与你之前在任务实体中看到的获取日期的代码非常相似。如果用户正在编辑现有约会，则必须通过调用 showTimePicker()来设置 TimePicker 的

initialTime，我们稍后再介绍。因此，我们必须将其从模型(特别是 entityBeingEdited)
中解析出来，因为列表页将在导航到输入页之前对其进行设置。然后，一旦用户选择
时间或取消 TimePicker，apptTime 将在 entityBeingEdited 中更新，然后通过调用
setApptTime()在模型中进行更新，以反映在界面上(请记住，我们将调用 notifyListeners()，
这将触发 Flutter 根据新的模型值更新显示的内容)。

6.3　伸出你的手：联系人

要介绍的最后一个实体是联系人，我将其留到最后才介绍，是因为在某些方面它
是最复杂的，肯定可以为你提供一些学习新内容的机会。

6.3.1　ContactsModel.dart

与其他 3 个实体一样，我们将从数据模型开始，包括 Contact 类；并且与其他 3
个实体一样，我将仅向你显示该类中的字段，因为剩余的代码与其他实体相同：

```
int id;
String name;
String phone;
String email;
String birthday;
```

当然，联系人可以存储大量相关信息(如果现在打开手机的联系人应用，你会看到
很多可以设置的属性)，但我只选择了一些可能最关键的属性。name(姓名)、phone(电
话)和 email(电子邮件)字段显然是联系人的关键属性，而我添加 birthday(生日)只是为
了获得另一个处理日期和 DatePicker 的示例。

■ 提示：
建议你扩展本书中的 3 个应用作为随堂练习。所有这 3 个应用都有待改进，主要
是设计方面，而为联系人增加更多字段则是一件相对简单且有助于你练习技能的事情。

至于数据模型，我们只需要做一件事：

```
class ContactsModel extends BaseModel {
  void triggerRebuild() {
    notifyListeners();
  }
}
```

birthday 将会被 BaseModel 的 chosenDate 字段(及关联的 setter 方法)覆盖，因此 triggerRebuild() 方法实际上是由联系人特有的。由于必须从模型类中调用 notifyListeners()，因此我们需要这个方法，但是在这种情况下，这是它必须完成的唯一任务。如你所见，编辑联系人时将使用这个方法，并且选择了一张头像，然后显示在界面上。

6.3.2　ContactsDBWorker.dart

在联系人实体的数据库工作类代码中，除了通常的创建用的 SQL 之外，其他代码与先前介绍的另外 3 个实体相同，如下所示：

```
CREATE TABLE IF NOT EXISTS contacts (
  id INTEGER PRIMARY KEY,
  name TEXT, email TEXT, phone TEXT, birthday TEXT
)
```

到现在为止，这应该都在你的意料之中。

6.3.3　Contacts.dart

同样，与其他 3 个实体的代码相比，联系人界面的基本布局也没有什么新内容，因此让我们继续。

6.3.4　ContactsList.dart

联系人实体的列表页只是一个简单的 ListView 微件，就像你在其他地方看到的一样，但是我们有可能需要处理每个联系人的头像图片，并且需要 Flutter 的一些新东西：

```
return ScopedModel<ContactsModel>(
  model : contactsModel,
  child : ScopedModelDescendant<ContactsModel>(
    builder : (BuildContext inContext, Widget inChild,
    ContactsModel inModel) {
      return Scaffold(
        floatingActionButton : FloatingActionButton(
          child : Icon(Icons.add, color : Colors.white),
          onPressed : () async {
            File avatarFile =
              File(join(utils.docsDir.path, "avatar"));
            if (avatarFile.existsSync()) {
```

```
            avatarFile.deleteSync();
        }
        contactsModel.entityBeingEdited = Contact();
        contactsModel.setChosenDate(null);
        contactsModel.setStackIndex(1);
    }
)
```

通常的 ScopedModel 在顶部，model 引用了 contactsModel，然后是作为子项的 ScopedModelDescendant。最后是 builder 函数，它返回一个 Scaffold 微件，这正是我们需要的，可以通过提供悬浮按钮来创建新的联系人。

现在，我们可以在悬浮按钮的 onPressed 事件处理程序中看到一些新的令人兴奋的内容。可以看到的是，创建联系人后，你可以向其添加头像图片。头像图片将存储在应用的文档目录中，而不是存储在数据库中(这是有意而为，因为这样可以为你提供了解某些文件处理代码的机会)。但是，在编辑联系人(无论是新的联系人还是现有联系人)时，如果用户之前正在编辑联系人，则可以显示一个临时的图像文件。因此，如果要创建新的联系人，就必须确保临时文件不存在。File 类是 io 包中的 Dart 类，其构造函数的入参是文件的路径。我们已经在上一章中介绍了 utils.docsDir，它的 path 属性是文档目录的路径。因此，将其传入 join()方法，该方法是由路径(path)库提供的，它知道如何使用平台的路径分隔符连接文件路径部分，并加上文件名 avatar，这样我们就得到了该文件的一个引用(如果文件存在的话)，将返回的文件完整路径传给 File 实例。File 类提供了一些方法，其中之一是 existsSync()。如果文件存在，该方法返回 true；否则返回 false，并且同步进行。我们必须使用 await(或者等待 Future 被解决)。此后，创建一个新的 Contact，并且像往常一样将用户导航到输入页。

接下来是包含联系人的 ListView：

```
body : ListView.builder(
  itemCount : contactsModel.entityList.length,
  itemBuilder : (BuildContext inBuildContext, int inIndex) {
    Contact contact = contactsModel.entityList[inIndex];
    File avatarFile =
      File(join(utils.docsDir.path, contact.id.toString()));
    bool avatarFileExists = avatarFile.existsSync();
```

依次将每个联系人从数据模型中取出，并创建对头像文件的引用(如果存在的话)。头像文件使用联系人的 id 作为文件名，因此可以轻松链接到联系人。这次，对

existsSync()的调用结果存储在 avatarFileExists 中，你可以在以下代码中看到之所以这么做的原因：

```
return Column(children : [
  Slidable(
    delegate : SlidableDrawerDelegate(),
    actionExtentRatio : .25, child : ListTile(
    leading : CircleAvatar(
      backgroundColor : Colors.indigoAccent,
      foregroundColor : Colors.white,
      backgroundImage : avatarFileExists ?
        FileImage(avatarFile) : null,
      child : avatarFileExists ? null :
        Text(contact.name.substring(0, 1).toUpperCase())
    ),
    title : Text("${contact.name}"),
    subtitle : contact.phone == null ?
      null : Text("${contact.phone}"),
```

　　ListView 微件的每个子项都采用 Column 布局，其中又包含两个子项：一个包含联系人本身的 Slidable 微件和一个 Divider 微件，因此 Column 是必需的。这里的 Slidable 微件与你看到的所有其他 Slidable 微件一样，除了 leading。在这里，它是一个 CircleAvatar—— 一个可显示图像并将其裁剪为圆形的微件。它通常用于显示列表中人物的头像图片，因此在这里使用时非常合适。这里唯一的技巧是，用于指定图像的 backgroundImage 必须是有效的 FileImage 引用或为 null。avatarFileExists 标志的作用就在于此，当它为 true 时，avatarFile 就是一个 File 实例并且被包装在 FileImage 微件中，该微件可根据对文件系统内文件的引用来显示图像；如果为 false，则 backgroundImage 为 null。

　　我们十分需要 avatarFileExists 标志，因为当联系人没有头像图片时，我们想显示姓名的首字母，这是联系人应用中的典型模式。因此，CircleAvatar 微件的子项在有图片时将为 null，在没有图片时将为 Text 微件。在后一种情况下，String 类(contact.name 就是 String 类型)的 substring()方法用于获取第一个字母，而 toUpperCase()方法用于确保字母是大写的。

　　你已经知道了 Slidable 微件的其余配置，接下来让我们介绍一下 onTap 事件处理程序，这是我们触发编辑联系人事件的方式：

```
onTap : () async {
  File avatarFile =
    File(join(utils.docsDir.path, "avatar"));
  if (avatarFile.existsSync()) {avatarFile.deleteSync(); }
  contactsModel.entityBeingEdited =
    await ContactsDBWorker.db.get(contact.id);
  if (contactsModel.entityBeingEdited.birthday == null) {
    contactsModel.setChosenDate(null);
  } else {
    List dateParts =
      contactsModel.entityBeingEdited.birthday.split(",");
    DateTime birthday = DateTime(
      int.parse(dateParts[0]), int.parse(dateParts[1]),
      int.parse(dateParts[2]));
    contactsModel.setChosenDate(
      DateFormat.yMMMMd("en_US").format(birthday.toLocal())
    );
  }
  contactsModel.setStackIndex(1);
}
```

这个事件处理程序与我们之前介绍过的其他事件处理程序相比并没有太大的区别，但是在这里，我们必须处理可能存在的临时头像图片。日期也必须解析，并设置在模型中以便在编辑页上显示，然后像往常一样通过调用 setStackIndex() 来完成界面导航。

这就需要我们完成 Slidable 和 ListView 微件的配置了，以下是 secondaryActions：

```
secondaryActions : [
  IconSlideAction(caption : "Delete", color : Colors.red,
    icon : Icons.delete,
    onTap : () => _deleteContact(inContext, contact))
  ]
),
Divider()
```

你还可以在此处看到 Divider 微件，并且将在 itemBuilder() 函数中完成返回。

现在，我们介绍一下删除联系人的相关代码：

```
Future _deleteContact(BuildContext inContext,
  Contact inContact) async {

  return showDialog(context : inContext,
    barrierDismissible : false,
    builder : (BuildContext inAlertContext) {
      return AlertDialog(title : Text("Delete Contact"),
        content : Text(
          "Are you sure you want to delete ${inContact.name}?"
        ),
        actions : [
          FlatButton(child : Text("Cancel"),
            onPressed: () {
              Navigator.of(inAlertContext).pop();
            }
          ),
FlatButton(child : Text("Delete"),
  onPressed : () async {
    File avatarFile = File(
      join(utils.docsDir.path, inContact.id.toString()));
    if (avatarFile.existsSync()) {
    avatarFile.deleteSync();
    }
    await ContactsDBWorker.db.delete(inContact.id);
    Navigator.of(inAlertContext).pop();
    Scaffold.of(inContext).showSnackBar(
      SnackBar(backgroundColor : Colors.red,
        duration : Duration(seconds : 2),
        content : Text("Contact deleted")));
    contactsModel.loadData("contacts", ContactsDBWorker.db);
  }
)
```

到现在为止，这些大都可以被称为实体删除功能的典型代码，但这次我们还是需要处理头像文件。仅从数据库中删除联系人是不够的,我们必须删除头像文件(如果有的话),因此再次获得对头像文件的引用,如果存在,则调用 deleteSync()进行删除。之后,进行数据库删除操作,并显示 SnackBar 来进行确认,我们几乎就要成功了!

6.3.5 ContactsEntry.dart

我们只剩下 FlutterBook 应用的最后一部分需要介绍——联系人实体的输入页,参见图 6-4。

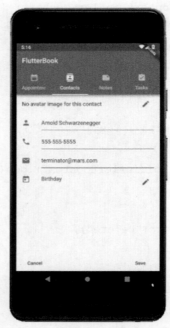

图 6-4 联系人实体的输入页

这个输入页非常简单,上面有 3 个 TextFormField 微件,其中只有姓名(name)字段是必需的,然后是带有触发图标的 birthday(生日)字段,以显示 DatePicker。因此,我们将很快完成这个过程,但是无论如何,我还是要列出部分代码,因为关于头像图片的内容混杂在多个地方,导致代码与其他 3 个实体的输入页代码大不相同。

```
return ScopedModel(model : contactsModel,
  child : ScopedModelDescendant<ContactsModel>(
    builder : (BuildContext inContext, Widget inChild,
      ContactsModel inModel) {
      File avatarFile =
        File(join(utils.docsDir.path, "avatar"));
```

```
       if (avatarFile.existsSync() == false) {
         if (inModel.entityBeingEdited != null &&
           inModel.entityBeingEdited.id != null
         ) {
           avatarFile = File(join(utils.docsDir.path,
             inModel.entityBeingEdited.id.toString()
           ));
         }
       }
```

首先，事实上在创建新联系人或编辑现有联系人时会显示这个界面。在创建时没
有头像图片，但是在编辑时可能会有：记住，在更改模型时将调用 build() 方法，这恰
恰是用户选择头像时将会发生的情况。因此，就像这里的 build() 方法一样，我们必须
查看是否有临时的 avatar(头像)图片。如果没有，请检查 entityBeingEdited。如果它具
有 id(仅在编辑联系人时才为真)，我们就尝试获取对实际头像文件(而不是名为 avatar
的文件，后者是临时文件)的引用。当渲染字段时会用到该引用，但是首先，我们需要
执行其他一些"预备"工作：

```
return Scaffold(bottomNavigationBar : Padding(
  padding :
    EdgeInsets.symmetric(vertical : 0, horizontal : 10),
  child : Row(
    children : [
      FlatButton(child : Text("Cancel"),
        onPressed : () {
          File avatarFile =
            File(join(utils.docsDir.path, "avatar"));
          if (avatarFile.existsSync()) {
            avatarFile.deleteSync();
          }
          FocusScope.of(inContext).requestFocus(FocusNode());
          inModel.setStackIndex(0);
        }
      ),
      Spacer(),
      FlatButton(child : Text("Save"),
```

```
        onPressed : () { _save(inContext, inModel); })
    ]
  )),
```

这是典型的输入表单的开始部分，但是在 Cancel 按钮的 onPressed 事件处理程序中，我们可能会处理一些临时头像文件。即使在显示这个界面之前已将它们删除，如果存在的话(假设用户选择了头像，然后将选择取消了)，那么最好仍将它们删除。完成此操作后，正如先前所讨论的，软键盘将被隐藏，并且用户导航回列表页。Save 按钮只会像往常一样调用_save()，稍后我们会介绍。

在此之前，让我们首先定义实际的表单：

```
body : Form(key : _formKey, child : ListView(
  children : [
    ListTile(title : avatarFile.existsSync() ?
      Image.file(avatarFile) :
      Text("No avatar image for this contact"),
      trailing : IconButton(icon : Icon(Icons.edit),
        color : Colors.blue,
        onPressed : () => _selectAvatar(inContext)
      )
    )
```

现在，你可以看到 avatarFile 引用在哪里起作用：ListTile 的 title(标题)将是 Image 或 Text 微件(表示未选择任何头像图片)。当 title 是 Image 时，avatarFile 被传入 Image.file()构造函数，并显示头像。请注意，在这里我不会进行缩放或约束，而只以原始大小显示头像(作为练习，你可能希望修改头像的大小)。ListTile 的 trailing 属性提供了一个 IconButton 微件供用户单击以选择头像图片，我们将很快介绍相关代码，因为其中有一些有趣的新内容！

我们继续定义表单：

```
ListTile(leading : Icon(Icons.person),
  title : TextFormField(
    decoration : InputDecoration(hintText : "Name"),
    controller : _nameEditingController,
    validator : (String inValue) {
      if (inValue.length == 0) {
        return "Please enter a name";
```

```
      }
      return null;
    }
  )
),
  ListTile(leading : Icon(Icons.phone),
    title : TextFormField(
      keyboardType : TextInputType.phone,
      decoration : InputDecoration(hintText : "Phone"),
      controller : _phoneEditingController)
    ),
    ListTile(leading : Icon(Icons.email),
      title : TextFormField(
        keyboardType : TextInputType.emailAddress,
        decoration : InputDecoration(hintText : "Email"),
        controller : _emailEditingController)
      ),
ListTile(leading : Icon(Icons.today),
  title : Text("Birthday"),
  subtitle : Text(contactsModel.chosenDate == null ?
    "" : contactsModel.chosenDate),
  trailing : IconButton(icon : Icon(Icons.edit),
    color : Colors.blue,
    onPressed : () async {
      String chosenDate = await utils.selectDate(
        inContext, contactsModel,
        contactsModel.entityBeingEdited.birthday
      );
      if (chosenDate != null) {
        contactsModel.entityBeingEdited.birthday = chosenDate;
      }
    }
  )
)
```

这就是你之前看到的所有内容，也许还有 keyboardType 属性，该属性使我们可以指定适合于输入数据类型的键盘。如你所见，有几个可用属性，如 phone 和 emailAddress，它们的含义不言自明！

现在，我们来讨论_selectAvatar()方法，当用户单击作为头像的 Image 微件旁边的 IconButton 时，将调用该方法：

```
Future _selectAvatar(BuildContext inContext) {
  return showDialog(context : inContext,
    builder : (BuildContext inDialogContext) {
      return AlertDialog(content : SingleChildScrollView(
        child : ListBody(children : [
          GestureDetector(child : Text("Take a picture"),
            onTap : () async {
              var cameraImage = await ImagePicker.pickImage(
                source : ImageSource.camera
              );
              if (cameraImage != null) {
              cameraImage.copySync(
                join(utils.docsDir.path, "avatar")
              );
              contactsModel.triggerRebuild();
            }
            Navigator.of(inDialogContext).pop();
          }
        )
```

单击后将显示一个对话框，用户可以在其中选择头像图片的来源，可以来自相册或相机。因此，我们调用 showDialog()，然后从 builder 函数返回 AlertDialog。在 AlertDialog 内部，我们从 SingleChildScrollView 开始，SingleChildScrollView 是一个微件，其中包含可以滚动的单个微件。为什么在这里使用 SingleChildScrollView？坦白而言，除了向你展示另一种处理方式之外，没有其他特殊原因。在这种情况下，滚动不会起作用。但是，如果你想提供更多图像来源，该怎么办呢？不必确保对话框足够大以适合所有情况，你可以允许它像这样滚动。

无论如何，SingleChildScrollView 内部有一个 ListBody，ListBody 是一个微件，它沿给定轴顺序排列子项，并强制它们使用另一个轴上父项的尺寸。最后，因为我们需要可以单击的条目，所以我决定在此处使用 GestureDetector 微件，而不是使用按钮或其他东西，尽管不是出于任何特殊原因。我们现在有了一个 onTap 事件，可以将其应用于这一条目，这是一个 Text 微件，单击后将启动相机。ImagePicker 类由 image_picker 插件提供，该插件提供了访问图像来源的功能，要获取的图像的位置由传入 ImagePicker.pickImage()函数的 source 属性指定。从该调用返回后，如果 cameraImage 不为 null(如果未拍摄照片，则为 null)，则使用 copySync()方法复制它，因为返回给我们的是 File 实例，将其复制为 avatar，这样就得到了我们的临时头像文件。

然后，我们必须告诉模型它已更改，即使实际上并没有更改！我们必须这样做，因为我们需要调用 build()方法，以便显示图像(还记得以前的代码吗？)。因此，调用 contactsModel.triggerRebuild()方法，该方法只是调用 notifyListeners()，并且由于重新绘制了界面，图像会显示出来。然后，我们通过获取对话框的 BuildContext 来弹出对话框。

对话框中的另一个元素用于从相册中选择图像，并且具有相同的代码，只是在对 pickImage()的调用中指定了不同的来源：

```
GestureDetector(child : Text("Select From Gallery"),
  onTap : () async {
    var galleryImage = await ImagePicker.pickImage(
      source : ImageSource.gallery
    );
    if (galleryImage != null) {
      galleryImage.copySync(
        join(utils.docsDir.path, "avatar")
      );
      contactsModel.triggerRebuild();
    }
    Navigator.of(inDialogContext).pop();
  }
)
```

最后是_save()方法，但是为了快速总结一下，我将仅向你展示与你检查过的其他_save()方法不同的几行代码：

```
id = await ContactsDBWorker.db.create(
  contactsModel.entityBeingEdited
);
```

下面是另外一些你已熟悉的代码：

```
File avatarFile = File(join(utils.docsDir.path, "avatar"));
if (avatarFile.existsSync()) {
  avatarFile.renameSync(
    join(utils.docsDir.path, id.toString())
  );
}
```

联系人的唯一特征当然是头像，在这里我们必须考虑到这一点。如果存在临时头像文件，那么我们使用 renameSync()函数为它提供与联系人 id 匹配的文件名。可调用 ContactsDBWorker 的 create()方法以捕获该 id，ContactsDBWorker 是唯一执行此操作的数据库工作类。当然，在更新现有联系人时，我们已经知道该 id。

至此，我们完成了 FlutterBook 应用。

6.4　小结

在本章中，我们完成了对 FlutterBook 应用的介绍，介绍了约会、联系人和任务实体是如何编码实现的，包括从图库或照相机中获取图像以及选择时间和日期等内容。这样，我们就有了一个完整的 PIM 应用。

在接下来的两章中，我们将构建这三个应用中的第二个，你将在此过程中了解 Flutter 的一些新功能，甚至可以尝试进行服务器端编程并让 Flutter 应用与之对接。

这听起来不错，寓教于乐，不是吗？

第 7 章

■■■■

FlutterChat, 第一部分: 服务端

在前两章中, 我们构建了一个封闭的应用: 它的所有数据都存储在运行的设备上。
这对于多数应用来说是没有问题的, 但对于某些特殊应用来说, 则需要使用服务端来
共享某种数据(或者仅仅为了让应用能够在其他设备上也可用)。事实上, 这是当今应
用开发的一个重要组成部分。

在接下来的两章中, 我们将构建一个应用, 它使用了服务端。尽管本书显然不是
关于如何构建服务端的, 但这却是我们将要在本章中介绍的内容。

首先, 我们将介绍将要构建的项目是什么, 然后介绍两种你可能已经听说过的技
术: Node 和 WebSocket。如果已经熟悉这些内容, 那么可以直接跳到应用构建部分;
否则, 请继续阅读以获得这些内容的快速介绍。

7.1 我们要构建的是什么

我们将要构建的应用名为 FlutterChat, 这是一个聊天应用! 通过将 FlutterChat 与
服务端相连接, 你将能够实时与其他用户进行交流。

FlutterChat 应用将为用户提供创建聊天室的功能, 用户可以在聊天室聚集并彼此
交谈。会有一个大厅列出服务端知道的所有聊天室, 并且我们还将提供一种途径, 进
而列出服务端知道的所有用户。

用户需要提供用户名和密码, 在服务端进行注册, 并且他们能够随时使用这些用
户名和密码重新进入服务端。

此外, 我们将为用户提供指定聊天室为私人聊天室的功能。在这种情况下, 只有
被邀请的用户才能进入聊天室。因此, 我们会提供一种邀请用户的机制。

最后, 创建了聊天室的用户将拥有一些"管理"特权: 他们将是唯一可以关闭聊
天室的人, 并且能够将不守规矩的用户踢出聊天室。

对于 FlutterChat 应用，我们将使用 Flutter 的内置导航功能，这是 FlutterBook 中没有介绍过的功能(请记住，FlutterBook 使用的是自定义导航机制)。就界面而言，我们将使用 Drawer 微件来控制导航，使用户能够在大厅、聊天室、用户列表以及关于界面之间进行切换。

FlutterChat 确实不怎么复杂，并且如果你曾经使用过聊天应用的话，那你肯定已经熟悉大多数核心概念。但是，在你尚未在真实应用中运用我所要介绍的内容之前，这将是一次绝佳演示，并且十分体面。

现在，在介绍 Flutter 代码之前，让我们先讨论一些服务端内容，首先要介绍的是 Node。

7.2　Node

Ryan是Node(有时也被称为Node.js)的创建者，Node是一款出色的软件。Ryan于2009 年在欧洲JSConf上首次发表演讲，他很快被公认为潜在的游戏规则改变者，他的演讲获得热烈的掌声。

Node 是一个平台，主要(尽管不是唯一)用于运行高性能的服务端代码，并能够轻松处理大量请求负载。Node 基于当今使用最广泛的编程语言 JavaScript。Node 易于入门和理解，并且能赋予开发人员巨大的力量，这在很大程度上要归功于其异步特性以及事件驱动编程方式。在 Node 中，你所做的几乎所有操作都是非阻塞的，这意味着代码不会阻止其他请求线程的处理。再加上 Node 使用 Google 流行且经过高度调整的 V8 JavaScript 引擎(该引擎也被用于 Chrome 浏览器)来执行代码，从而使其具有很高的性能，并能够处理大量的请求负载。

难怪如此众多的重要企业和网站都在某种程度上支持 Node，而且它们可不是小公司，其中包括 DuckDuckGo、eBay、领英、微软、沃尔玛和雅虎等。

Node 是第一类运行时环境，这意味着你可以执行诸如与本地文件系统进行交互、访问关系型数据库、调用远程系统的操作。过去，你必须使用"适当的"运行时(例如 Java 或.NET)来完成所有这些操作，JavaScript 并没有涉足该领域。有了 Node 之后，一切都改变了。需要明确的是，Node 本身并不是服务端，尽管它最常用于创建服务端。但是，作为通用的 JavaScript 运行时环境，Node 也是许多非服务端工具的运行时环境，包括在某些时候你可能会遇到的许多开发者工具，即使你没有意识到 Node 也参与其中！

无论操作系统的偏好设置如何，获取、安装和运行 Node 都是微不足道的练习。在运行 Node 应用之前，并不需要各种依赖关系，也没有大量的配置文件需要处理。这只是一个 5 分钟练习，具体取决于你的互联网连接速度和输入速度有多快。你只需要记住地址 http://nodejs.org。它就是你的 Node 一站式商店，首先从网站首页上的下载链接开始，如图 7-1 所示。

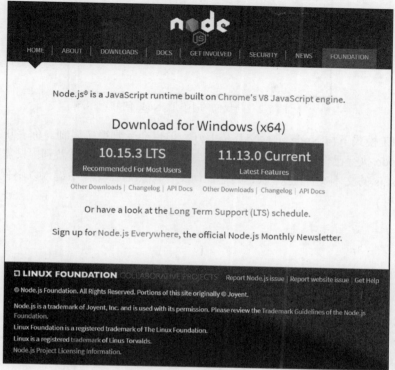

图 7-1　Node 的官方网站很简单，但能完成任务

通常，我会告诉你安装可用的最新版本，但在本例中最好选择长期支持(LTS)版本，因为它们更稳定。然而，就本书而言，你的选择并不重要。需要说明的是，我使用 10.15.3 版本开发了所有代码。因此，我建议你选择这个版本，你可以从 Other Downloads 链接和 Previous Releases 链接中获得(可从那里下载你喜欢的任何历史版本)。

下载文件将以适合操作系统的方式进行安装。例如，在 Windows 上，Node 提供了一个非常普通和直接的安装程序，它将引导你完成必要的(并且非常简单的)步骤。在 MacOS X 上，一个典型的安装向导将执行相同的操作。

安装完毕后，即可开始使用 Node。安装程序应该已经将 Node 目录添加到你的执行路径。因此，作为最初的简单测试，请转到命令提示符，键入 node，然后按下回车键。你应该会看到一个>提示符。现在，Node 正以交互模式等待你的命令。请键入以下内容来确认：

```
console.log("test");
```

按下回车键，你应该会收到类似图 7-2 所示的内容(忽略平台差异)。

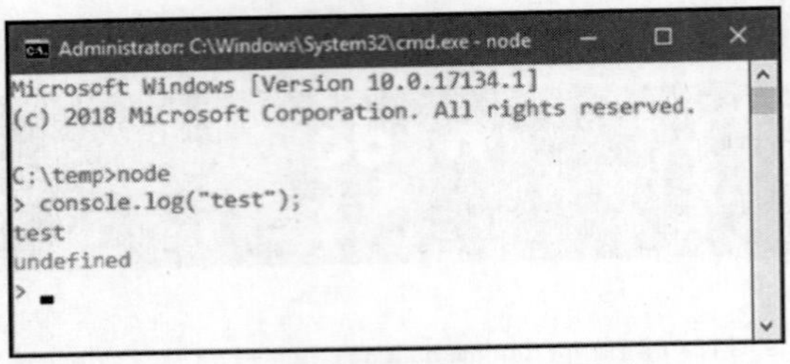

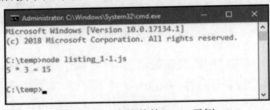

图 7-2　向我们的小伙伴 Node 问好

在 CLI 模式下与 Node 进行交互是很好，但也会受到很多限制。你真正想要做的是使用 Node 执行已保存的 JavaScript 文件。幸运的是，这很容易做到。只需要创建一个名为 test.js 的文本文件(也可以是其他任何文件)，然后在文件中键入以下代码(当然，请保存文件)：

```
var a = 5;
var b = 3;
var c = a * b;
console.log(a + " * " + b + " = " + c);
```

要执行 test.js 文件(假设你已经位于该文件所在的目录)，只需要键入以下内容即可：node test.js。然后按下回车键，你应该会看到执行结果，如图 7-3 所示。

图 7-3　一个简单的 Node 示例

显然，这段代码平淡无奇，但它确实证明了 Node 可以很好地执行普通的 JavaScript。如果愿意，你可以尝试一下，然后你会看到 Node 应该可以运行你抛给它的所有基本 JavaScript。正如你将会看到的，这样的功能再加上第一类运行时环境就可以访问许多核心操作系统设备，让我们能够创建复杂的工具，React Native(更确切地说是其命令行工具)就是其中的一例。

请注意，我并不是要详尽地介绍 Node。Node 的功能远不止于此，如果你不熟悉它，建议你仔细阅读 Node 网站。但就本书的目标而言，这种基本的理解水平就足够了。

■ 注意：

当我开始撰写本章时，我考虑过服务端组件的其他选项。我考虑过在Node上使用Express创建RESTful服务端，其中Express是一个可以添加的库，它让构建RESTful服务端变得非常简单。但是，考虑到聊天应用的实时需求，这是行不通的。然后，我考虑过使用Firebase，这是Google的实时数据库系统。事实上，网上有很多关于编写与Firebase连接的Flutter应用的教程，甚至有一两个使用它来构建聊天应用。因此，从某种意义上说，我决定走另一条路，添加一些或许开发者缺少的内容。我认为这里概述的方法可能让事情变得更简单，当然也可能更独立，但是无论如何，我只是想为这里的选择提供一些理由。希望这也是你同意并喜欢的选择。

7.3 保持通信畅通：socket.io

现在你已经了解了 Node 的一些知识，让我们继续介绍 WebSocket 和 socket.io。

■ 注意：

当我讨论这一点时，是以网络为中心，或者说是以网络开发为中心。但是请放心，我所介绍的所有内容也适用于移动开发，而无论是否基于Flutter，因为这都是HTTP的扩展，HTTP既适用于Web开发，也适用于移动开发。在本章的所有讨论中，请不要担心是否懂JavaScript——你对代码的理解不会有任何问题，因为我已经尽可能简单地编写代码。坦率地说，看上去有点像Dart，除了一些语法上的差异。当然，你不需要成为专业的JavaScript开发人员，但是即使你之前从未看过JavaScript，也不会遇到任何麻烦。

Web(以及使用 Web 与其他设备进行通信的移动应用)最初被认为是负责向服务端请求信息的客户端，但这消除了许多有趣的可能性，或者说至少令它们更加困难并且不是最优。

例如，如果你有一台机器用于向客户提供股票价格并显示在仪表板(dashboard)上，则客户必须不断向服务端请求更新价格。这是典型的轮询方法。不利的一面是，需要不断地从客户端到服务端发出新的请求，而且价格的刷新只会依赖于轮询间隔，通常你不希望太频繁，以免服务端过载。价格并不是实时的，如果你是投资者，这可能会很糟糕。

过了一段时间后，出现了一种名为 AJAX 的技术。AJAX(Asynchronous JavaScript and XML，异步 JavaScript 和 XML)允许网页向服务端发出请求，而无须刷新整个页面，刷新整个页面是网站最初始终采用的工作方式。这彻底改变了游戏规则！现在，页面可以请求数据(例如股票价格)，并且仅更新页面的一小部分，而不用更新整个页面，这真是太好了！

有趣的是，AJAX 背后的核心概念意味着与你是否使用 JavaScript 无关紧要，而与是否使用 XML 也无关紧要。

随着 AJAX 技术的出现，开发人员开始研究进行双向通信的方式，这样服务端就可以将新的股票价格推向客户端，而无须客户端明确请求。为此，人们开发了一些技巧，其中一种是长轮询。长轮询有时也被称为 Comet(彗星)，通常是一种供客户端打开与服务端连接的技术。但是，服务端不用向客户端发送 HTTP 响应完成信号就能保持请求打开。然后，当服务端有要传输给客户端的内容时，因为连接已经建立，所以可以立即进行。根据用于创建连接的 HTTP 方法的不同，又可称为 hanging-GET 或 pending-POST。

有许多原因导致这项技术实现起来可能会很棘手，但最关键的是连接处理线程被保留在服务端。考虑到是 HTTP 连接，因此开销并不是完全可以忽略的。要不了多久，并不需要连接太多客户端，服务端就可能瘫痪了。

近年来，WebSocket 协议被创建用以允许这种持久连接，而不会产生长轮询或其他方法带来的所有问题，这正是我们的聊天应用所需要的！

WebSocket 是 IETF(Internet Engineering Task Force)标准，可在客户端和服务端之间进行双向通信。在建立常规 HTTP 连接时，可通过特殊的握手来完成操作。为此，客户端发送如下所示的请求：

```
GET ws://websocket.apress.com/ HTTP/1.1
Origin: http://apress.com
Connection: Upgrade
Host: websocket.apress.com
Upgrade: websocket
```

假设服务端支持 WebSocket 协议并且看到上述消息，它将以如下答复进行响应：

```
HTTP/1.1 101 WebSocket
Date: Mon, 21 Dec 2017
Connection: Upgrade
Upgrade: WebSocket
```

用 WebSocket 的术语来说，服务端"同意升级"。握手完成后，HTTP 请求将被断开，但它所基于的基础 TCP / IP 连接仍然保留。这是客户端和服务端可以实时通信的持久连接，而不必每次都重新建立连接。

WebSocket 还带有一套 JavaScript API，你可以用它来建立连接，并发送和接收消息(消息就是我们所说的通过 WebSocket 连接在任一方向上传输的数据)。使用

WebSocket 编写 FlutterChat 服务端对于 Node 端来说很不错，但在 Flutter 端(当然也基于 Dart)却对我们没有任何好处。

幸运的是，有一个Node库可以作为Dart库在Flutter中使用，它抽象了WebSocket，并为我们提供友好的简单API，让我们可以同时在服务端和客户端使用。该库就是socket.io。

简而言之，使用 socket.io 不仅需要导入库，还需要执行几个函数调用：一个用于连接两台设备(通常是客户端和服务端，但并不是说如果两台设备都不是服务端就不能互相通信)，另一个则在希望将消息从一台设备发送到另一台设备时使用(包括向所有连接的设备发送消息)，还有一个用于侦听其他设备的消息。

假设某个客户端应用(假定为基于 JavaScript 的 Web 应用，该应用也使用了 socket.io 库)将其首选项存储在服务端。然后，如果用户想要清除这些首选项，那么可能会向服务端发送(或发出 socket.io 中所称的)clearPreferences 消息以及包含用户 ID 的对象。为此，需要一个 socket.io 服务端实例，我们假设它已经创建并由变量 io 引用。客户端将使用 emit()方法发送消息，如下所示：

```
io.emit("clearPreferences", { "userID" : "user123" });
```

为此，服务端必须正在侦听消息。你必须通过 socket.io 实例注册一个回调函数，以监听每条消息，这就是 on()方法的作用所在：

```
io.on("clearPreferences", function(inData) {
  database.execute(
    `delete from user_preferences where userID=${inData.userID}`
  );
});
```

之后，每当收到 clearPreferences 消息时，都会执行这个回调函数，并且在这种情况下，将执行数据库查询以删除指定用户的首选项(不要担心数据库相关的内容，这和我们的需求无关，它只是一个示例)。

现在，假设你正在将该 Web 应用迁移到 Flutter。在 Dart 方面，概念相同，但语法略有不同。在这里，你可以使用命名恰当的 sendMessage()方法来发送消息，而不是使用 emit()方法：

```
io.sendMessage("clearPreferences", { "userID" : "user123" });
```

如你所见，除了方法名不同外，它们的作用看起来是相同的。同样，注册消息的回调几乎相同，但是在使用 Dart 时，你可以使用 subscribe()方法替代 on()方法：

```
io.subscribe("preferencesCleared", () {
```

```
   // Do something... or not - your choice!
});
```

你在客户端和服务端都可以订阅消息，因为服务端当然也可以向客户端发出消息。我之所以提及这一点，是因为我们并不打算在 Dart 和 Flutter 中编写服务端，但基于此概念，在使用 WebSocket 和 socket.io 时客户端和服务端之间的界线是模糊的。除了逻辑上的意义之外，没有什么能真正使一台设备成为客户端，而使另一台设备成为服务端。

如你所见，无论使用 JavaScript 版本还是 Dart 版本，也无论是客户端还是服务端，socket.io API 都非常简单，但功能却非常强大。它还提供了更高级的功能，例如命名空间和聊天室，让你可以将消息分为逻辑组，等等。但是，对于我们在 FlutterChat 中要做的事情，了解这些就够了。除了建立连接之外，只有一点点，但是在 FlutterChat 的服务端代码的上下文中，这将更容易解释，我们接下来就会介绍！

7.4 FlutterChat 服务端代码

要介绍服务端代码，首先我们必须创建一个 Node 应用。这非常简单：创建一个空目录，然后在其中执行以下命令。

```
npm init
```

NPM 是 Node Package Manager 的缩写，它是 Node 附带的一个工具，用来管理包。包是额外的库和模块，可以添加到 Node 应用中，并从 NPM 所知道的中央仓库下载。

然而，NPM 也做了一些其他的工作，其中之一就是初始化项目。

上述命令的执行结果将是一个交互过程，它会向你询问一些简单的问题，都是关于应用的，其中大多数问题对于我们这里的目的来说无关紧要，因此你可以接受默认值或输入任何内容。最终结果才是最重要的，就是将在目录中创建的那几个文件，最重要的是名为 package.json 的文件。这个文件向 NPM(最终是 Node)描述了你的应用，它提供了类似于 Flutter 应用中 pubspec.yaml 文件的功能，允许你指定依赖项等内容。

在这里，我们可以选择编辑 package.json 文件。查找 dependencies 部分，如果不存在就添加，然后添加我们需要的依赖项 socket.io，如下所示：

```
"dependencies": {
    "socket.io": "2.2.0"
}
```

之后，我们可以执行另一个命令：

```
npm install
```

这样做将使 NPM 读取 package.json 文件，查看所需的依赖项，然后从中央仓库下载并安装它们。另一种方法是，我们可以直接跳过编辑文件，而直接执行以下命令：

```
npm install socket.io -save
```

这样 NPM 就会下载 socket.io，将其"安装"到我们的项目中(这意味着会创建node_modules 目录，并将 socket.io 的代码放在此处)，然后自动将依赖项添加到 package.json 中。这两种方法都会导致相同的结果。但是要注意的一个不同点是，第二种方法将会使你的项目获得所请求模块的最新版本。通常这是你想要的，但是如果你需要显式地指定版本，则可能需要编辑 package.json 文件(有些方法可以从命令行指定版本，但这要求更高一些)。

无论哪种方式，一旦完成，接下来我们就可以对服务端进行编码了。

■ **注意：**

如果已经下载了本书的源代码(绝对应该这样做)，则需要进入flutter_chat_server目录，在命令提示符后执行npm install，然后才能继续。完成后，你可以通过执行npm start来启动服务端。由于package.json中的main属性，因此npm知道server.js是应用程序的主入口，启动Node，并将该文件作为参数传给它。或者，你也可以通过执行node server.js来手动启动。无论使用哪种方式，都可以让你获得一个运行的FlutterChat服务端。

7.4.1　两个状态和一个对象相遇

我们将保持服务端代码尽可能简单，这就意味着不存在任何形式的持久化数据。任何数据或状态仅在服务端运行时存在于内存中。当然，这意味着如果服务端重新启动，那么所有数据都会丢失，但是我们可以将其视为功能而不是错误：这意味着服务端在某种程度上更安全了(显然，FlutterChat 应用在方式、形态或形式上绝对没有问题，远超 FBI/CIA/NSA 的安全品质)。

回到主题，我们将首先创建一个包含所有服务端代码的 server.js 文件。其中，你发现的第一部分代码如下：

```
const users = { };
```

这是用户的映射表，我们以用户名 userName 作为键，对应的值将采用以下形式：

```
{ userName : "", password : "" }
```

很简单，对吧？

在那之后，我们还有另一个映射表，这是聊天室的映射表：

```
const rooms = { };
```

这里以聊天室的名称 rootName 作为键，对象(我们的 room 描述符对象)的结构将采用以下形式：

```
{ roomName : "", description : "", maxPeople : 99,
  private : true|false, creator : "",
  users : [
    <username> : { userName : "" }, ...
  ]
}
```

这样每个聊天室都将有一条描述信息，用以告诉用户对话的主题是什么。当通过 maxPeople 属性创建聊天室时，我们还可以指定聊天室中允许的最大用户数。private 属性会告诉我们聊天室是否为私人聊天室，creator 是创建聊天室的用户的名字。users 映射表以用户名为键，是当前聊天室中所有用户的集合。

以上两个变量就是服务端需要保留的所有状态。

之后，我们将创建 socket.io 对象，只需要一行代码即可完成：

```
const io = require("socket.io")(
  require("http").createServer(
    function() {}
  ).listen(80)
);
```

我在此处进行了格式化，希望能比下载包中的更清晰一些。基本要点是，可通过导入 http 模块(这是 Node 附带的众多模块之一)来创建 HTTP 服务端，这正是 Node 所擅长的，我们得到了一个对象，就像 require()调用结果那样。由于此后不再需要该对象，因此不必保留对该对象的引用，而是立即对它调用 createServer()方法，并传入一个空函数。通常，在没有 socket.io 的情况下，你将继续在这个函数中实现侦听请求并进行响应的代码——在 Node 中构建 Web 服务端真是小菜一碟！但是，由于 socket.io 将承担此任务，因此空函数足以满足 createServer()调用的约定。然后，使用 createServer() 调用的返回值来侦听从端口 80 传入的请求，就像小型的 HTTP 服务端通常所做的那样！

但是，由于使用了 socket.io，我们还有一个步骤要执行，那就是从 listen()调用中获取返回值(返回值是一个完全激活的 HTTP 服务端)，并将其传递给 socket.io 的默认构造函数。这使 socket.io 可以控制服务端，从而使其成为合适的 WebSocket 服务端。

当然，这个服务端目前不会响应任何内容，因为我们还没有告诉它响应的内容和方式，这就是接下来要介绍的内容！

7.4.2　消息钩子

首先要告诉 socket.io 服务端如何响应 connection 消息—— socket.io 本身定义的少数几个消息之一：

```
io.on("connection", io => {
  console.log("\n\nConnection established with a client");
  // More stuff (coming soon to a chapter near you!)
});
```

在作为第二个参数传入 io.on()调用的函数中，我们调用了 console.log()，这样当客户端连接时，你将在控制台中看到一些消息以及为响应消息所需执行的代码。这些消息处理程序必须连接到 connection 消息处理程序。

现在，让我们看一下 validate 消息处理程序。

1. 验证用户

我们将通过图解来说明接下来要讨论的所有消息处理程序，该图解将详细说明进入处理程序的数据(inData)以及通过回调或(或同时)广播消息从处理程序发出的数据。少数处理程序的输出会因为处理过程中的实际情况而有所不同，这些也会作为备用路径展示。在查看代码时，你应该参考这些图解，从而全面了解进出它们的数据流。图 7-4 展示了我们正在介绍的 validate 消息处理程序的图解。

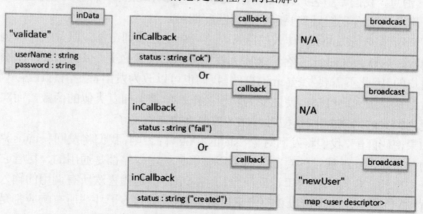

图 7-4　validate 消息处理程序的消息传递详情

用户在移动设备上启动 FlutterChat 应用时发生的第一件事是，系统会提示他们输入用户名和密码(如果这是他们第一次启动 FlutterChat 应用的话——以后将自动为他们

Flutter 实战

执行此操作)。他们输入凭据，然后代码发出 validate 消息。服务端需要对此进行响应，确定用户是否有效，代码如下：

```
io.on("validate", (inData, inCallback) => {

  const user = users[inData.userName];
  if (user) {
    if (user.password === inData.password) {
      inCallback({ status : "ok" });
    } else {
      inCallback({ status : "fail" });
    }
  } else {
    users[inData.userName] = inData;
    io.broadcast.emit("newUser", users);
    inCallback({ status : "created" });
  }
});
```

与 connection 消息一样，可通过调用 io.on() 来为消息注册处理程序。其中，我们首先尝试在用户集合中查找用户。传入处理程序的数据存储在 inData 变量中，对于 validate 消息，我们希望客户端以{ userName : "", password : "" }的形式发送对象。如果找到了用户，那么我们只需要确认密码匹配即可。

可调用通过 inCallback 传入的回调。这可能让你感到奇怪，服务端可以调用客户端的函数，这就是 socket.io 客户端库为我们提供的抽象之美！由于 validate 消息是具体到用户的，因此不需要发送(emit)事件。我们也可以改为发出特定消息让客户端响应，这实质上是模仿回调机制，使之变为异步操作。但是当拥有类似的函数，而实际上是一种更为经典的请求/响应类型时，回调方法就更有意义了。

如果密码匹配，我们将发回对象{ status : "ok" }；否则，我们将发回{ status : "fail" }。这里的"带有 status 属性的对象"对于所有消息处理程序都是通用的，尽管它是完全特定于应用的。也可以在这里返回简单的字符串，但是我喜欢所有调用的输入输出端都具有相同的基本结构，所以我决定采用这种范例(并且鉴于并非所有响应都是简单的状态消息，始终传递一个对象)。但请记住，socket.io 于此无关；你可以发送和接收自己喜欢的任何内容(只要可以在通信的两侧进行序列化和反序列化就行)。

正如你将在下一章中看到的那样，这些对象被序列化到 Dart 映射中，这正是我们想要的，并且可以轻松地来回传递任意数据。

222

现在，如果找不到该用户，则意味着这是新用户(或者服务端已重新启动，或者该用户清除了自己设备上的应用数据)。在所有情况下，我们都将用户添加到用户集合中。然后，我们做两件事：调用 io.broadcast.emit()，接着调用回调。调用回调你已经了解了，但是 io.broadcast.emit()的作用是什么？

我们要让所有连接的客户端知道服务端有一个新用户。请记住，该应用将能够显示服务端的用户列表。通过广播此消息即可提供服务端用户的更新列表(如你所见，用户列表是 io.broadcast.emit()的第二个参数，紧跟在消息之后)，然后如果应用正在显示用户列表，就使用该消息更新屏幕上的列表。正如你将在下一章中看到的那样，这会导致 ScopedModel 与用户列表一起更新。因此，如果显示的是用户列表屏幕，它将自动刷新；如果不是，也不会有坏处。

所以，你绝对可以广播一条消息并从同一个处理程序调用回调(并且你可以发出所有所需的消息，而不仅仅是一条消息。从技术上讲，你可以多次调用该回调，尽管我不确定为什么你曾经想这样做)。

还不是那么难，不是吗？这是其余消息处理程序中的常见主题，实际上多亏了socket.io，让我们继续介绍下一个主题！

2. 创建聊天室

服务端在验证用户后需要支持的第一个功能就是创建聊天室，如图 7-5 所示。

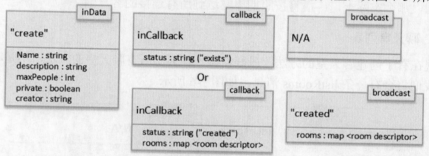

图 7-5　create 消息处理程序的消息传递详情

代码如下：

```
io.on("create", (inData, inCallback) => {

  if (rooms[inData.roomName]) {
    inCallback({ status : "exists" });
  } else {
    inData.users = { };
```

```
    rooms[inData.roomName] = inData;
    io.broadcast.emit("created", rooms);
    inCallback({ status : "created", rooms : rooms });
  }
});
```

快速查看 rooms 集合以判断聊天室是否已经存在，如果存在，就将 status 为 exists 的对象发送回去，以便应用可以通知用户。否则，将一个空的 users 集合添加到传入的对象(现在是我们的聊天室描述符对象)，然后将该对象通过 roomName 附加到 rooms 集合。

为了提醒所有客户新聊天室的存在，你会发出 created 消息。聊天室的完整列表将会被发送给所有客户端(这虽然不是最有效的机制，但却使事情变得更简单了，除非你拥有大量聊天室，否则确实没什么大不了的——再次强调，我并没有说过这是云规模的、可用于生产环境的代码，能够用来支持成千上万的用户)。

最后，可通过调用回调告知用户创建聊天室的工作已完成，并向客户端提供聊天室的更新列表。这很重要，因为在广播消息时，广播将永远不会被发送到触发消息的套接字。换言之，发送 create 消息的客户端将不会收到 created 消息。因此，在这里必须使用回调机制。相对地，如果在服务端运行的某些后台代码不是由客户端发送消息触发的，那么实际上，广播将按照期望发送到所有连接的客户端。

3. 聊天室列表

现在有了创建聊天室的方法，最好能有一种列出所有聊天室的方法，不是吗？为此，我们将会有一条 listRooms 消息，如图 7-6 所示。

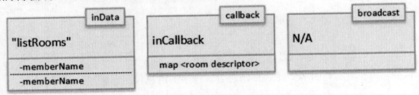

图 7-6　listRooms 消息处理程序的消息传递详情

代码如下：

```
io.on("listRooms", (inData, inCallback) => {

  inCallback(rooms);

});
```

224

我们要做的就是将 rooms 集合返回给调用者的回调函数。listRooms 消息仅在此情况下才需要：用户首次进入聊天大厅时。请记住，每次创建聊天室后，create 消息处理程序都会向所有客户端广播聊天室的完整列表(如你稍后将会看到的，在聊天室关闭后也会如此)。因此，每当发生这些情况时，客户端将随时获得更新的聊天室列表，但在登录后却不会获得。因此，在这种情况下，将发送 listRooms 消息，但是正如你将在下一章中看到的那样，实际上是在用户每次进入聊天大厅时发送的。考虑到 create(和 close)消息处理程序所做的工作，这样做有点多余，但是这也没有坏处，并且能使代码更简单。

但是，无论如何，这就是 listRooms 消息所需的全部处理程序。还有最后一点要注意：这里不需要 inData，但是处理程序将始终在这个位置传入某些内容，而无论是否需要，或者是否为空对象甚至为 null。因此，我们将它放在匿名函数的参数列表中，这只是为了满足 API 约定。

4. 用户列表

就像获取聊天室列表一样，我们也需要获取用户列表，图 7-7 显示了所有内容，希望你会感到熟悉。

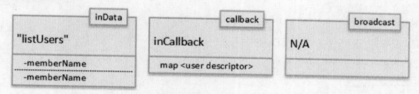

图 7-7　listUsers 消息处理程序的消息传递详情

I/O 模型与获取聊天室列表的相同，代码也相似：

```
io.on("listUsers", (inData, inCallback) => {

inCallback(users);

});
```

而且就像聊天室列表一样，客户端将维护服务端的用户列表，并在新用户注册时得到通知(尽管对于用户而言，无法"退出"服务端，因此无法像关闭聊天室那样)。但是，我们仍然需要获得列表，正如你将看到的，每当用户进入用户列表页时，就像进入聊天大厅一样。

5. 加入聊天室

我们现在可以创建聊天室和获取聊天室列表，下一步就是进入或加入聊天室，这正是 join 消息处理程序派上用场的时候，图 7-8 给出了直观说明。

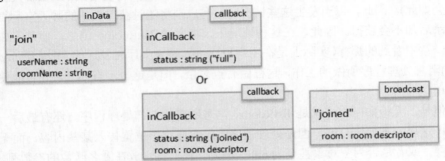

图 7-8　join 消息处理程序的消息传递详情

我们需要一点逻辑，但又不需要太多，代码如下：

```
io.on("join", (inData, inCallback) => {

  const room = rooms[inData.roomName];
  if (Object.keys(room.users).length >= rooms.maxPeople) {
    inCallback({ status : "full" });
  } else {
    room.users[inData.userName] = users[inData.userName];
    io.broadcast.emit("joined", room);
    inCallback({status : "joined", room : room });
  }
});
```

首先，我们根据请求的聊天室名称获得对聊天室描述符对象的引用。接下来，检查聊天室是否已经满员，如果已经满员，则返回 status 为 full 的对象。在这种情况下，客服会告诉用户无法进入。

如果聊天室尚未满员，那么将在 users 集合中查找与传入的 inData.userName 相匹配的用户描述符对象，并将其添加到 room 描述符对象的 users 集合中。通过这样做，聊天室就知道其中有哪些用户。

最后，将一条 joined 消息广播给所有客户端，并且与创建聊天室一样，调用回调以向发送方提供相同的信息，发送方就是聊天室描述符对象。客户端会将用户导航到聊天室界面，并填充聊天室中的用户列表，所有这些操作你都将在下一章中看到。对于不在聊天室中的任何客户端，此消息将被忽略，因为这与它们无关。

6. 向聊天室发送消息

如果无法发布消息，那么创建、获取列表和加入聊天室就没有多大用处，所以接下来我们将通过 post 消息进行处理，如图 7-9 所示。

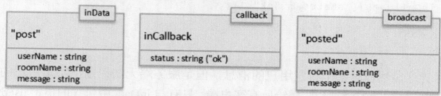

图 7-9 post 消息处理程序的消息传递详情

令人惊讶的是，post 消息处理程序的代码很少：

```
io.on("post", (inData, inCallback) => {

  io.broadcast.emit("posted", inData);
  inCallback({ status : "ok" });

});
```

这个任务很简单：实际上不涉及消息的持久性，因此我们要做的就是通过广播 posted 消息将传入的数据(包括发送消息的聊天室,是由哪个用户发送的以及消息本身)转发给所有已连接的客户端。与 join 消息一样，当时不在聊天室中的所有客户都将忽略用户发布的内容以及消息本身，因为这与他们无关。最后，尽管从技术上讲并不是必需的，但我们还是以简单的 status 为 ok 的对象调用了回调，从而确保所有这些处理程序的一致性。

7. 邀请用户加入聊天室

进入聊天室后，你可以邀请其他用户加入。为此，客户端会发送一条 invite 消息，如图 7-10 所示。

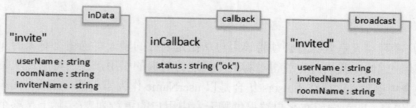

图 7-10 invite 消息处理程序的消息传递详情

实际代码非常像 post 消息处理程序，如下所示：

```
io.on("invite", (inData, inCallback) => {

  io.broadcast.emit("invited", inData);
  inCallback({ status : "ok" });

});
```

尽管这显然针对某个特定用户的消息，但是服务端无法识别出特定用户的套接字。因此，受邀请的消息会广播给所有客户端，只有与 inData 中包含的指定 userName 对应的客户端才会做出反应，inData 中还包含了邀请加入的聊天室以及邀请人）。与 post 消息处理程序一样，为了保持一致性，无论是否真正需要，回调都将会被调用。

8. 离开聊天室

用户可以随时离开聊天室，图 7-11 展示了这种情况。

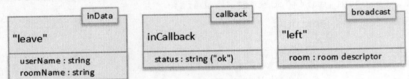

图 7-11　leave 消息处理程序的消息传递详情

leave 消息处理程序的实现方式如下：

```
io.on("leave", (inData, inCallback) => {

  const room = rooms[inData.roomName];
  delete room.users[inData.userName];
  io.broadcast.emit("left", room);
  inCallback({status : "ok" });

});
```

用户离开聊天室意味着必须将该用户从指定名称的聊天室描述符对象的 users 集合中删除。因此，我们首先获得对聊天室描述符对象的引用，然后将用户从聊天室的 users 集合中删除，这得益于 users 集合是以 userName 作为索引的。此后，代码只需要发出 left 消息，即可向所有客户端提供聊天室中用户的更新列表(实际上是整个聊天室描述符对象，用户列表是其中的一部分)，然后调用回调，这样客户端就可以完成让用户退出聊天室的工作。

9. 关闭聊天室

最后，我们介绍两个创建者功能——只能由创建聊天室的人使用的功能，同时也是我们要介绍的最后两个消息处理程序。第一个功能是关闭聊天室，如图 7-12 所示。

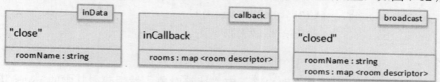

图 7-12　close 消息处理程序的消息传递详情

涉及的代码简短而有趣：

```
io.on("close", (inData, inCallback) => {

  delete rooms[inData.roomName];
  io.broadcast.emit("closed",
    { roomName : inData.roomName, rooms : rooms }
  );
  inCallback(rooms);

});
```

关闭聊天室就会发送 close 消息，并且只需要从 rooms 集合中删除聊天室描述符，然后向客户广播带有已更新聊天室列表和已关闭聊天室名称的 closed 消息，再调用回调，让调用者具有相同的信息。对于发起消息的客户端，它们已经知道关闭了哪个聊天室，因此无须向它们发送聊天室名称。但是，对于那些接收广播的人，他们将查看 roomName，如果与所在聊天室的名称匹配，他们会被踢出，并被告知聊天室已关闭。

10. 把用户踢出聊天室

最后，我们获得了 kick 消息，kick 消息是由聊天室的创建者发送的，用于从聊天室中强行移除某用户，如图 7-13 所示。

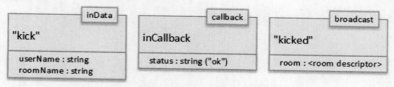

图 7-13　kick 消息处理程序的消息传递详情

如你所见，此创建者功能仅涉及以下工作：

```
io.on("kick", (inData, inCallback) => {

  const room = rooms[inData.roomName];

  const users = room.users;

  delete users[inData.userName];

  io.broadcast.emit("kicked", room);

  inCallback({ status : "ok" });

});
```

这就需要从 rooms 集合中取出聊天室描述符对象，然后获得其中的 users 集合，再从中删除指定的用户。在此之后，广播 kicked 消息，并将其发送给更新后的聊天室描述符对象，以便该聊天室中的所有用户都可以更新聊天室中的用户列表。即使并不需要，也仍会调用回调。

以上就是所有的消息处理程序，我们有了一个完整的服务端，该服务端实现了使 FlutterChat 工作所需的所有功能！

7.5　小结

在本章中，我们构建了 FlutterChat 应用的服务端。在这里，你了解了 Node 和 socket.io，并看到了要使应用正常工作所需的消息。至此，我们有了一个服务端，接下来就该介绍客户端了。

毫无悬念，在下一章中，我们将讲解客户端，并且你将了解它是如何连接到我们构建的服务端的，从而使 FlutterChat 成为一个功能完善的应用。

第 8 章

■ ■ ■

FlutterChat，第二部分：客户端

在第 7 章中，我们构建了 FlutterChat 应用的服务端，从而为客户端提供了一套基于 WebSocket/socket.io 的 API。现在，我们要构建客户端了。

8.1 Model.dart

尽管这看起来很奇怪，但我们不像往常那样从 main.dart 文件开始，而是从源文件 Model.dart 开始，该文件包含 FlutterChat 应用将会使用的单作用域模型的代码(你在 FlutterBook 中看到过，scoped_model 也是 pubspec.yaml 中的依赖项)。Model.dart 文件包含扩展自 Model 的 FlutterChatModel 类，并且包含以下属性。

- BuildContext rootBuildContext：应用的根微件的 BuildContext。你很快就会知道为什么需要这样做，但是请注意，虽然本身不是状态，但它在多个地方都是必需的。由于在任何情况下都不需要设置它并调用 notifyListeners()，因此没有明确的设置方法。默认值就足够了。
- Directory docsDir：应用的文档目录。请参阅有关 rootBuildContext 的注释及其在模型中保存的原因，但没有明确的设置方法。
- String greeting = ""：将会显示在主界面上的问候语文本(用户看到的第一个文本。
- String userName = ""：用户名。
- static final String DEFAULT_ROOM_NAME = "Not currently in a room"：当用户不在聊天室时，将会在 AppDrawer 上显示的文本。
- String currentRoomName = DEFAULT_ROOM_NAME：用户当前所在聊天室的名称，默认的字符串表示用户不在任何聊天室中。
- List currentRoomUserList = []：用户当前所在聊天室中的用户列表。

- bool currentRoomEnabled = false：禁用 AppDrawer 上的 Current Room 菜单项(仅当用户在聊天室中时才启用)。
- List currentRoomMessages = []：当前聊天室中自用户进入后的消息列表。
- List roomList = []：当前服务端的聊天室列表。
- List userList = []：当前服务端的用户列表。
- bool creatorFunctionsEnabled = false：禁用创建者功能(Close Room 和 Kick User)。
- Map roomInvites = {}：用户已收到的邀请列表。

■ 注意：

为简便起见，我跳过了 Model.dart 文件以及其他所有源文件中的导入代码。当有任何新的值得介绍的导入时，我会提及它们。否则，你可以假定它们都是你已经熟悉的模块。

FlutterChatModel 是一个典型的模型类，就像你在 FlutterBook 应用中看到的那样，因此有一系列的属性设置方法，如下所示：

```
void setGreeting(final String inGreeting) {
  greeting = inGreeting;
  notifyListeners();
}
```

我们调用了 notifyListeners()方法，以便任何对此更改感兴趣的代码都能够做出反应。

为了节约篇幅，我们将会跳过 setUserName()、setCurrentRoom()、setCreatorFunctionsEnabled() 和 setCurrentRoomEnabled() 方法，因为显然它们与 setGreeting()方法相同，只是引用的属性不同。

让我们来介绍一下 addMessage()方法，它有点不同，当服务端通知客户端新的消息已发布到聊天室时，将会调用该方法：

```
void addMessage(final String inUserName,
  final String inMessage) {
  currentRoomMessages.add({ "userName" : inUserName,
    "message" : inMessage });
  notifyListeners();
}
```

在这里，我们需要使用 currentRoomMessages 属性的 add()方法，而不是简单地设置属性，因为这个属性是一个列表。

虽然使用类似的方式，但 setRoomList()方法又略有不同：

```
void setRoomList(final Map inRoomList) {
  List rooms = [ ];
  for (String roomName in inRoomList.keys) {
    Map room = inRoomList[roomName];
    rooms.add(room);
  }
  roomList = rooms;
  notifyListeners();
}
```

我们又一次更新列表，因此再次使用 add()方法，但这次传入的 inRoomList 是一个映射。因此，我们需要迭代该映射中的键，然后提取相应的聊天室描述符并将其添加到聊天室列表中。

之后是 setUserList()和 setCurrentRoomUserList()方法，它们与 setRoomList()相同，除了处理的是用户而不是聊天室之外。当然，我们也可以跳过它们。

接下来是 addRoomInvite()方法：

```
void addRoomInvite(final String inRoomName) {
  roomInvites[inRoomName] = true;
}
```

加入聊天室的邀请会让 SnackBar 出现并向用户展示几秒时间。待 SnackBar 消失后，我们仍然需要知道用户是否可以进入给定的私人聊天室，因此 roomInvites 集合以聊天室的名称作为键，每个聊天室对应的值都是一个布尔值。如果为 true，那么稍后我们将知道该用户已被邀请到聊天室并可以输入聊天内容。我们还需要一种在聊天室关闭后删除邀请的方法；否则，如果在聊天室关闭后有人创建另一个具有相同名称的聊天室，那么用户可能会错误地持有该聊天室的邀请，为此可以使用 removeRoomInvite()方法：

```
void removeRoomInvite(final String inRoomName) {
  roomInvites.remove(inRoomName);
}
```

当用户离开聊天室时，将会有一些清理任务，其中一项任务是清除聊天室的消息列表，为此我们专门创建了 clearCurrentRoomMessages()方法：

```
void clearCurrentRoomMessages() {
  currentRoomMessages = [ ];
}
```

最后，创建 FlutterChatModel 模型的实例：

```
FlutterChatModel model = FlutterChatModel();
```

这将是整个应用中使用的唯一实例，源文件已经完成，并且我们已经准备好作用域模型以备使用！

8.2　Connector.dart

接下来要介绍的是 Connector.dart 文件。该文件的目标是只让单一模块与服务端通信，应用中的其余部分都使用该模块。这样可以避免代码的重复，也可以避免在多个地方导入某些模块(例如 socket.io)。对于此文件，需要两个新的导入：

```
import "package:flutter_socket_io/flutter_socket_io.dart";
import "package:flutter_socket_io/socket_io_manager.dart";
```

显然，这两个导入是使用 socket.io 所必需的。我们只对其中两个类感兴趣：flutter_socket_io.dart 库 中 的 SocketIO 类 和 socket_io_manager.dart 库 中 的 SocketIOManager 类。

实际代码足够简单：

```
String serverURL = "http://192.168.9.42";
```

在运行应用前，你需要将 serverURL 更改为服务端运行时所在的 IP 地址。为了测试你目前的能力，我提供如下建议：尝试在登录对话框中添加一个 IP 地址字段，我们将在不久后查看登录对话框的代码。这样，服务器地址的这种硬编码就可以变成动态的，从而使应用更加实用。

接下来，我们可以看到一个 SocketIO 类的实例：

```
SocketIO _io;
```

从技术上讲，这只是声明，还不是实例！不过，我们会很快构造实例。但在此之前，我们需要讨论两个工具函数。每次调用服务端时，应用都会在界面上显示"请稍等"遮罩。这样用户就无法做任何可能产生破坏的操作，并让他们知道正在发生通信。在许多情况下，操作速度如此之快，以至于用户最多只能在界面上看到闪现效果，但这没问题。如果操作耗时更长，那么我们会很高兴看到此遮罩。我们将为此使用一个简单的对话框，如下所示。

```
void showPleaseWait() {

  showDialog(context : model.rootBuildContext,
    barrierDismissible : false,
    builder : (BuildContext inDialogContext) {
      return Dialog(
        child : Container(width : 150, height : 150,
        alignment : AlignmentDirectional.center,
        decoration :
          BoxDecoration(color : Colors.blue[200])
```

这里调用了你之前见过的 showDialog()函数，并且可以看到 rootBuildContext 模型属性在什么地方起作用。问题在于，此遮罩必须遮住整个界面或微件树，而不仅仅是一部分。因此，我们总是希望将上下文设置为根微件的上下文。但是，通常无法保证在代码中的任何地方都能访问它。因此，接下来当你看到 main.dart 文件时，我们将在启动期间捕获对根微件的引用并将其设置到模型上，以便在此处以及可能需要的任何其他地方都能够使用。

将 barrierDismissble 属性设置为 false 是关键，否则，用户将可以关闭我们的"请稍等"对话框，这将违背初衷。然后，我们将建立一个普通的对话框。对话框的内容可以归结为一些文本(用来告诉用户发生了什么)以及一个旋转的 CircularProgress-Indicator 微件：

```
child : Column(
  crossAxisAlignment : CrossAxisAlignment.center,
  mainAxisAlignment : MainAxisAlignment.center,
  children : [
    Center(child : SizedBox(height : 50, width : 50,
      child : CircularProgressIndicator(
        value : null, strokeWidth : 10)
    )),
    Container(margin : EdgeInsets.only(top : 20),
      child : Center(child :
        Text("Please wait, contacting server...",
```

abc

```
      style : new TextStyle(color : Colors.white)
    ))
  )
 ]
)
```

可将 CircularProgressIndicator 微件放置在一个具有特定宽度和高度的 SizedBox 微件中，以便我们可以控制指示器的大小。将 value 属性设置为 null 并且从不对它进行更新似乎很奇怪，但是这样做会使指示符显示正在进行的"不确定"操作的动画。简单来说：显示一个旋转的动画！如果执行的是有限操作，那么可以一点一点地更新 value 属性，以真实指示总体进度，但这不适合当前这种情况。注意，我们还设置了 strokeWidth 以使指示器显得比平时更大，这只是为了感觉更好些。

一旦收到服务端的响应，就将需要一种隐藏对话框的方法，因此我们有了 hidePleaseWait()函数：

```
void hidePleaseWait() {
  Navigator.of(model.rootBuildContext).pop();
}
```

这是隐藏对话框的常用方法。因此，除了必须再次利用 rootBuildContext 来获得对对话框的引用之外，没有其他新鲜内容。

接下来是 connectToServer()函数，一旦用户在登录对话框中输入登录凭据，就会调用该函数：

```
void connectToServer(final BuildContext inMainBuildContext,
  final Function inCallback) {
  _io = SocketIOManager().createSocketIO(
    serverURL, "/", query : "",
    socketStatusCallback : (inData) {
      if (inData == "connect") {
        _io.subscribe("newUser", newUser);
        _io.subscribe("created", created);
        _io.subscribe("closed", closed);
        _io.subscribe("joined", joined);
        _io.subscribe("left", left);
        _io.subscribe("kicked", kicked);
        _io.subscribe("invited", invited);
```

```
      _io.subscribe("posted", posted);
      inCallback();
    }
  }
);
_io.init();
_io.connect();
}
```

这里就是创建前面提到的 SocketIO 对象(通过调用 SocketIOManager. createSocketIO()并传入 serverURL)的地方。createSocketIO()方法还需要一个路径和一个查询，由于应用均不需要，因此为它们传入默认值/和一个空的字符串(如果将服务端设置为侦听 myserver.com/my/socket/io，则可以使用前一个参数。query 属性可用于与每个请求一起发送任意查询参数，它也许是为构建在 socket.io 之上的身份验证机制准备的)。

SocketStatusCallback 属性将接收一个函数，当基础 WebSocket 的状态发生更改时调用。它可能会返回几种状态，但是这里只有一种对我们至关重要：connect 状态。这表明已与服务端建立了 WebSocket 连接。当发生这种情况时，我们才能定义服务端可以发送给客户端的各种消息处理程序。这被称为消息的"订阅"，因此将调用 subscribe()方法，并传入消息以及消息的处理函数。

最后，必须调用 init()和 connect()方法来实际初始化与服务端的连接。如果一切顺利，则会执行较早定义的回调。完成后，我们的客户端现在可以向服务端发送消息，并处理服务端发出的消息。

8.2.1　服务端消息函数

下面我们来看一下用于向服务端发送消息的函数，第一个函数是 validate()，它在登录对话框中被调用，从而验证用户输入的内容：

```
void validate(final String inUserName, final String
  inPassword, final Function inCallback) {
    showPleaseWait();
    _io.sendMessage("validate",
    "{ \"userName\" : \"$inUserName\", "
    "\"password\" : \"$inPassword\" }",
    (inData) {
      Map<String, dynamic> response = jsonDecode(inData);
```

```
    hidePleaseWait();
    inCallback(response["status"]);
    }
);
}
```

validate()函数接收用户名、密码以及服务端响应后所需调用的函数的引用。首先，调用我们前面看过的 showPleaseWait()函数来进行屏幕遮罩。然后，调用_io 对象的 sendMessage()方法，向服务端发送验证消息以及包含用户名和密码的 JSON 字符串。回调函数使用 Flutter/Dart 提供的 jsonDecode()函数来生成包含返回数据的 Dart 映射。最后，调用 hidePleaseWait()来取消屏幕遮罩，调用回调并传入来自映射的 status 属性。

在某些情况下，整个映射将被发送到回调，例如要介绍的下一个函数 listRooms()：

```
void listRooms(final Function inCallback) {
  showPleaseWait();
  _io.sendMessage("listRooms", "{}", (inData) {
    Map<String, dynamic> response = jsonDecode(inData);
    hidePleaseWait();
    inCallback(response);
  });
}
```

这两个函数的基本结构已在其他函数中重复多次。基本思想就是，显示"请稍等"，发送消息，然后在回调中将响应解码为映射，隐藏"请稍等"，然后向回调发送映射中的某些属性或发送完整的映射。区别当然是发送什么消息，接收什么参数以及服务端返回什么。下面对这些函数进行总结。

- create()：在大厅界面调用，用来创建聊天室，将会传入聊天室名、描述、最大容纳人数(无论是否私有)、创建者的名称和回调(传入响应的 status 和 rooms 属性，后者代表服务端完整且更新的聊天室列表，其中包括新创建的聊天室)。
- join()：当用户从大厅界面上的聊天室列表中单击某个聊天室后加入(或进入)聊天室时调用，将会传入用户名、聊天室名和回调(传入响应的 status 属性和聊天室描述符)。
- leave()：当用户离开当前所在的聊天室时调用，将会传入用户名、聊天室名和回调(无任何参数)。
- listUsers()：当用户从 AppDrawer 中选择用户列表时调用，用于获取服务端更新后的用户列表。只传入回调，回调将会传入整个响应。

- invite()：当用户邀请其他用户进入聊天室时调用，将会传入被邀请用户的用户名、被邀请到的聊天室名以及邀请用户和回调(无任何参数)。
- post()：用于向当前聊天室发送消息，将会传入用户名、聊天室名、正在发送的消息和回调(传入响应的 status 属性)。
- close()：被创建者用来关闭聊天室，将会传入聊天室名和回调(无任何参数)。
- kick()：由创建者调用，从而将用户从聊天室踢出，将会传入用户名、聊天室名和回调(无任何参数)。

8.2.2　客户端消息函数

要介绍的下一组函数用来处理来自服务端的消息。这些函数的名称与服务端发出的消息名相似，第一个是 newUser()：

```
void newUser(inData) {
  Map<String, dynamic> payload = jsonDecode(inData);
  model.setUserList(payload);
}
```

我们在创建新用户后将调用该函数。服务端发送完整的用户列表，该函数仅在模型中设置用户列表。

created()函数用于处理创建新聊天室的情况，除了调用 model.setRoomList()之外，它看上去与 newUser()相同，因此让我们跳过，继续介绍下一个有点不同的 closed()函数：

```
void closed(inData) {
  Map<String, dynamic> payload = jsonDecode(inData);
  model.setRoomList(payload);
  if (payload["roomName"] == model.currentRoomName) {
    model.removeRoomInvite(payload["roomName"]);
    model.setCurrentRoomUserList({});
    model.setCurrentRoomName(
      FlutterChatModel.DEFAULT_ROOM_NAME);
    model.setCurrentRoomEnabled(false);
    model.setGreeting(
      "The room you were in was closed by its creator.");
    Navigator.of(model.rootBuildContext
    ).pushNamedAndRemoveUntil("/", ModalRoute.withName("/"));
  }
}
```

在这里，我们还有更多工作要做！首先，在模型中设置更新的聊天室列表。接下来，如果关闭的聊天室是用户当前所在的聊天室，那么我们需要进行一些清理。如果有来自聊天室的邀请，那么必须将其删除(以避免用户以后错误地持有以相同名称创建的聊天室的邀请)，并且清除当前聊天室的用户列表。设置默认用户所在聊天室的文本，该文本将显示在 AppDrawer 的标题中(稍后我们将在介绍代码时看到)。AppDrawer 上的 Current Room 链接被禁用，并且主界面上显示的问候语表示聊天室已被关闭，从而让用户知道发生了什么。最后，我们需要跳转到主界面，这需要借助 rootBuildContext 的 Navigator 类的 pushNamedAndRemoveUntil()方法来完成。这样可以确保我们使用正确的 Navigator 进行导航(因为可以嵌套 Navigator，所以可能会有多个)。

当除此用户之外的其他用户加入聊天室时，服务端将发出 joined 消息，因此我们拥有相应的 joined()消息处理程序：

```
void joined(inData) {
  Map<String, dynamic> payload = jsonDecode(inData);
  if (model.currentRoomName == payload["roomName"]) {
    model.setCurrentRoomUserList(payload["users"]);
  }
}
```

我们仅当用户身处聊天室时关心 joined 消息，如果消息存在，则在模型中设置服务端发送的用户列表。当用户离开聊天室时，还有 left()消息处理程序，left()消息处理程序实际上执行相同的操作。

当聊天室的创建者将用户踢出聊天室时，kicked()消息处理程序负责相关处理。功能与 closed()基本相同，因为从用户的角度看，聊天室在某种程度上确实被关闭了——至少对他们而言！唯一的区别在于主界面上显示的文本。因此，让我们节省一些时间，不要再花时间介绍了。相反，让我们看看邀请用户进入聊天室时会发生什么：

```
void invited(inData) async {
  Map<String, dynamic> payload = jsonDecode(inData);
  String roomName = payload["roomName"];
  String inviterName = payload["inviterName"];
  model.addRoomInvite(roomName);
  Scaffold.of(model.rootBuildContext).showSnackBar(
    SnackBar(backgroundColor : Colors.amber,
      duration : Duration(seconds : 60),
      content : Text("You've been invited to the room "
        "'$roomName' by user '$inviterName'.\n\n"
```

```
        "You can enter the room from the lobby."
      ),
      action : SnackBarAction(label : "Ok", onPressed: () {})
    )
  );
}
```

在这里，我们必须从响应中提取一些信息，包括聊天室的名称和邀请他们的用户。然后，添加一条邀请信息，以便当他们单击聊天大厅中的私人聊天室时，让他们进入。我们必须向他们显示 SnackBar，从而让他们知道被邀请。我们将显示整整一分钟，所以（希望）他们不会错过，因为除此以外没有迹象表明他们被邀请。如果他们愿意的话，我们还会给他们提供 OK 按钮来关闭 SnackBar。

下面我们来看最后一个消息处理程序，它用于处理发布到聊天室的消息：

```
void posted(inData) {
  Map<String, dynamic> payload = jsonDecode(inData);
  if (model.currentRoomName == payload["roomName"]) {
    model.addMessage(payload["userName"], payload["message"]);
  }
}
```

再说一次，我们会将消息发送给所有用户，因此我们必须忽略用户当前所在聊天室以外的所有消息。如果他们身在聊天室，就调用 model.addMessage()将消息添加到聊天室的消息列表中，并向侦听器触发通知，因而用户最终会在屏幕上看到消息。

至此，我们现在有了用于与服务端通信的完整 API，可以针对服务端编写客户端应用代码。

8.3 main.dart

与 FlutterBook 应用一样，在 main()中构建 UI 之前需要完成一些任务。由于这些过程可能会花费一些时间，因此我们将首先介绍它们：

```
void main() {

  startMeUp() async {

    Directory docsDir =
```

```
   await getApplicationDocumentsDirectory();
model.docsDir = docsDir;

var credentialsFile =
  File(join(model.docsDir.path, "credentials"));
var exists = await credentialsFile.exists();

var credentials;
if (exists) {
  credentials = await credentialsFile.readAsString();
}
```

同样，在 main()函数的最后会调用 startMeUp()函数，这样我们就可以在其中执行
一些异步/等待工作。第一个此类任务是获取应用的文档目录。因为我们需要用一个文
件来存储用户的用户名和密码，也就是用户凭据，所以下一步就是尝试读取该文件。
如果该文件存在，那么我们将以字符串形式读取里面的内容。我们稍后再处理，但在
此之前，我们将构建 UI：

```
runApp(FlutterChat());
```

我们将在稍后介绍 FlutterChat 类，但在此之前，我们必须先处理用户凭据。这里
要做的是，如果有凭据文件，那么我们可以立即使用服务端验证用户。如果没有凭据
文件，那么我们必须向他们显示登录对话框。

```
if (exists) {
  List credParts = credentials.split("============");
  LoginDialog().validateWithStoredCredentials(credParts[0],
    credParts[1]);

} else {
  await showDialog(context : model.rootBuildContext,
    barrierDismissible : false,
    builder : (BuildContext inDialogContext) {
      return LoginDialog();
    }
  );
}
```

文件的内容是一个简单的字符串，格式为 xxx===========yyy，其中 xxx 是用户名，yyy 是密码。为什么要用非同寻常的 12 个等号作为分隔符？道理很简单：用户名和密码都被限制为 10 个字符，选择 12 个字符作为分隔符，意味着即使用户输入 10 个等号作为用户名，我们也仍然可以切分这个字符串，这就是 split() 方法的作用，它会返回一个字符串片段数组，里面的字符串片段是通过 12 个等号将字符串分解而形成的。

如你所见，如果凭据文件不存在，则会启动登录对话框，我们将在 8.4 节中介绍。如前所述，调用 startMeUp()，就里才真正开始执行。

■ 注意：

存在一种极端情况：用户注册后，服务端重新启动，并且另一个用户注册了原始用户的 userName，然后原始用户尝试再次验证，验证将会失败，因为密码(想必)不会匹配。在这种情况下，validateWithStoredCredentials() 中的代码将删除凭据文件，并提示用户这种情况。应用重启后，系统会提示他们输入新的登录凭据。

现在，让我们回到 FlutterChat 类：

```
class FlutterChat extends StatelessWidget {
  @override
  Widget build(final BuildContext context) {
    return MaterialApp(
      home : Scaffold(body : FlutterChatMain())
    );
  }
}
```

开头部分你现在应该已经很熟悉了：一个 Scaffold 微件嵌套在一个 MaterialApp 微件中，并且 body 指向 FlutterChatMain 类，这是 UI 的正确开始位置：

```
class FlutterChatMain extends StatelessWidget {

  @override
  Widget build(final BuildContext inContext) {

    model.rootBuildContext = inContext;
```

正如你在 Model.dart 文件中所看到的，rootBuildContext 被缓存以供其他代码使用，并且由于是在 build()方法中引入的，因此这是第一件事。接下来，构建要返回的微件：

```
return ScopedModel<FlutterChatModel>(model : model,
  child : ScopedModelDescendant<FlutterChatModel>(
  builder : (BuildContext inContext, Widget inChild,
    FlutterChatModel inModel) {
    return MaterialApp(initialRoute : "/",
      routes : {
        "/Lobby" : (screenContext) => Lobby(),
        "/Room" : (screenContext) => Room(),
        "/UserList" : (screenContext) => UserList(),
        "/CreateRoom" : (screenContext) => CreateRoom()
      },
      home : Home()
```

由于我们将在应用中使用 Flutter 的内置导航功能，而不是采用 FlutterBook 中的"自己动手打造"方式，因此第一个任务是定义应用的路由(路径：界面)。其中有四个：/Lobby(聊天室列表)、/Room(进入聊天室)、/UserList(服务端的用户列表)和/CreateRoom(创建聊天室)。之所以称为 named route(具名路由)，是因为它们具有名称！没有这些，也仍然可以在界面之间进行导航，但是随后必须手动推入并从导航堆栈中弹出特定的微件，这往往会导致各处有很多重复的代码。通过使用具名路由，代码将变得更加整洁。

你也许能猜到，路由的名称既可以任意复杂，也可以表示层次结构。因此，如果界面 A 有两个"子"界面 1a 和 2a，则可以将它们命名为/pageA、/pageA/1a 和/pageA/2a。在这里，这些界面实际上都处于相同的逻辑级别，因此可以保持简单(也可以说，由于聊天室和创建聊天室的屏幕是从大厅启动的，因此应将它们命名为/Lobby/Room 和/Lobby/CreateRoom，这很合理——但无论哪种方法都可以，这才是此处的重点)。

initialRoute 告诉 Navigator 默认显示什么界面，它对应于 home 属性指向的屏幕。请注意，拥有 home 属性，然后在路由图中指定名为 "/" 的路由是错误的。但是，如果删除 home 属性，则可以在路由映射中包含 "/"，但随后你将需要代码来导航至初始屏幕，因此通常这样做更容易，让 Flutter 和 Navigator 为你处理这些事情。

8.4 LoginDialog.dart

当没有存储凭据文件时，需要向用户显示登录对话框，以便他们可以在服务端注册(或验证)。如图 8-1 所示，这是一个拥有标准外观的登录(验证)对话框。

图 8-1 登录(验证)对话框

只需要输入用户名和密码，然后单击 **Log In** 按钮即可。通常，后台代码的开头部分相当典型：

```
class LoginDialog extends StatelessWidget {

  static final GlobalKey<FormState> _loginFormKey =
    new GlobalKey<FormState>();
```

我们将处理一个表单，并且其中涉及一些验证，为此我们需要一个 GlobalKey。最终，我们将填充以下两个变量：

```
String _userName;
String _password;
```

之后是 build()方法：

```
Widget build(final BuildContext inContext) {
```

```
  return ScopedModel<FlutterChatModel>(model : model,
   child : ScopedModelDescendant<FlutterChatModel>(
   builder : (BuildContext inContext, Widget inChild,
     FlutterChatModel inModel) {
     return AlertDialog(content : Container(height : 220,
       child : Form(key : _loginFormKey,
         child : Column(children : [
           Text("Enter a username and password to "
             "register with the server",
             textAlign : TextAlign.center, fontSize : 18
             style : TextStyle(color :
               Theme.of(model.rootBuildContext).accentColor)
           ),
           SizedBox(height : 20)
```

这里涉及状态，我们会将所有内容包装在 ScopedModel 微件中，并且在它的下方是一个 ScopedModelDescendant 微件，在介绍过 FlutterBook 之后你应该已经熟悉这种结构。然后由 builder()方法构建内容：一个 AlertDialog 微件。对话框的内容是一个 Form 微件，它引用了之前的_loginFormKey，使用 Column 布局可视化组件，首先是顶部的文本标题，然后再次从 MaterialApp 当前生效的 Theme 中获取颜色。注意这里是如何使用 rootBuildContext 的，因为这是我们要从中获取 Theme 的上下文。之后是一个 SizedBox 微件，仅在标题文本和表单字段之间放置一些空白。接下来的代码如下：

```
TextFormField(
  validator : (String inValue) {
    if (inValue.length == 0 ||
      inValue.length > 10) {
      return "Please enter a username no "
        "more than 10 characters long";
    }
    return null;
  },
  onSaved : (String inValue) { _userName = inValue; },
  decoration : InputDecoration(
    hintText : "Username", labelText : "Username")
),
```

```
TextFormField(obscureText : true,
  validator : (String inValue) {
    if (inValue.length == 0) {
      return "Please enter a password";
    }
    return null;
  },
  onSaved : (String inValue) { _password = inValue; },
  decoration : InputDecoration(
    hintText : "Password", labelText : "Password")
)
```

此时，这里应该没有任何意外。对于用户名，可以输入的字符数将受到限制(这样才能支持你在 main.dart 中看到的分隔效果)，还要进行密码验证以确保输入正确(与用户名的逻辑相同)。否则，它们就是老旧的 TextFormField 微件！

接下来是 Log In 按钮，它包含在对话框的 actions 集合中：

```
actions : [
  FlatButton(child : Text("Log In"),
    onPressed : () {
      if (_loginFormKey.currentState.validate()) {
        _loginFormKey.currentState.save();
        connector.connectToServer(() {
          connector.validate(_userName, _password,
            (inStatus) async {
            if (inStatus == "ok") {
              model.setUserName(_userName);
              Navigator.of(model.rootBuildContext).pop();
              model.setGreeting("Welcome back, $_userName!");
```

单击 LogIn 按钮并假定表单通过验证后，将会保存当前表单状态，接着在字段上执行 onSaved 处理程序，这样_userName 和_password 变量中的值就会从原先的值转变成输入的内容。接下来，调用 connector.connectToServer()。你应该还记得，这样将会建立与服务端的连接并配置所有消息处理程序。建立连接后，将会调用传入的回调函数。回调函数会调用 connector.validate()函数，将_userName 和_password 传递给服务端用以验证。如果返回 ok 状态，则说明服务端已经知道该用户，并且密码正确，因此我

247

们可以继续进行，这意味着我们可以将用户名存储在模型中，弹出对话框并设置主界面上的问候语(我们将在接下来的内容中进行介绍)。但是，如果状态为 fail，则会显示 SnackBar 来指示用户名已被占用，如下所示：

```
} else if (inStatus == "fail") {
  Scaffold.of(model.rootBuildContext
  ).showSnackBar(SnackBar(backgroundColor : Colors.red,
    duration : Duration(seconds : 2),
    content : Text("Sorry, that username is already taken")
));
```

另一种可能的情况是：用户名是服务端的新用户名，在这种情况下，会返回 created 消息。

```
} else if (inStatus == "created") {
  var credentialsFile = File(join(
    model.docsDir.path, "credentials"));
  await credentialsFile.writeAsString(
    "$_userName============$_password");
  model.setUserName(_userName);
  Navigator.of(model.rootBuildContext).pop();
  model.setGreeting("Welcome to the server, $_userName!");
}
```

这里，我们需要将凭据存储在 credentials 文件中，因此我们使用 join()函数将应用启动时检索到的应用文档目录的路径作为 credentials 文件的路径，以此创建一个 File 对象实例，然后等待 writeAsString()方法写值，该值就是用奇怪的长分隔符连接的用户名和密码！之后，我们会进行与 ok 状态下相同的设置，但是问候略有不同，因此与对现有用户登录的处理不同。

现有用户登录

尽管这个源文件主要处理用于登录的对话框，但它还包含了一些用于处理应用启动并找到现有凭据文件的代码。在这种情况下，仍然必须查询服务端，但是没有经过用户界面。它会自动发生，这就是 validateWithStoredCredentials()函数的作用：

```
void validateWithStoredCredentials(final String inUserName,
  final String inPassword) {
```

```
connector.connectToServer(model.rootBuildContext, () {
  connector.validate(inUserName, inPassword, (inStatus) {
    if (inStatus == "ok" || inStatus == "created") {
      model.setUserName(inUserName);
      model.setGreeting("Welcome back, $inUserName!");
```

和之前一样，首先调用 connector.connectToServer()，然后调用 connector. validate()，并传入用户名和密码，用户名和密码是从凭证文件中读取的。在这种情况下，逻辑要简单一些。因为从用户的角度看，他们是现有用户，但是服务端可能已重新启动；而从服务端的角度看，只要用户名未被其他人使用，那么就是新用户。

当然，在某些情况下，我们可能会返回失败信息。也就是说，如果用户名被另一个用户占用，那么密码几乎肯定是错误的。但是，对于现在这种情况，我们知道密码输入错误的原因是：在服务端重启后，另一个用户在这个用户尝试登录之前使用了用户名。因此，我们可以更稳妥地加以处理：

```
  } else if (inStatus == "fail") {
    showDialog(context : model.rootBuildContext,
      barrierDismissible : false,
      builder : (final BuildContext inDialogContext) =>
      AlertDialog(title : Text("Validation failed"),
        content : Text("It appears that the server has "
          "restarted and the username you last used "
          "was subsequently taken by someone else. "
          "\n\nPlease re-start FlutterChat and choose "
          "a different username."
        )
```

这基本上是一种类似于"游戏结束"的情况，因此我们显示一个 AlertDialog，并确保除了我们定义的 actions 之外不能以其他任何方式将其关闭，因此将barrierDismissible 设置为 false，以确保单击对话框外的任何位置时都不会关闭它(barrierDismissible 的默认设置会关闭对话框)。消息的措辞说明了这种情况，然后我们在 actions 中提供了 Ok 按钮：

```
actions : [
  FlatButton(child : Text("Ok"),
    onPressed : () {
```

```
    var credentialsFile = File(join(
      model.docsDir.path, "credentials"));
    credentialsFile.deleteSync();
    exit(0);
  })
]
```

由于我们现在已经知道无法使用该用户名，因此我们需要删除 credentials(凭据)文件，以避免在下次启动应用时出现循环。最后，调用 exit()函数，这是 Flutter 提供的用于终止应用的函数(在这种情况下，传递给它的值无关紧要，尽管可以根据需要将其返回给操作系统)。在下次启动应用时，会更改流程以提示用户输入用户名和密码，正如我们在这种情况下所需要的那样。

现在，让我们看看展示问候消息的地方：主界面。

8.5 Home.dart

主界面在 Home.dart 文件中，它是用户看到的第一个界面(同时也是发生包括关闭聊天室和用户被踢出聊天室等各种事件时返回的界面)，如图 8-2 所示。

图 8-2 主界面

它的代码同样很直观：

```
class Home extends StatelessWidget {
  Widget build(final BuildContext inContext) {
    return ScopedModel<FlutterChatModel>(model : model,
      child : ScopedModelDescendant<FlutterChatModel>(
        builder : (BuildContext inContext, Widget inChild,
          FlutterChatModel inModel) {
          return Scaffold(drawer : AppDrawer(),
            appBar : AppBar(title : Text("FlutterChat")),
            body : Center(child : Text(model.greeting))
          );
        }
      )
    );
  }
}
```

是的，就是这样！Text 微件将依据 model.greeting 属性加以更新，将内容反映给用户，除此以外没有什么特别的。

8.6 AppDrawer.dart

AppDrawer 在 AppDrawer.dart 文件中，它决定了用户在应用中导航的方式，如图 8-3 所示。

在顶部，我们有一个带有漂亮背景的标头，标头上显示了用户名和用户当前所处的聊天室。在这里，你可以在 Model.dart 中看到默认的聊天室名称。

AppDrawer 类的开头与你见过的大多数类相似：

```
class AppDrawer extends StatelessWidget {
  Widget build(final BuildContext inContext) {
    return ScopedModel<FlutterChatModel>(model : model,
      child : ScopedModelDescendant<FlutterChatModel>(
      builder : (BuildContext inContext, Widget inChild,
        FlutterChatModel inModel) {
        return Drawer(child : Column(children : [
```

```
Container(decoration : BoxDecoration(image :
  DecorationImage(fit : BoxFit.cover,
    image : AssetImage("assets/drawback01.jpg")
))
```

图 8-3　应用抽屉

　　这实际上就是构建了一个 Drawer 微件，在它的内部是一个 Column 布局微件。该布局中的第一项是一个用 DecorationImage 装饰的 Container 微件。顾名思义，这是一个用图像来装饰盒子的微件。图像是从 assets 目录中的 drawback01.jpg 文件构建的 AssetImage。通过为 fit 属性使用 BoxFit.cover 值可以告诉 Flutter 将图像的尺寸设置得尽可能小，但仍要确保覆盖了盒子，这对于这样的背景图像来说是不错的选择。

　　之后是 Container 微件的子项，用于显示用户名和当前聊天室：

```
child : Padding(
 padding : EdgeInsets.fromLTRB(0, 30, 0, 15),
  child : ListTile(
    title : Padding(padding : EdgeInsets.fromLTRB(0,0,0,20),
      child : Center(child : Text(model.userName,
```

```
  style : TextStyle(color : Colors.white, fontSize : 24)
))
),
subtitle : Center(child : Text(model.currentRoomName,
  style : TextStyle(color : Colors.white, fontSize : 16)
))
```

首先，使用一点填充以确保这些值之间有一定的间距。然后，使用 ListTile，因为我希望用户名的文字大一些而当前聊天室的文字小一些，在逻辑上使它们分别成为 title(标题)和 subtitle(副标题)。我还在标题上添加了一些填充，以便可以控制这两者之间的间距，并避免它们过分拥挤。当然，颜色必须是默认的黑色以外的颜色；否则，文本将无法在背景上很好地显示，并且我还调整了 fontSize，使它们看起来像我想要的样子。显示的文本来自模型中相应的字段，可以根据需要自动更新。

在此之后，用户可以单击以下三项，在应用中实现导航，第一个是 Lobby：

```
Padding(padding : EdgeInsets.fromLTRB(0, 20, 0, 0),
  child : ListTile(leading : Icon(Icons.list),
    title : Text("Lobby"),
    onTap: () {
      Navigator.of(inContext).pushNamedAndRemoveUntil(
        "/Lobby", ModalRoute.withName("/"));
      connector.listRooms((inRoomList) {
        model.setRoomList(inRoomList);
      });
    }
  )
)
```

这又是一个 ListTile，并且附带了一些填充，因此可以很好地将这几项隔开。这三项中的每一项都在各自左侧显示了一个用于表明功能的图标。当 onTap 处理程序被触发时，需要执行几个任务。首先，我们通过 inContext 获取 Navigator 的引用，并调用 pushNamedAndRemoveUntil()方法，指定要导航到的路线的名称。然后，调用 connector 的方法以检索聊天室的更新列表。从理论上讲，这是没有必要的，因为在添加或关闭聊天室时，服务端将会发出一条消息，随即列表将会被更新，但是在这里这样做并没有什么坏处，只是确保我们有一个更新的列表。最后，将聊天室列表设置到模型中，随即大厅界面将反映刷新后的列表。请记住，导航后会显示"请稍候"掩码，这就是导航首先发生的原因：我希望在等待聊天室列表的同时可以看到大厅，因为这更符合你作为用户所期望的效果。

接下来的两项(Current Room 和 User List)的代码与你刚才查看的相同，唯一的区别是：导航到当前聊天室时无须调用服务器，也无须设置模型数据，因此只是导航而已。当然，User List 调用的是 connector.listUsers() 和 model.setUserList() 而不是 room 的方法。

8.7　Lobby.dart

大厅界面(如图 8-4 所示)的代码包含在 Lobby.dart 文件中，这是一个简单的 ListView，它显示了服务器上的聊天室，我们之前使用过几次 ListView。它会显示一个锁状图标来指示聊天室是否为私人聊天室，并且会显示聊天室的名称及描述信息(如果有的话)。

图 8-4　大厅(聊天室列表)界面

可单击其中一个进入聊天室，也可能因为是私人聊天室而无法进入(假设没有受到邀请)。还有一个用于创建新聊天室的悬浮按钮(FAB)，任何用户都可以单击。

```
class Lobby extends StatelessWidget {
  Widget build(final BuildContext inContext) {
    return ScopedModel<FlutterChatModel>(model : model,
```

```
    child : ScopedModelDescendant<FlutterChatModel>(
      builder : (BuildContext inContext, Widget inChild,
      FlutterChatModel inModel) {
        return Scaffold(drawer : AppDrawer(),
          appBar : AppBar(title : Text("Lobby")),
          floatingActionButton : FloatingActionButton(
            child : Icon(Icons.add, color : Colors.white),
            onPressed : () {
              Navigator.pushNamed(inContext, "/CreateRoom");
            }
          )
```

这部分代码的开头部分依然采用常用的模式，所有内容都包裹在 scoped_model 中，因为如果没有数据，这一切都将无法进行！开始变得有趣的是悬浮按钮的 onPressed 处理程序。在这里，我们推入路由/CreateRoom，该路由将向用户显示创建聊天室的界面。下一部分将对此进行介绍，因此让我们继续：

```
body : model.roomList.length == 0 ?
  Center(child :
    Text("There are no rooms yet. Why not add one?")) :
    ListView.builder(itemCount : model.roomList.length,
    itemBuilder : (BuildContext inBuildContext, int inIndex) {
      Map room = model.roomList[inIndex];
      String roomName = room["roomName"];
      return Column(children : [
```

还有一种可能，就是现在没有任何聊天室，相对于显示空白界面，我觉得在界面中央显示一条消息会更好些。如果有聊天室，我们就构建 ListView 微件。从 model.roomList 映射中获取到每个聊天室描述符，然后开始进行 Column 布局。之所以这样做，是因为我想在 ListTile 微件中显示聊天室，之后再显示一个 Divider 微件，因此我需要一个带有 children 属性的微件。

接下来是聊天室的 ListTile 微件：

```
ListTile(leading : room["private"] ?
  Image.asset("assets/private.png") :
  Image.asset("assets/public.png"),
  title : Text(roomName), subtitle : Text(room["description"]))
```

锁状图标位于最左侧。room 映射中的 private 元素会告诉我们聊天室是否是私有的，它恰好就是布尔值，因此可以使用简单的三元条件插入适当的 Image 微件。之后，就像通常那样使用 ListTile 微件显示 title 和 subtitle。

每个聊天室都可以单击，因此接下来是 onTap 处理程序：

```
onTap : () {
  if (room["private"] &&
    !model.roomInvites.containsKey(roomName) &&
    room["creator"] != model.userName) {
      Scaffold.of(
        inBuildContext).showSnackBar(SnackBar(
          backgroundColor : Colors.red,
            duration : Duration(seconds : 2),
            content : Text("Sorry, you can't "
              "enter a private room without an invite")
        ));
```

我们将检查聊天室是否是私有的。如果是私有的，我们将检查用户是否持有邀请。当然，我们也会检查他们是否是创建聊天室的用户。如果聊天室是私有的，并且用户没有受到邀请，而他们又不是创建者，则显示 SnackBar，表示他们无法进入聊天室。

现在，如果聊天室不是私有的，或者用户持有邀请，抑或他们是创建者，就执行 else 分支：

```
} else {
  connector.join(model.userName, roomName,
    (inStatus, inRoomDescriptor) {
    if (inStatus == "joined") {
      model.setCurrentRoomName(inRoomDescriptor["roomName"]);
      model.setCurrentRoomUserList(inRoomDescriptor["users"]);
      model.setCurrentRoomEnabled(true);
      model.clearCurrentRoomMessages();
      if (inRoomDescriptor["creator"] == model.userName) {
       model.setCreatorFunctionsEnabled(true);
      } else {
       model.setCreatorFunctionsEnabled(false);
      }
```

```
Navigator.pushNamed(inContext, "/Room");
```

进入聊天室时需要进行一些设置工作。首先，使用 connector.join()方法发出 join 消息，通知服务器用户将要进入聊天室。如果返回 joined，则表明用户已经进入聊天室。在此情况下，当前聊天室名称将被记录下来，同时记录的还有服务器已经返回的聊天室中的用户列表。AppDrawer 的 Current Room 也必须启用，并且必须检查是否有消息列表，以防这不是用户第一次进入该聊天室(无论用户是否第一次进入该聊天室，都应该避免没有消息的情况)。如果用户是聊天室的创建者，那么还会启用创建者功能。最后，推入/Room 路由以显示聊天室界面。

我们必须处理的最后一种情况是服务器是否指示聊天室已满，因为在创建聊天室时可以指定允许的最大人数。为此，我们创建另一个逻辑分支：

```
} else if (inStatus == "full") {
  Scaffold.of(inBuildContext).showSnackBar(SnackBar(
    backgroundColor : Colors.red,
      duration : Duration(seconds : 2),
      content : Text("Sorry, that room is full")
  ));
}
```

与没有被邀请进入私人聊天室一样，聊天室已满的消息也是通过 SnackBar 显示给用户的。这样，大厅界面就完成了！现在，让我们回过头来看看单击悬浮按钮后会发生什么，可以在 CreateRoom.dart 文件中找到相关代码。

8.8 CreateRoom.dart

现在是时候创建一些聊天室了！图 8-5 显示了聊天室创建界面。

这是一个非常简单的界面，这很合理，毕竟创建一个聊天室并不是一件复杂的事情。只需要一条信息，那就是聊天室的名称。描述是可选的，并且聊天室中的最大人数为默认值，尽管可以使用 Slider 进行调整。也可以通过为此激活 Switch 微件来将聊天室设为私有的。然后单击 Save 按钮，你就有了一个聊天室！

这一次，我们将创建一个有状态微件，我们将会有两个类：实际的微件类，还有对应的状态类。我们从微件类开始：

```
class CreateRoom extends StatefulWidget {
  CreateRoom({Key key}) : super(key : key);
  @override
```

```
    _CreateRoom createState() => _CreateRoom();
}
```

图 8-5　聊天室创建界面

当然，这只是样板代码，没有什么特别的，没有新内容。因此，让我们继续
_CreateRoom 对象，该对象扩展自 State 类：

```
class _CreateRoom extends State {

  String _title;
  String _description;
  bool _private = false;
  double _maxPeople = 25;
  final GlobalKey<FormState> _formKey= GlobalKey<FormState>();
```

我们需要一些变量(它们对应 Form 微件中的每个字段)以及 Form 微件本身需要的
GlobalKey。下面从 build()方法开始介绍：

```
Widget build(final BuildContext inContext) {
  return ScopedModel<FlutterChatModel>(model : model, child :
    ScopedModelDescendant<FlutterChatModel>(
```

```
builder : (BuildContext inContext, Widget inChild,
  FlutterChatModel inModel) {
    return Scaffold(resizeToAvoidBottomPadding : false,
      appBar : AppBar(title : Text("Create Room")),
        drawer : AppDrawer(), bottomNavigationBar :
          Padding(padding : EdgeInsets.symmetric(
            vertical : 0, horizontal : 10
          ),
          child :
            SingleChildScrollView(child : Row(children : [
```

与往常一样，在处理模型时，我们有一个 ScopedModel 并且在它的下方有一个 ScopedModelDescendant，builder()方法会返回需要访问模型的微件。与 Home 和 Lobby 界面一样，我们将构建一个 Scaffold 微件，这次我们引入 resizeToAvoidBottomPadding 属性并将其设置为 false。在显示屏幕键盘时，该属性用于控制 Scaffold 微件中的悬浮微件如何调整自身大小。通常，你希望将其设置为 true(默认值)，该默认值通常允许主体和微件避免被键盘遮盖。然而，在某些情况下，你将发现这种动态布局会导致微件在显示键盘时消失，就像这里一样。在这种情况下，将该属性设置为 false 会导致键盘与微件重叠，这最初看起来显得更糟(至少没有变得更好)。但是，如果它们处在一个可滚动容器中，用户就可以滚动他们的视野，这正是他们所期望的。另外，将界面的标题设置到 appBar，并引入 AppDrawer。然后，我们在 bottomNavigationBar 的周围加上一些 Padding，以便将按钮从屏幕侧面推入几个像素(仅仅为了外观好看)。然后，定义按钮本身：

```
FlatButton(child : Text("Cancel"),
  onPressed : () {
    FocusScope.of(inContext).requestFocus(FocusNode());
    Navigator.of(inContext).pop();
  }
),
Spacer()
```

首先出现的是 Cancel 按钮，单击该按钮时要做的就是隐藏键盘，然后弹出界面(记住，这是一条路由，意味着一个单独的界面而不是对话框)。然后出现的是一个 Spacer 微件，它将第二个按钮 Save 一直推到最右边。Save 按钮如下所示：

```
FlatButton(child : Text("Save"),
```

```
onPressed : () {
  if (!_formKey.currentState.validate()) { return; }
  _formKey.currentState.save();
  int maxPeople = _maxPeople.truncate();
  connector.create(_title, _description,
    maxPeople, _private,
      model.userName, (inStatus, inRoomList) {
      if (inStatus == "created") {
        model.setRoomList(inRoomList);
        FocusScope.of(inContext).requestFocus(FocusNode());
        Navigator.of(inContext).pop();
      } else {
        Scaffold.of(inContext).showSnackBar(SnackBar(
          backgroundColor : Colors.red,
          duration : Duration(seconds : 2),
          content : Text("Sorry, that room already exists")
        ));
      }
});
```

首先，验证 Form 微件的输入，然后保存状态。然后，_maxPeople 的值需要被截断。这是因为我们想要一个整数值，但是 Slider 微件提供的是一个浮点值。完成后，我们可以调用 connector.create()方法，该方法将发送 create 消息到服务器。必须处理两种可能的结果：创建了聊天室或没有创建聊天室，仅在名称已经被占用的情况下才会创建聊天室。因此，我们在提供给回调的 inStatus 上进行分支处理。如果聊天室已经被创建，则意味着服务器会发回更新的聊天室列表，因此我们将在模型中进行设置。然后，键盘被隐藏，并且界面从 Navigator 堆栈弹出，这使用户返回到 Lobby 界面。但是，如果未创建聊天室，则会显示 SnackBar，让用户知道名称已经被使用，从而使他们有机会选择新的名称。

构建表单

现在，我们只需要构建表单本身，大部分代码与你以前看到过的其他表单类似。

```
body : Form(key : _formKey, child : ListView(
  children : [
    ListTile(leading : Icon(Icons.subject),
```

```
    title : TextFormField(decoration :
     InputDecoration(hintText : "Name"),
      validator : (String inValue) {
        if (inValue.length == 0 || inValue.length > 14) {
          return "Please enter a name no more "
            "than 14 characters long";
        }
        return null;
      },
      onSaved : (String inValue) {
        setState(() { _title = inValue; });
      }
    )
  )
```

表单中的每个字段都包含在一个 ListTile 微件中，第一个字段是 Name。验证器可确保输入的内容长度不超过 14 个字符。

Description 字段的定义与此类似，尽管这一次没有施加任何约束，这意味着可以在 Lobby 界面上进行换行，我认为这对于描述是可以接受的，但对于名称不可接受。

```
ListTile(leading : Icon(Icons.description),
  title : TextFormField(decoration :
    InputDecoration(hintText : "Description"),
    onSaved : (String inValue) {
      setState(() { _description = inValue; });
    }
  )
)
```

接下来是 Max People 字段，这是新的内容：Slider 微件。

```
ListTile(title : Row(children : [ Text("Max\nPeople"),
  Slider(min : 0, max : 99, value : _maxPeople,
    onChanged : (double inValue) {
      setState(() { _maxPeople = inValue; });
    }
  )
```

```
]),
trailing : Text(_maxPeople.toStringAsFixed(0))
)
```

这是一个非常简单的微件，只需要一个最小值和一个最大值即可定义其端点。在这种情况下，value 属性与状态属性_maxPeople 绑定在一起。Max People 字段没有验证处理功能，但是只要值发生更改，我们就需要将其设置为微件的状态。最后出现的一个问题是，随着用户滑动 Slider 微件，默认情况下他们无法知道当前值——它不会显示在任何地方，甚至在滑块上也没有刻度线或其他东西能帮助我们进行分辨。为了减轻这种情况，我在 ListTile 微件的末尾添加了一个 Text 微件，并显示_maxPeople 的值。当然，Text 微件需要显示文本，但_maxPeople 是一个数字。幸运的是，Dart 中的 double 值有多种转换为字符串的方法，其中之一是 toStringAsFixed()(还有 toStringAsExponential()和 toStringAsPrecision())。它恰好能满足我们的需要：将 double 型转换为字符串型，同时还允许我们设置小数点后显示的精度。当然，在这里我不希望小数点后有任何数字，因此将零传递入该方法。

还有一个字段，它用于将聊天室设为私有的：

```
ListTile(title : Row(children : [ Text("Private"),
  Switch(value : _private,
    onChanged : (inValue) {
      setState(() { _private = inValue; });
    }
  )
]))
```

这似乎是不错的选择，因为是二元选择：聊天室是公共的或是私有的。Checkbox 微件也可以解决这个问题，但是由于你还没有看到 Switch 微件的实战应用，因此我想向你展示一些新东西！

8.9 UserList.dart

接下来要介绍的是用户列表界面，如图 8-6 所示，代码包含在 UserList.dart 源文件中。

界面本身非常简单：它只是一个 GridView 微件，其中的每一项都是在服务器上注册过的用户。每个用户项都被封装到一个 Card 微件中，并且具有一个通用图标，只是为了外观好看(可以想象让用户选择 FlutterBook 应用中的联系人头像)。

图 8-6　用户列表界面

代码的开头部分如下：

```
class UserList extends StatelessWidget {
  Widget build(final BuildContext inContext) {
    return ScopedModel<FlutterChatModel>(model : model,
      child : ScopedModelDescendant<FlutterChatModel>(
      builder : (BuildContext inContext, Widget inChild,
        FlutterChatModel inModel) {
      return Scaffold(drawer : AppDrawer(),
        appBar : AppBar(title : Text("User List")),
        body : GridView.builder(
          itemCount : model.userList.length,
          gridDelegate :
            SliverGridDelegateWithFixedCrossAxisCount(
              crossAxisCount : 3
          )
```

　　开头就像你看到过的几乎所有其他类一样。显然，我们需要模型中的数据，因此所有内容都像往常一样封装在 ScopedModel/ScopedModelDescendant/builder()层次结构中。我们正在构建一个界面，因此返回的根微件是 Scaffold，并且引用了 AppDrawer。
然后是 body 部分，就像我说的那样，它是一个 GridView 微件，因此我们使用 builder()
方法，并将 model.userList 集合的长度作为 itemCount 属性值提供给它。接下来，提供
一个类型为 SliverGridDelegateWithFixedCrossAxisCount 的 gridDelegate。在这里，我们
使用 crossAxisCount 属性指定每行需要三项。

　　然后，是时候构建我们的列表项了，itemBuilder()函数将执行以下操作：

```
itemBuilder : (BuildContext inContext, int inIndex) {
  Map user = model.userList[inIndex];
  return Padding(padding : EdgeInsets.fromLTRB(10,10,10,10),
    child : Card(child : Padding(padding :
      EdgeInsets.fromLTRB(10, 10, 10, 10),
      child : GridTile(
        child : Center(child : Padding(
          padding : EdgeInsets.fromLTRB(0, 0, 0, 20),
          child : Image.asset("assets/user.png")
        )),
        footer : Text(user["userName"],
        textAlign : TextAlign.center)
      )
    )
  ));
}
```

　　对于每一项，我们从 model 的 userList 映射中获取用户描述符。
　　然后，构建一个 Card 微件并将其包装在 Padding 微件中，并在周围定义间距(这
样 GridView 微件中的项就不会令人不快地发生堆砌)。Card 微件的子项是我们熟悉的
GridTile 微件，它是 GridView 微件的常规子项(不过，不一定是直接子项)。它的子项
是一个 Image 微件，用来显示 user.png 图片，并包装在 Padding 微件中以控制周围的
间距(在这种情况下，只是在底部留出一些间距以与用户名分开)，包装在一个 Center
微件中可使其在 Card 微件上居中。最后，Card 微件的页脚是展示用户名的地方，可
将 textAlign 设置为 TextAlign.center 以使其居中，就像其上方的图像一样。
　　以上就是用户列表界面！当用户无法执行任何操作时，这很容易，但是很明显，
聊天室界面不是这样，这是接下来要介绍的内容(实际上也是 FlutterChat 应用的最后一
部分)。

8.10　Room.dart

最后，我们现在来介绍聊天室界面的代码，大部分动作都在其中进行，并且它们也是我们需要介绍的最重要的代码。这里还会向你介绍 Flutter 的几个新概念！首先，请看一下图 8-7，这样你就可以了解聊天室界面的外观。

图 8-7　聊天室界面

在顶部，你会看到一个 ExpansionPanelList 微件。这个微件提供了一个子项列表，每个子项可以根据用户的要求进行展开和折叠。在这种情况下，我们将用它来显示聊天室中的用户列表。它应该是可展开和可折叠的，因为它的下方是聊天室中的消息列表，当然这也是聊天室界面的主要目的。

在底部，有一个区域是供用户输入消息并将它们发布到聊天室的，其中的一个 IconButton 微件就用来执行此操作，这是一种只展示图标的按钮类型。

右上角是一个菜单，有时也称为溢出菜单，你可以在其中找到一些功能：离开聊天室、邀请用户进入聊天室、踢出用户，以及关闭聊天室，最后两个功能只有当你是创建聊天室的用户时才会启用。邀请功能将会弹出一个对话框用于选择用户，稍后我们将介绍所有内容。

不过，在此之前，让我们看看这是如何开始的(先跳过导入代码)：

```
class Room extends StatefulWidget {
  Room({Key key}) : super(key : key);
```

```
  @override
  _Room createState() => _Room();
}

class _Room extends State {
  bool _expanded = false;
  String _postMessage;
  final ScrollController _controller = ScrollController();
  final TextEditingController _postEditingController =
    TextEditingController();
```

这是一个有状态微件，我们将需要使用这个微件的一些局部状态来控制 ExpansionPanelList 微件的展开和折叠。当然，我也可以将它放在 scoped_model 中。但是，通常来说，对于真正仅限于单个微件的情况，将其设为有状态微件并将状态的范围控制在微件自身可能更合理。但是，正如我之前说过的那样，Flutter 非常灵活，并且对于此类事情没有绝对的规定。

这里有几个类级别的变量，如用于确定用户列表展开(_expanded 为 true 时)还是折叠(为 false 时)的变量。我们还有一个_postMessage 变量，它用于容纳用户要发布的消息。同样，有一个 ScrollController 可通过_controller 变量引用。通常不需要直接处理该对象，因为大多数滚动组件都会自动处理。但是，在 FlutterChat 应用中有一个特定的需求，稍后我们将在消息列表后面的代码中进行讨论。最后是一个 TextEditingController，它在处理 TextField 微件时会用到，TextField 微件就是用户用来输入消息的。

8.10.1 聊天室功能菜单

下面从 build()方法开始介绍：

```
Widget build(final BuildContext inContext) {
  return ScopedModel<FlutterChatModel>(model : model,
    child : ScopedModelDescendant<FlutterChatModel>(
      builder : (BuildContext inContext, Widget inChild,
        FlutterChatModel inModel) {
        return Scaffold(resizeToAvoidBottomPadding : false,
          appBar : AppBar(title : Text(model.currentRoomName),
            actions : [
              PopupMenuButton(
```

```
onSelected : (inValue) {
  if (inValue == "invite") {
    _inviteOrKick(inContext, "invite");
```

上述代码你应该比较熟悉了，实际上，PopupMenuButton 之后的代码行才是新的。PopupMenuButton 是一个弹出菜单按钮，当你单击该按钮时，菜单就会弹出，如图 8-8 所示。

图 8-8　聊天室功能菜单

尽管还没有构造菜单项(稍后介绍)，但是我们已经开始使用在选择菜单项时将要执行的代码，这些代码包含在 onSelected 处理程序中。这个处理程序接收与被单击的菜单项关联的字符串值，因此我们使用 if 语句以采取正确的措施。对于 invite 字符串，我们将调用_inviteOrKick()方法，稍后再介绍(该方法既处理邀请用户，也处理将用户踢出聊天室)。

之后是 leave 字符串的条件分支：

```
} else if (inValue == "leave") {
  connector.leave(model.userName, model.currentRoomName, () {
    model.removeRoomInvite(model.currentRoomName);
    model.setCurrentRoomUserList({});
    model.setCurrentRoomName(
```

```
        FlutterChatModel.DEFAULT_ROOM_NAME
    );
    model.setCurrentRoomEnabled(false);
    Navigator.of(inContext).pushNamedAndRemoveUntil("/",
      ModalRoute.withName("/")
    );
  });
```

　　离开聊天室时需要我们执行一些模型清理任务，首先是删除可能存在的聊天室邀请。有人可能会争辩说，即使离开，你也仍然应该能够进入你被邀请进入的聊天室，这是合理的。我们还必须清除聊天室中的用户列表，并再次设置默认的聊天室名称字符串，以便 AppDrawer 再次反映用户不在聊天室中。同样与 AppDrawer 有关，必须禁用 Current Room，最后我们将用户导航回主界面。

　　如果用户是聊天室的创建者，那么该用户还可以关闭聊天室：

```
} else if (inValue == "close") {
  connector.close(model.currentRoomName, () {
    Navigator.of(inContext).pushNamedAndRemoveUntil("/",
      ModalRoute.withName("/")
    );
  });
```

　　除了通知服务器聊天室已关闭并且导航到主界面外，这里没有其他工作要做。看看以下代码：

```
} else if (inValue == "kick") {
  _inviteOrKick(inContext, "kick");
}
```

　　与邀请的代码相同，我们将再一次稍稍深入该功能。在此之前，我们必须回过头来，切实地使用 itemBuilder 函数构造菜单项：

```
itemBuilder : (BuildContext inPMBContext) {
  return <PopupMenuEntry<String>>[
    PopupMenuItem(value:"leave",child:Text("Leave Room")),
    PopupMenuItem(value:"invite",child:Text("Invite A User")),
    PopupMenuDivider(),
    PopupMenuItem(value : "close", child : Text("Close Room"),
      enabled : model.creatorFunctionsEnabled),
```

```
    PopupMenuItem(value : "kick", child : Text("Kick User"),
      enabled : model.creatorFunctionsEnabled)
  ];
}
```

我们必须返回一个 PopupMenuEntry 微件的数组,并且这个数组中的每个 PopupMenuEntry 微件都有 value 属性(用于需要识别的值)和一个用于显示实际文本的 Text 子微件。对于 Close Room 和 Kick User 选项,enabled 属性引用了模型的 creatorFunctionsEnabled 属性(只是为了表明确实可以混合并匹配本地状态和全局状态,这没问题),以确定是否启用了这些选项。

8.10.2 主界面内容

构建菜单后,我们继续:

```
drawer : AppDrawer(),
body : Padding(padding : EdgeInsets.fromLTRB(6, 14, 6, 6),
  child : Column(
    children : [
      ExpansionPanelList(
        expansionCallback : (inIndex, inExpanded) =>
          setState(() { _expanded = !_expanded; }),
        children : [
        ExpansionPanel(isExpanded : _expanded,
          headerBuilder : (BuildContext context,
            bool isExpanded) => Text(" Users In Room"),
          body :
            Padding(padding:EdgeInsets.fromLTRB(0,0,0,10),
            child : Builder(builder : (inBuilderContext) {
            List<Widget> userList = [ ];
            for (var user in model.currentRoomUserList) {
              userList.add(Text(user["userName"]));
            }
            return Column(children : userList);
          })
        )
      )
    ]
  )
```

首先，Padding 微件位于顶部，这样就可以控制屏幕上所有元素的外边距。我将所有元素下移 14 个像素以清除状态栏下方的阴影，并在左侧、右侧和底部分别保留几个像素，这是因为，如果不直接顶到屏幕边缘，效果会更好。

之后是 Column 布局及其第一个子微件 ExpansionPanelList，其中显示了我们的用户列表。我们需要做的第一件事是挂钩一个事件处理程序，在用户展开或折叠面板时触发。有趣的是，默认情况下，如果你不这样做，除了右侧的小箭头会发生变化以外，什么都不会发生。完成后，它会在 ExpansionPanelList 微件的第一个子项中提供我们所需的标志，该子项是容纳用户列表的 ExpansionPanel 微件。标志会成为 isExpanded 属性的值，该属性是 headerBuilder 函数的 isExpanded 参数。我们可使用这个函数构建 ExpansionPanel 的标题。本质上，这是另一种填充方法。在这种情况下，Text 微件将会贴着面板的左边缘向右延伸。但是，与其包裹在 Padding 微件中(肯定会起作用)，不如添加两个空格，这样就解决了。

除了标题(header)之外，ExpansionPanel 微件通常始终具有主体(body)，这里与之前的没有什么不同。为此，出于与标题中类似的原因，我使用 Padding 微件来确保用户列表的下方有一些空间：如果没有 Padding 微件，那么用户列表中的最后一个用户将恰好位于底部边缘，那样看起来不舒服。

现在，这个 Padding 微件的子项很有趣。你之前已经看到过很多 builder 函数，但是我从未展示过几乎在所有情况下你都可以随时拥有的 builder 泛型函数。有时这是必要的，因为使用它能创建一个闭包，从而访问某些你本来不需要的数据(当然，无须依靠所有公共状态对象)。在这种情况下，确实没有必要，但是我认为无论如何这都很好，因为显然即使不需要闭包也可以这样做。同样，Flutter 为你提供了许多解决问题的有利选择。

在构建器的 builder()函数内部，是对聊天室中用户列表的简单迭代，每个用户都是 Column 微件内的一个 Text 微件，而 Column 微件最终将被返回用以显示。

紧随其后的是消息列表——在此之前还有一件事情要做：

```
Container(height : 10),
Expanded(child : ListView.builder(controller : _controller,
  itemCount : model.currentRoomMessages.length,
  itemBuilder : (inContext, inIndex) {
   Map message = model.currentRoomMessages[inIndex];
   return ListTile(subtitle : Text(message["userName"]),
    title : Text(message["message"])
   );
  }
))
```

另一种将填充(padding)引入布局的方法是使用 Container 微件。通过不定义任何内容而是定义高度，我在用户列表和消息列表之间添加了一些分隔，而没有使用显式的 Padding 微件。之后是一个用于显示消息的 ListView 微件，从概念上和代码层面上，这都是合理的。对于列表中的每个列表项，我都会创建一个 ListTile 微件，title 为消息文本，subtitle 为发布消息的用户名。

之后是 Divider 微件，然后是用户发布消息的区域：

```
Divider(),
Row(children : [
  Flexible(
    child : TextField(controller : _postEditingController,
    onChanged : (String inText) =>
      setState(() { _postMessage = inText; }),
    decoration : new InputDecoration.collapsed(
      hintText : "Enter message"),
)),
  Container(margin : new EdgeInsets.fromLTRB(2, 0, 2, 0),
    child : IconButton(icon : Icon(Icons.send),
      color : Colors.blue,
      onPressed : () {
        connector.post(model.userName,
          model.currentRoomName, _postMessage, (inStatus) {
          if (inStatus == "ok") {
            model.addMessage(model.userName, _postMessage);
            _controller.jumpTo(
              _controller.position.maxScrollExtent);
          }
        });
      }
    )
  )
)
```

首要的事情是：输入区域是相互紧挨着的 TextField 和 IconButton 微件，因此有必要使用 Row 布局。但由于不知道屏幕的尺寸，因此我想避免为它们设置显式的宽度。碰巧的是，Flutter 为此类情况提供了方便的 Flexible 微件。这使你可以控制 Flex、Row 或 Column 微件内的组件如何伸展并填充可用空间。在这里，目标很简单：在扣除

IconButton 微件所需的空间后，允许 TextField 微件填充尽可能多的可用空间。因此，我将 TextField 微件放置在 Flexible 微件中，然后将 Flexible 微件作为第一项放在 Row 微件中。Row 微件的第二项是一个包含 IconButton 微件的 Container 微件。为了保持间隔，将 IconButton 微件放在 Padding 微件中而不是直接使用，这样就可以在 IconButton 微件的左侧和右侧分别放置几个像素。然后，构造 IconButton 微件。Flutter 为我们提供了用于发送消息的漂亮图标，非常适合用于此场景。

单击 IconButton 按钮后，将调用 connector.post()方法，并传入用户名、聊天室名以及输入的消息。假设我们收到 ok 响应，然后将该消息添加到聊天室的消息列表中，最后使用 ScrollController。这样做的目的是，由于消息将出现在 ListView 微件的底部，因此如果消息数量超出屏幕(或者如果用户为了阅读消息向上滚动)，则可能看不到消息。因此，通过_controller，我们可以使用 jumpTo()方法并传入_controller.position.maxScrollExtent，这将"跳转到 ListView 的底部"。

8.10.3 邀请或踢出用户

最后介绍用户想要邀请其他用户进入聊天室或将用户踢出聊天室的情况。单击聊天室功能菜单中的任何一项时，都会出现如图 8-9 所示的对话框，具体视情况而定的是 kicked 还是 invite。

图 8-9　用户邀请对话框

因此，代码如下：

```
_inviteOrKick(final BuildContext inContext,
  final String inInviteOrKick) {
  connector.listUsers((inUserList) {
    model.setUserList(inUserList);
```

　　我们要做的第一件事是获取服务器上用户的更新列表。与其他一些地方一样，这应该是多余的，但这样总比事后后悔要好。请注意，如果我们要踢出一个用户，这确实是多余的，因为代码已经在聊天室中包含了用户列表。到目前为止，代码并未根据 **inInviteOrKick** 参数进行分支处理，因此无论哪种方式都会查询服务器。这样有点低效，但是假设我们的服务器运行良好，那么实际上没什么大不了的。

　　一旦响应返回后，我们就可以显示对话框了：

```
showDialog(context : inContext,
  builder : (BuildContext inDialogContext) {
    return ScopedModel<FlutterChatModel>(model : model,
      child : ScopedModelDescendant<FlutterChatModel>(
        builder : (BuildContext inContext, Widget inChild,
        FlutterChatModel inModel) {
        return AlertDialog(
          title : Text("Select user to $inInviteOrKick"
        )
```

　　在 AlertDialog 构造函数中，你可以第一次看到基于我们正在执行的功能，标题文本的显示会有所不同。

　　接下来，我们开始构造对话框的内容：

```
content : Container(width : double.maxFinite,
  height : double.maxFinite / 2,
  child : ListView.builder(
    itemCount : inInviteOrKick == "invite" ?
      model.userList.length : model.currentRoomUserList,
      itemBuilder:(BuildContext inBuildContext, int inIndex) {
      Map user;
      if (inInviteOrKick == "invite") {
        user = model.userList[inIndex];
```

```
    } else {
      user = model.currentRoomUserList[inIndex];
    }
    if (user["userName"] == model.userName)
      { return Container(); }
```

在这里，我希望对话框能填满大部分屏幕，因此我使用了一些技巧：将宽度设置为 double 类型的 maxFinite 常量并将高度设置为它的一半。这可以有效地迫使 Flutter 将窗口调整为最大大小，确保填满整个屏幕。

接下来，构建 ListView 微件，当然这就是用户列表。无论如何，我们都要确定从哪个列表中获取数据用于展示用户，并且将长度设置到 itemCount 属性。model.userList 用于邀请，model.currentRoomUserList 用于踢出。当我们遍历到当前用户时，由于需要跳过，因此返回一个空的 Container 微件。我们不能只是从 itemBuilder 函数返回 null，以免抛出异常，因此这里是空的 Container 微件。

如果不是当前用户，则返回包含实际内容的 Container 微件：

```
return Container(decoration : BoxDecoration(
  borderRadius : BorderRadius.all(Radius.circular(15.0)),
  border : Border(
    bottom : BorderSide(), top : BorderSide(),
    left : BorderSide(), right : BorderSide()
  )
)
```

首先，我使用了 BoxDecoration，以便可以通过 borderRadius 属性进行圆角处理。你可以通过这种方式让任何一个角变成圆角——它们全部都在这里。当然，没有边框，这看上去有点别扭，因此我通过 border 属性加了边框。默认设置可以很好地解决此问题，因此可以为四条边提供简单的 BorderSide 实例(同样，你可以根据需要将边框应用于任何边或所有边)。

现在，我感到有一点恍惚，所以我想要一些漂亮的颜色！幸运的是，BoxDecoration 类的 gradient 属性可以做到：

```
gradient : LinearGradient(
  begin : Alignment.topLeft, end : Alignment.bottomRight,
  stops : [ .1, .2, .3, .4, .5, .6, .7, .8, .9],
  colors : [
    Color.fromRGBO(250, 250, 0, .75),
    Color.fromRGBO(250, 220, 0, .75),
```

```
    Color.fromRGBO(250, 190, 0, .75),
    Color.fromRGBO(250, 160, 0, .75),
    Color.fromRGBO(250, 130, 0, .75),
    Color.fromRGBO(250, 110, 0, .75),
    Color.fromRGBO(250, 80, 0, .75),
    Color.fromRGBO(250, 50, 0, .75),
    Color.fromRGBO(250, 0, 0, .75)
  ]
)),
margin : EdgeInsets.only(top : 10.0),
child : ListTile(title : Text(user["userName"])
```

我们有几个*Gradient 类，其中的 LinearGradient 是一个可产生直上或直下渐变的类 (RadialGradient 和 SweepGradient 是另外两个类)。为此，你需要告诉它从哪里开始和到哪里结束，在这种情况下，我希望从左侧开始，然后向右渐变(从技术上讲，是左上角和右下角，但是最终与从左到右相同)。之后，你需要定义渐变中的起点和终点，这意味着定义每种颜色占总渐变的比例。值的范围为 0~1，你可以根据需要进行分配。在这里，我希望每种颜色都占据相等的空间，所以起点和终点都是十分之一间隔。紧接着定义颜色本身。你可以通过多种方法使用 Flutter 定义颜色，并且你之前已经看过 Colors 集合的用法，但是在这里我想更加明确，所以使用了 RGB 值。从技术上讲，是 RGBO，其中 O 是不透明度。实际上，每个像素的不透明度都已设置为 0.75，这使它们的透明度为 75%。这样只有点会与背景融合，因为后面的背景颜色是白色，所以颜色变暗了。在顶部添加一些边距，以便在列出的第一个用户和标题文本之间留出空间，之后为每个用户构建一个 ListTile 微件。

最后，我们需要实现在单击用户时所需要的处理：

```
onTap : () {
  if (inInviteOrKick == "invite") {
    connector.invite(user["userName"],
      model.currentRoomName, model.userName, () {
      Navigator.of(inContext).pop();
    });
  } else {
    connector.kick(user["userName"],model.currentRoomName,() {
      Navigator.of(inContext).pop();
    });
```

```
        }
    }
```

这很容易：如果我们要邀请用户，就调用 connector.invite()函数，并传入所选用户的用户名、当前聊天室的名称以及发出邀请的用户的用户名，用于显示给被邀请的用户。或者，如果我们要踢出用户，就调用 connector.kick()函数，传入所选用户的 userName 以及被踢出的聊天室名称。在这两种情况下，对话框均会被关闭。

8.11　小结

在本章中，我们构建了基于 Flutter 的客户端应用，完成了 FlutterChat 应用。通过这个过程，你了解了一些新事物(或以前在真实应用中未使用过的新事物)，例如有状态微件、PopupMenuButton 微件、ExpansionPanel 微件、GridView 微件的实际使用，以及 Slider 和 Switch 组件，当然还有 socket.io 和 WebSocket 通信。另外，你还稍微熟悉了一下 Node 并编写了服务端！

在下一章中，我们将构建最后一个应用，最后这个应用将会把你带进一个全新的方向，并为你带来 Flutter 的不同视角：我们将会构建一个游戏！

第 9 章

■ ■ ■

FlutterHero：一款 Flutter 游戏

在本书中，我们通过编写实际有用的代码和应用让你了解了 Flutter。但是，这些并不是 Flutter 所能做的一切。你可以做些更有趣的事，比如开发游戏！

游戏对于任何开发人员来说都是优秀项目，因为它们涉及编程方面的众多不同学科，从图形和声音到 AI、数据结构、算法效率等。在担任首席架构师一职时，开发人员有时会问我如何提高技能。我的回答总是一样的：编写游戏！我认为没有其他项目能够像游戏一样提供多样性和创造力，以及由此产生的学习机会。

另外，就本质而言，编写游戏很有趣！

在本章中，你将使用 Flutter 编写一个游戏。通过阅读本书，你将学会 Flutter 的一些新功能，并且以前所未有的方式了解其他功能。希望你在学习的同时享受快乐！

下面首先让我们从游戏的类型以及每个出色游戏所必备的部分开始：故事！

9.1 故事起源

对于 Gorgona 6 星球上的居民来说，他们拥有先进的文明和技术，但同时在智力上却又有些落后！例如，他们在拜访了邻近的卫星后，才明白应该在行李箱上安装轮子，更重要的是，他们可以建造快速、闪亮的太空飞船，但是飞船都很弱、很难幸存！撞上太空鱼就足以毁灭(作为爱好和平的民族，Gorgona 人从不开发任何形式的武器)。

这种情况对他们来说很严重，因为他们的星系存在害虫问题：这里到处都是太空生物和危险！

幸运的是，有一个解决这些问题的方法：在太阳系的边缘地带有一块未知来源的巨大晶体，它散发出一种特殊的能量，这种能量至少在一段时间内会杀死太空中的害虫。Gorgona 人逐渐弄清楚了如何收集这种能量。因此，他们派出的飞船实际上是太空油轮(作为 Gorgona 人的飞船，至少看起来很酷！)，用来收集能量并将它们运回家园。

作为"水晶油轮船队"的勇敢者(甚至可以说是英雄)之一，你的工作是穿越太空，从水晶中提取能量，然后带回家。当你收集到足够的能量时，害虫就会被消灭，你就是 Gorgona 人的英雄！至少在这一瞬间。

9.2　基本布局

那么，这个游戏究竟是什么样的呢？如果你碰巧玩过古老的 8 位机游戏，例如，一只青蛙跳过充斥着各种类型交通工具的道路，目标是到达道路的另一侧，那么这个游戏可能就有点像，具体外观参见图 9-1。

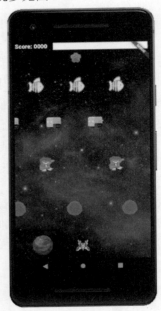

图 9-1　FlutterHero 的外观

你的飞船从屏幕底部、家园的附近开始，你可以通过将手指放在屏幕上的任意位置来控制飞船，这将成为虚拟操纵杆的"锚点"或零位置。接下来，只需要在八个方向中的任何一个方向上移动手指，你的飞船便会朝该方向移动。你的目标是穿越一排排害虫(从屏幕底部发出的小行星、外星人、具有知觉的机器和太空鱼)。当你到达屏幕顶部时，触摸晶体，屏幕顶部的能量条就会充满。然后，你再次穿越害虫返回并触摸你的家园，能量就转移了，这时所有害虫都会爆炸，你会得到一些分数，然后害虫又回来了，因此你可以重新再来一遍。当然，如果你触摸水晶或家园以外的任何物体，你的飞船就会爆炸。

就像我说的那样，这不是一个复杂的顶级游戏，但它是一个货真价实的游戏并且由 Flutter 制作，因此使命达成。

9.3　目录结构与组件源文件

我们首先讨论一下目录结构，更重要的是介绍其中包含的部分文件。图 9-2 显示了相关细节。这是一个完全标准的 Flutter 应用的目录结构，你很快就会了解它，并且我希望你会喜欢。在 assets 目录中，可以找到一堆图像和一些音频文件。对于图像，名称应该就足以表明它们各自的含义，但其中的数字需要进一步说明。

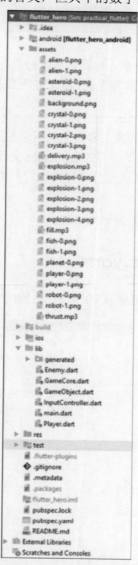

图 9-2　应用的目录布局以及构成应用的源文件/资源文件

如你所见，每张图片代表游戏中某个对象的一部分，由通用类 GameObject 使用。例如，用于表示玩家飞船的 GameObject 类 player(使用图像 player-0.png 和 player-1.png)以及用于表示水晶的 GameObject 类 crystal。通用类包括了这些对象的动画逻辑。这种动画就像小时候在笔记本上玩的老把戏一样；画出一组"图画帧"，或许是小木棍在做跳跃运动，然后快速翻动界面以产生动画。在此，动画的每一帧都由文件名中的数字表示。因此，水晶有四个动画帧(对应笔记本中的四页)：crystal-0.png、crystal-1.png、crystal-2.png 和 crystal-3.png。GameObject 类知道如何"翻动界面"。

■ 注意：

星球没有动画，因此只有一帧，但是它也被封装在 GameObject 中。正如你将看到的，我们要求文件名使用相同的编号方案，因此文件名是 planet-0.png，以便 GameObject 类仍然可以使用它。

MP3 文件用于各种事件的音频，多数情况下它们的名称足以表明各自的含义。

除此之外，在 lib 目录中除了必需的 main.dart 文件之外还有少量的源文件，我们将依次说明每个文件，尽管与资源文件类似，但它们的名称应该能为它们的作用提供良好的线索。

接下来，让我们先介绍一下 pubspec.yaml。

9.4 配置：pubspec.yaml

这里的 pubspec.yaml 文件可能有 99% 与你看到的所有其他文件一样，只是增加了一个新元素：

```
name: flutter_hero
description: FlutterHero
version: 1.0.0+1
environment:
  sdk: ">=2.1.0 <3.0.0"
dependencies:
  flutter:
    sdk: flutter
  cupertino_icons: ^0.1.2
  audioplayers: 0.11.0
dev_dependencies:
  flutter_test:
```

```
    sdk: flutter
flutter:
  uses-material-design: true
  assets:
    - assets/
```

因为这是一个游戏，而大多数游戏都有音频，所以我们也应该有一些音频！在撰写本书时，可能会让人惊奇的是 Flutter 尚没有很好的音频 API，至少不是以游戏所需要的方式在任何时候播放项目中包含的任意声音文件，有时两者兼具。因此，我们需要一个插件。幸运的是，有几个插件可供选择，其中最受欢迎的也许是 audioplayers 插件(https://pub.dartlang.org/packages/audioplayers)。audioplayers 是名为 audioplayer 的早期插件的一个分支(没错，末尾只是添加了 s)，它扩展了原插件的功能。audioplayers 插件让我们可以播放远程存放在互联网上的，或是本地存储在用户设备上的音频文件。对我们来说，至关重要的是可以播放项目中的资源文件。使用该插件，可以播放文件、控制文件的回放(暂停、停止以及找到音频中的特定位置)、根据需要循环播放音频(适用于背景音乐)以及在回放过程中监听事件(例如，当需要显示进度条时)。

对于 FlutterHero 来说，以上大部分功能我们都不需要！我们只需要在发生特定事件时能够播放声音即可。我们将在首次用到声音时介绍该插件的 API，但正如你所见，它很轻量级。

除了这种依赖性之外，我们还通过如上方式引用了 assets 目录，因此我们的所有资源文件均可使用，包括图像和音频文件。我曾考虑将它们分为 assets/images 和 assets/audio，但是想要让 audioplayers 能够找到它们，还需要做更多额外的工作，并且鉴于所需的资源文件相对较少，我决定将它们全部放在 assets 目录中。

9.5　GameObject 类

接下来，我们开始介绍代码！通常我会从 main.dart 开始，但是这一次，我想介绍之前提到的 GameObject 类。对于你在此处初次看到的某些内容，你可能无法立即明白，但是等你看到这个类及其子类时，就会很快掌握要领。

提到子类，GameObject 是其他两个类的父类，如图 9-3 所示。

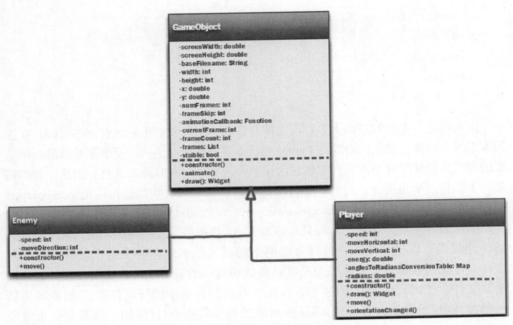

图 9-3   类的层次结构：GameObject 及其子类

这里的基本思想就是简单的面向对象编程(Object-Oriented Programming)：GameObject 类具有游戏中所有对象(我们称之为游戏对象，与之对立的是 GameObject 类，后者是通用概念的代码实现)共有的数据和功能，然后子类根据需要扩展数据和功能。因此，每个游戏对象(玩家、水晶、害虫和星球)都需要如下数据：

- 屏幕的宽度和高度。
- 图片的基本文件名(例如 planet-*.png 或 crystal-*.png，其中*为帧的编号)。
- 物体的宽度和高度。
- 对象的 x 和 y 位置。
- 动画周期中的总帧数；在动画帧周期更改之间可以跳过多少个游戏帧；动画周期的当前帧是什么；一个计数器，用于确定何时应该切换到下一个动画帧；动画周期结束时将会调用的函数；当然还有所有的动画帧图像。
- 游戏对象是否可见。

此外，每个游戏对象都有一些共同的功能：

- 用于进行设置的构造函数。
- 产生动画效果的方法。
- 在屏幕上进行绘制的方法。

但是，表示太空鱼、机器人、外星人和小行星的 Enemy 子类还有一些其他需求：

- 它们在屏幕上的移动速度有多快。

- 它们正在朝哪个方向(向左或向右)移动。

Player 类显然表示玩家的飞船，并且还有 GameObject 类之外的一些特定需求：

- 移动速度。
- 是否正在向左或向右移动(水平移动)和/或向上或向下移动(垂直移动)。
- 飞船上装了多少水晶能量。
- 旋转了多少度(以弧度为单位)，从而使我们可以将单张图像根据行进方向旋转使用于任何方向；加上一些数据表，这些数据表使我们免于重复进行数学运算，从而稍微提高了性能(考虑如何提高游戏的性能总是不会错的)。
- 当飞船的方向改变时(基于移动方向)需要使用的方法，以便飞船可以适当地旋转。

接下来让我们分析一下 GameObject 类的实际代码：

```
class GameObject {

  double screenWidth = 0.0;
  double screenHeight = 0.0;
```

起始部分与普通的类一样，没有其他任何扩展，并且具有两个数据属性，它们分别表示屏幕的宽度和高度。正如你将在后面看到的，Flutter 提供了一个 API 来获取此信息，并且在应用启动期间会进行查询，可在 GameObject 类实例化期间将其移交给它的任何实例。这样就避免了不得不一遍又一遍地调用可能开销较大的 API，但是游戏对象在许多地方需要此信息，因此在一个地方进行处理并将其提供给实例是非常有效的。

```
  String baseFilename = "";
```

baseFilename 是游戏对象的图像文件名中固定的部分。简而言之，也就是物体的名称，可以是 fish(太空鱼)、player(玩家)、planet(行星)等。

```
  int width = 0;
  int height = 0;
```

游戏对象的宽度和高度自然也需要。肯定有 Flutter API 可以从加载的图像中获取图片的宽度和高度，但是由代码提供就会变得更简单，这样并不会有太大区别。

```
  double x = 0.0;
  double y = 0.0;
```

游戏对象在屏幕上的水平(x)和垂直(y)位置显然是每个游戏对象都需要的，因此也在这里定义。

```
int numFrames = 0;
int frameSkip = 0;
int currentFrame = 0;
int frameCount = 0;
List frames = [ ];
Function animationCallback;
```

这 6 个属性都与动画有关。numFrames 属性表示总共有多少帧。frameSkip 属性决定在显示下一个动画帧之前必须经过多少个主游戏循环(main game loop，我们将在稍后讨论主游戏循环，但简单来说每秒会发生 60 次，以执行我们的游戏逻辑，包括以相同的间隔为每个游戏对象产生动画)。currentFrame 属性表示当前正在显示的动画帧。frameCount 属性随着主游戏循环的每个滴答(tick)而递增，并且当达到 frameSkip 属性的值时，currentFrame 属性的值就会递增。frames 属性是游戏对象的 Flutter 图像资源的列表，其中的每一项就是一个动画帧。最后，animationCallback 属性是一个(可选的)函数引用，该函数将在动画周期结束时被调用。你很快就会明白为什么需要这样做，但是现在让我们继续。

```
bool visible = true;
```

害虫和玩家需要在某些时间隐藏，visible 属性决定了游戏对象是否可见。

属性就介绍到此，接下来分析一下构造函数：

```
GameObject(double inScreenWidth, double inScreenHeight,
  String inBaseFilename, int inWidth, int inHeight,
  int inNumFrames, int inFrameSkip,
  Function inAnimationCallback) {
  screenWidth = inScreenWidth;
  screenHeight = inScreenHeight;
  baseFilename = inBaseFilename;
  width = inWidth;
  height = inHeight;
  numFrames = inNumFrames;
  frameSkip = inFrameSkip;
  animationCallback = inAnimationCallback;
  for (int i = 0; i < inNumFrames; i++) {
    frames.add(Image.asset("assets/$baseFilename-$i.png"));
```

```
  }
}
```

很简单，是吧？所有入参都存储在适当的属性中，然后我们需要加载动画帧。在这里，你可以看到每个 Image 微件会如何加载 asset()构造函数，并使用 baseFilename 构造要加载的每个帧的文件名。再次说明，这样做主要是为了提高性能：只加载一次动画帧是个好主意。尽管如果我们加载两次相同的图像，Flutter 可能足够聪明来缓存它们，但是最好不要这么做，而应设计我们的应用来加以避免，并且我认为这样的话，动画代码会更容易编写。

以下为动画代码：

```
void animate() {
  frameCount = frameCount + 1;
  if (frameCount > frameSkip) {
    frameCount = 0;
    currentFrame = currentFrame + 1;
    if (currentFrame == numFrames) {
      currentFrame = 0;
      if (animationCallback != null) { animationCallback(); }
    }
  }
}
```

逻辑很简单：每次被调用时(每秒 60 次)，frameCount 会递增。当值达到 frameSkip 时，我们递增到下一帧。当到达帧的末尾时，我们将其重置为第一帧。如果提供了 animationCallback，则调用它。

除了产生动画效果以外，GameObject 类还需要知道如何绘制自身。你现在已经知道，Flutter 中的一切都是微件，因此这里的目标是获取适当的微件以包含在从某个位置的某些 build()方法返回的微件树中(听上去含糊不清，因为到现在为止我们显然还没有)。draw()方法可以完成此任务：

```
Widget draw() {
  return visible ?
  Positioned(left : x, top : y, child : frames[currentFrame])
    : Positioned(child : Container());
}
```

不用着急，但是我们将使用 Stack 微件作为所有游戏对象的父级微件。这是因为在 Stack 微件中，你可以拥有 Positioned 微件，该微件可以绝对放置在 Stack 微件中。如果 Stack 微件能够有效地覆盖整个屏幕，我们就可以拥有一块非常适合游戏开发的画布，因为我们可以控制屏幕上所有内容的精确位置，直至像素级。这正是我们要做的事情，因此 draw()方法需要返回一个 Positioned 微件，该微件用于包装与当前动画帧关联的 Image 微件。另外，可以隐藏对象。如果要隐藏对象，无论是什么，只要不在微件中包含就可以了！与其他许多框架不同，微件没有 hidden:true 或类似的东西，也没有 hide()方法可以调用。因此，当游戏对象不可见时，将会返回一个空的 Container 微件。

9.6 GameObject 类的扩展：Enemy 类

完成基本的 GameObject 类的编码后，现在我们来介绍两个子类，从 Enemy 类开始。Enemy 类与 GameObject 类的主要不同是，Enemy 类的实例可以移动。

```
class Enemy extends GameObject {

  int speed = 0;
  int moveDirection = 0;
```

敌人(Enemy 对象)的移动很简单：只是以给定的速度向左或向右移动(此处的速度表示每个主游戏循环的滴答移动了多少像素)。因此，这正是 speed 和 moveDirection 属性的作用。moveDirection 的值为 0(左)或 1(右)。

然后是构造函数：

```
Enemy(double inScreenWidth, double inScreenHeight,
  String inBaseFilename, int inWidth, int inHeight,
  int inNumFrames, int inFrameSkip, int inMoveDirection,
  int inSpeed) :
    super(inScreenWidth, inScreenHeight, inBaseFilename,
    inWidth, inHeight, inNumFrames, inFrameSkip, null) {
  speed = inSpeed;
  moveDirection = inMoveDirection;
}
```

现在，由于扩展了 GameObject 类，这意味着 Enemy 类支持 GameObject 类的所有属性，因此也需要进行初始化。为此需要调用 super()方法。如你所见，Enemy 构造函数的函数签名中包括 GameObject 构造函数的所有一切以及 Enemy 特有的属性，因此首先调用 super()以设置 GameObject 类的共有属性，然后通过 Enemy 构造函数设置 Enemy 类专属的其他属性。

设置完这些数据后，我们就可以实现 move()方法了：

```
void move() {
  if (moveDirection == 1) {
   x = x + speed;
   if (x > screenWidth + width) { x = -width.toDouble(); }
  } else {
   x = x - speed;
   if (x < -width) { x = screenWidth + width.toDouble(); }
  }
}
```

现在，你应该能够明白为什么需要屏幕的宽度和高度，因为这样我们就能知道，当给定的敌人朝任一方向移动时，他们何时会离开屏幕。然后，这可以帮助我们设置新的位置。因此，从概念上讲：一条给定的太空鱼在屏幕上移动(第一个 if 分支)，当它超出屏幕的右边缘(第二个 if 分支)时，可将它的 x 位置设置为负值，这样会将它放置在屏幕的左侧。然后，它继续像以前一样移动并再次执行上述操作。对于左移(else 分支)，执行相同的操作，只是方向相反。敌人的移动就是这些，非常简单。

9.7 GameObject 类的扩展：Player 类

从 GameObject 类扩展的另一个类 Player 是针对玩家的：

```
int speed = 0;
int moveHorizontal = 0;
int moveVertical = 0;
```

就像害虫一样，玩家显然也可以移动，因此我们需要知道玩家能够移动多快(速度)以及移动的方向(moveHorizontal 和 moveVertical)。与害虫不同，玩家可以向上、向下、向左、向右移动，还可以向这四个基本方向的四个组合方向(上左、上右、下左、下右)移动。因此，我们需要两个变量来跟踪移动方向，这点与敌人不同。但是玩家也可以不移动，因此每个变量都有三个可能的值，而不是只有两个值：两者都为 0 表示在该方向上没有移动，moveHorizontal 为–1 表示向左、为 1 表示向右，moveVertical 为–1 表示向上、为 1 表示向下。

```
double energy = 0.0;
```

玩家还可以随时随地携带一些水晶能量。因此，我们也需要用一个变量来进行跟踪。

```
Map anglesToRadiansConversionTable = {
  "angle45" : 0.7853981633974483,
  "angle90" : 1.5707963267948966,
  "angle135" : 2.3387411976724017,
  "angle180" : 3.141592653589793,
  "angle225" : 3.9269908169872414,
  "angle270" : 4.71238898038469,
  "angle315" : 5.497787143782138
};
double radians = 0.0;
```

让游戏开发与众不同的一件事是：你几乎总是在寻找一些小技巧来进行优化，从而在这里或那里节省一些内存或运行周期。在这种情况下，玩家的飞船需要两个技巧。第一个技巧是，飞船应始终指向运动方向(或保持上次停止时所处的位置)。因此，这意味着我们需要八张不同的图像：分别对应上、下、左、右、上左、上右、下左和下右八个移动方向。然而，由于飞船是运动的，并且假设所有方向都使用两个帧，因此这意味着我们需要16张不同的图像！这样看来效率低下。因此，取而代之的是，正如你在前面查看资源时所看到的，只有两张图像，每个帧一张图像。为了提供针对八个不同方向的图像，这两张图像将实时旋转到正确的方向。Flutter 提供了数种旋转图像的方法，我们将很快介绍如何旋转图像。第二个技巧就是避免进行一些计算。如你所见，要旋转飞船，我们需要告诉 Flutter 旋转多大角度，以弧度表示。但是，从我们的角度看，我们确实希望旋转一定角度。因此，每次需要旋转时，我们都可以进行角度至弧度的计算，但是避免这种计算可以节省一些运行周期。最简单的方法是为我们要旋转的每个角度预先计算弧度，并将这些值存储在映射中以便查找，这正是 anglesToRadiansConversionTable 属性的用途。弧度的实际数量也是我们需要跟踪的，这正是 radians 属性的用途。

接下来是构造函数：

```
Player(double inScreenWidth, double nScreenHeight,
  String inBaseFilename, int inWidth, int inHeight,
  int inNumFrames, int inFrameSkip, int inSpeed,
```

```
) : super(inScreenWidth, inScreenHeight, inBaseFilename,
  inWidth, inHeight, inNumFrames, inFrameSkip, null) {
  speed = inSpeed;
}
```

由于 Player 类是从 GameObject 类扩展而来的，因此我们需要首先调用 GameObject 类的构造函数，然后设置速度，这是在构造过程中需要设置的 Player 类专属的唯一值。请注意，GameObject 构造函数的最后一个参数是 null——这是动画回调，玩家不需要，因此传入 null。

接着，尽管 GameObject 类提供了 draw()方法，但是对于玩家而言，绘制行为有所不同，因此我们需要重写该方法：

```
@override
Widget draw() {
  return visible ?
  Positioned(left : x, top : y, child : Transform.rotate(
    angle : radians, child : frames[currentFrame]))
  : Positioned(child : Container());
}
```

当然，这里的区别在于前面讨论的旋转。为此，我们将 Image 微件包裹在 Transform 微件中，这是 Flutter 提供的用于在绘制子项之前将转换应用于子项的微件。虽然使用 Transform 微件本身需要提供转换矩阵，并且根据想要实现的目标，转换矩阵可能很复杂且数学强度很高，但 Transform 类为最常见的转换提供了一些构造函数：Transform.scale()用于缩放子项；Transform.translate()用于平移子项，也就是将子项移位；现在对我们来说最重要的是，Transform.rotate()可以围绕子轴旋转子项。如你所见，我们需要以弧度为单位旋转角度，因此在这里可以看到正在使用的 radians 属性。radians 属性值是通过 orientationChanged()方法完成设置的，我们稍后将从处理用户输入的代码中调用该方法：

```
void orientationChanged() {
  radians = 0.0;
  if (moveHorizontal == 1 && moveVertical == -1) {
    radians = anglesToRadiansConversionTable["angle45"];
  } else if (moveHorizontal == 1 && moveVertical == 0) {
    radians = anglesToRadiansConversionTable["angle90"];
  } else if (moveHorizontal == 1 && moveVertical == 1) {
```

```
    radians = anglesToRadiansConversionTable["angle135"];
  } else if (moveHorizontal == 0 && moveVertical == 1) {
    radians = anglesToRadiansConversionTable["angle180"];
  } else if (moveHorizontal == -1 && moveVertical == 1) {
    radians = anglesToRadiansConversionTable["angle225"];
  } else if (moveHorizontal == -1 && moveVertical == 0) {
    radians = anglesToRadiansConversionTable["angle270"];
  } else if (moveHorizontal == -1 && moveVertical == -1) {
    radians = anglesToRadiansConversionTable["angle315"];
  }
}
```

依次检查四个基本方向以及四个组合方向，以确定玩家的移动方式。确定后，对 anglesToRadiansConversionTable 进行查找，并将最终的弧度存储在 radians 属性中。虽然不是花哨的代码，但却可以很好地完成工作，而且避免了可能需要为此付出高昂代价的数学运算。

■ 提示：

在实践中这样的代价可能不算什么，但是在游戏中，最好在编写代码时考虑如何优化。这在各种编程中通常都是正确的，但在每个周期进入主游戏循环的游戏时尤其如此，我们将在稍后讨论。当然，你必须避免在进行练习时因为过早地涉足优化而远走越远，这是你应该始终避免的——但是像这样的预先计算的查找表是很常见的。

最后一个方法用来移动玩家：

```
void move() {
  if (x > 0 && moveHorizontal == -1) { x = x - speed; }
  if (x < (screenWidth - width) && moveHorizontal == 1) {
    x = x + speed;
  }
  if (y > 40 && moveVertical == -1) { y = y - speed; }
  if (y < (screenHeight - height - 10) && moveVertical == 1) {
    y = y + speed;
  }
}
```

每个主游戏循环的滴答都会调用它一次。我们分别处理水平运动和垂直运动方向。回想一下，玩家有八个方向可以移动。四个基本方向的处理很明显，但是其他四个组合方向也分别通过处理水平和垂直运动来处理。由于处理 x 的 if 语句之一可能会触发，而处理 y 的 if 语句之一也可能会触发，因此有可能产生垂直和水平运动的组合。当然，我们必须确保玩家不会离开屏幕，这是通过每个 if 语句中的边界检查来实现的。这些逻辑考虑到了玩家的一侧以及用于得分和能量条的空间。

9.8 一切开始的地方：main.dart

与往常一样，我们的应用在 main.dart 源文件中启动：

```dart
import "package:flutter/material.dart";
import "package:flutter/services.dart";
import "InputController.dart" as InputController;
import "GameCore.dart";


void main() => runApp(FlutterHero());


class FlutterHero extends StatelessWidget {
  @override
  Widget build(BuildContext context) {
    SystemChrome.setEnabledSystemUIOverlays(
      [SystemUiOverlay.bottom]
    );
    return MaterialApp(
      title : "FlutterHero", home : GameScreen()
    );
  }
}


class GameScreen extends StatefulWidget {
  @override
  GameScreenState createState() => new GameScreenState();
}
```

services.dart 模块是第一次用到。这个模块为我们提供了一些设备服务访问权限，例如与剪贴板交互、生成触觉反馈(设备振动)、播放系统声音以及选择文本等。除此以外，还允许我们控制应用周围可见的"边"，也就是屏幕顶部的系统状态栏，以及 Android 系统屏幕底部的软输入按钮栏。在此处的顶层类 FlutterHero 的 build()方法中，你可以看到对 SystemChrome.setEnabledSystemUIOverlays()的调用。这是由 services 模块提供的，该方法允许我们向其传递一组边的标识符以启用该功能。在这里，我专门启用了 SystemUiOverlay.bottom 元素，这是 Android 中的软导航按钮。既然这就是阵列中的全部内容，顶部的状态栏将被隐藏，从而为我们的游戏提供(几乎)全屏体验。

当然，在这之前，你会注意到我们正在构建一个有状态微件 GameScreen，GameScreen 微件是在 FlutterHero 类的 MaterialApp 中定义的主(Home)界面，这种模式你之前看到过，并且定义了必要的 main()方法。

如你所料，鉴于 GameScreen 是一个有状态微件，将会为它关联一个 State 类——GameScreenState:

```
class GameScreenState extends State with
  TickerProviderStateMixin {
  @override
  Widget build(BuildContext inContext) {
    if (gameLoopController == null) {
      firstTimeInitialization(inContext, this);
    }
```

在 FlutterHero 应用中，我们不会使用 scoped_model，而只是使用 Flutter 提供的基本状态功能。但是除了 State，还会涉及新的内容：TickerProviderStateMixin。我们将在 9.9 节中介绍，但作为预告，我可以提前告诉你，它与整个游戏生命周期中每秒 60 次的主游戏循环有关。

build()方法首先检查 gameLoopController，它是 GameCore.dart 文件的一部分，你将在稍后看到。暂时忽略 gameLoopController 是什么，如果它为 null，你将调用 firstTimeInitialization()，并传入 BuildContext 以及对 GameScreenState 类本身的引用。这里的问题是，设置游戏时必须完成一些任务，这些任务只有在拥有 BuildContext 时才能发生。因此，这些任务必须在 build()方法中完成。但是，它们必须只发生一次，这就是为什么我们要对 gameLoopController 进行检查的原因。

继续 build()方法，现在我们开始构建微件树:

```
List<Widget> stackChildren = [
  Positioned(left : 0, top : 0,
    child : Container(width : screenWidth,
      height : screenHeight,
```

```
decoration : BoxDecoration(image : DecorationImage(
  image : AssetImage("assets/background.png"),
  fit : BoxFit.cover
))
)
),
```

有趣的是，在你之前看到的所有 build()方法中，几乎都只看到一个 return 语句返回一个微件，并且所有的子微件都是被"内联"定义的。不过在这里，我们首先要构建一个列表。因为这里的情况是，在构建微件树时必须经过一些逻辑，还需要进行一些循环，等等，而像往常那样在微件树中内联单个微件将无法实现这些逻辑。因为我们最终要返回的微件是一个 Stack(可以在 Scaffold 微件中嵌入一个 GestureDetector 微件，然后再嵌入一个 Stack 微件)，因为 Stack 微件的 children(子项)是一个列表，所以我们可以在微件定义之外执行所有逻辑和循环，单独构建列表，然后在最终的 Stack 定义中引用它。这就是这里所发生的事情。列表中的第一个元素是一个 Positioned 微件，其中包裹了一个 Container 微件，该 Container 微件使用 BoxDecoration 微件显示背景图像。指定 fit 属性为 BoxFit.cover 可确保背景填充屏幕而不管物理尺寸如何。Container 微件的宽度和高度是 screenWidth 和 screenHeight 变量的值。这些值是在首次初始化期间查询的，还可以从操作系统中检索出来，以便在需要信息的任何地方都可用，而不必多次执行查询。

```
Positioned(left : 4, top : 2,
  child : Text('Score: ${score.toString().padLeft(4, "0")}',
    style : TextStyle(color : Colors.white,
      fontSize : 18, fontWeight : FontWeight.w900)
  )
),
```

背景之后是另一个 Positioned 微件，这一次其中包裹了 Text 微件，这是我们显示分数的地方。如你所见，Text 微件根据 left 和 top 属性放置在 x/y 位置 4/2。这就是使用 Stack 微件的目的：我们可以根据需要绝对定位这些元素。默认情况下，Stack 微件将填充其父微件(恰好是屏幕)，因此我们在整个屏幕上都具有绝对定位功能。

之后是另一个 Positioned 微件，它在内部带有一个用于能量条的 LinearProgressIndicator 微件：

```
Positioned(left : 120, top : 2, width : screenWidth - 124, height : 22,
  child : LinearProgressIndicator(
```

```
    value : player.energy, backgroundColor : Colors.white,
    valueColor : AlwaysStoppedAnimation(Colors.red)
  )
),
crystal.draw()
];
```

这里的 valueColor 属性很重要，因为默认情况下，Flutter 中的进度指示器(无论是线性的还是圆形的)都希望进行动画处理。如果是圆形的，它将会旋转；如果是线性的，它将会填充。但是，那不是我们想要的。我们希望有一个能量条，它在飞船与水晶接触时逐渐填充，并在飞船与行星接触时逐渐排空，以指示能量的填充或排空，这一切都在我们的控制之下，不是 Flutter 想要的那样。因此，我们不是只指定一种颜色，而是使用 AlwaysStoppedAnimation 微件的实例。这是一个特殊的微件，进度指示器知道如何处理，但提供的指示器并不能根据我们的需要不断进行动画处理！当然，填充部分应该是什么颜色仍然是重要的信息，因此将它们传递给 AlwaysStoppedAnimation 构造函数。还要注意，LinearProgressIndicator 微件所属的 Positioned 微件的宽度是使用屏幕的宽度减去分数对应的空间来动态设置的。这样，能量条将填充比分之后剩余的所有空间。

水晶也被添加到这里，这是在声明过程中添加的列表中的最后一个元素。

之后，我们必须添加作为敌人的害虫：

```
for (int i = 0; i < 3; i++) {
  stackChildren.add(fish[i].draw());
  stackChildren.add(robots[i].draw());
  stackChildren.add(aliens[i].draw());
  stackChildren.add(asteroids[i].draw());
}
```

这是一个简单的循环，但这个循环是我们首先需要构建列表的主要原因！尝试内联完成所有操作将意味着必须在此处写出 12 个 Enemy 引用，因为我们无法使用循环进行构造。

接下来，添加行星和玩家：

```
stackChildren.add(planet.draw());
stackChildren.add(player.draw());
```

重要的是要意识到，使用 Stack 微件时，z 轴在起作用。这意味着在列表后面添加的元素将显示在之前添加的元素之上。因此，我们必须确保在 FlutterHero 游戏中最紧要的地方，我们是以正确的顺序添加事物。因此，必须在行星之后添加玩家，以使玩家在其附近飞行时，飞船不会被行星遮挡。飞船应该在地球顶部保持可见，为此，飞船需要在 z 轴上更高，因而必须在行星之后添加。

现在，尽管它们仅在特定时间不可见，但我们需要在下一个列表中添加所需的所有爆炸：

```
for (int i = 0; i < explosions.length; i++) {
  stackChildren.add(explosions[i].draw());
}
```

回想一下，如果给定的任何游戏对象当前不可见，那么 draw()方法将返回一个空的 Container 微件。爆炸是最明显的时刻，因为虽然大多数游戏对象几乎总是可见，但爆炸本质上是短暂的。因此，上述循环可能大部分时间都在绘制一堆空的 Container 微件，但这很好，这就是在 Flutter 中控制可见性的方式。

最后，构造需要返回的微件：

```
return Scaffold(body : GestureDetector(
  onPanStart : InputController.onPanStart,
  onPanUpdate : InputController.onPanUpdate,
  onPanEnd : InputController.onPanEnd,
  child : Stack(children : stackChildren)
));
```

如你所料，Scaffold 微件的 body 返回的不是直接的 Stack 微件。我们需要一种方法来让玩家控制自己的飞船，并且鉴于大多数现代移动设备都是面向触摸屏的，因此触摸将成为我们的控制机制，这是有道理的。因此，我们需要一个微件来识别触摸事件，而这正是 GestureDetector 微件的用途。该微件可识别各种手势，其中一个手势就是平移。这只是用户放下手指然后四处移动。如果你正在开发一个用户大部分时间都使用鼠标的网站，那么你将识别出 mouseDown、mouseMove 和 mouseUp 等事件。但是，即使从概念上讲这些都是需要的，这里也没有这些事件。在概念上，以下三个平移事件模仿了这些鼠标事件(玩家的手指即鼠标指针)：onPanStart 用于 mouseDown，onPanUpdate 用于 mouseMove，onPanEnd 用于 mouseUp。

处理这些事件的代码表示 InputController 类封装的功能，但我们稍后会介绍。不过在此之前，你可以看到 Stack 微件是 GestureDetector 微件的子项，这意味着将处理屏幕上任何位置的手势，因为 Stack 微件占据了整个屏幕(默认情况下，它会填充其父级微件，作为父级微件的 GestureDetector 微件也一样)。最后，如前所述，Stack 微件的子项引用了在此之前建立的列表。

请记住，我们刚才讨论的所有内容都在顶级微件的 build()方法内部，并且请记住，我们正在处理有状态微件。这意味着发生任何状态更改时，都会再次调用 build()并重新渲染屏幕。这是使所有这些都能像游戏一样发挥作用的关键。接下来，我们需要讨论几次主游戏循环，以及构成游戏的核心逻辑，所有这些逻辑都与 build()方法相关，因为最终所有这些逻辑都会改变状态和触发 build()方法反复执行，从而让所有的游戏对象产生移动。

9.9 主游戏循环和核心游戏逻辑

游戏的核心逻辑包含在 GameCore.dart 文件中，我们一如既往地从导入开始介绍。

9.9.1 起始

```
import "dart:math";
import "package:flutter/material.dart";
import "package:audioplayers/audio_cache.dart";
import "InputController.dart" as InputController;
import "GameObject.dart";
import "Enemy.dart";
import "Player.dart";
```

math 包是必需的，因为我们将需要生成一些随机数，其中包含了该功能。如你所见，audio_cache.dart 模块是 audioplayers 插件的一部分，是我们用来加载和播放声音资源的接口。其他文件是 FlutterHero 所需的各种源文件。

然后，我们有一堆变量。

- State state：这是对 State 类的引用。
- Random random = new Random()：Random 类允许我们生成随机数！我在这里将它实例化一次，因为虽然我们需要进行多次，但没有必要拥有多个实例。
- int score = 0：游戏的当前比分。
- double screenWidth：屏幕的宽度。
- double screenHeight：屏幕的高度。
- AnimationController gameLoopController：稍后再讨论。
- Animation gameLoopAnimation：可与 gameLoopController 一起使用。
- GameObject crystal：唯一的水晶游戏对象。
- List fish：太空鱼的敌方害虫游戏物品列表。

- List robots：机器人的敌方害虫游戏物品列表。
- List aliens：外星人的敌方害虫游戏物品列表。
- List asteroids：小行星的敌方害虫游戏对象列表。
- Player player：唯一的玩家游戏对象。
- GameObject planet：唯一的行星游戏对象。
- List explosions = [ ]：爆炸(也是 GameObject)实例的列表(当屏幕上没有爆炸时为空)。
- AudioCache audioCache：可以播放的音频资源的缓存(稍后详细介绍)。

看过变量以后，我们现在看看使用它们的代码。

9.9.2 首次初始化

你要看的第一段代码就是从主微件的 build()方法调用的 firstTimeInitialization()函数，还记得吗？当且仅当 gameLoopController 变量为 null 时才会调用。

```
void firstTimeInitialization(BuildContext inContext,
  dynamic inState) {

  state = inState;
```

该模块中的代码将需要访问 GameScreenState 对象，因为它包含主微件的状态，因此传入其引用并将引用存储在 state 变量中。

接下来，是时候处理音频了：

```
audioCache = new AudioCache();
audioCache.loadAll([ "delivery.mp3", "explosion.mp3",
  "fill.mp3", "thrust.mp3" ]);
```

audioplayers 插件有两种处理音频的不同方法，其中一种是使用 AudioCache 类。这是用来预加载音频并有效播放的，在游戏中很重要。在我看来，这也是能够播放属于应用的声音资源所必需的。因此，无论是否奇怪，我们都实例化该类，然后调用 loadAll()方法，并向其传递要加载的音频文件名列表。此后，我们准备随时播放所需的声音，你将在后面看到。

然后，我们需要获取屏幕的尺寸：

```
screenWidth = MediaQuery.of(inContext).size.width;
screenHeight = MediaQuery.of(inContext).size.height;
```

MediaQuery 类由 material.dart 库提供，它使我们能够检索有关给定媒介(例如屏幕)

的信息。为传入的 BuildContext 调用 of()方法，从而为我们提供有关给定上下文的
MediaQueryData 对象，然后我们可以对其进行深入研究以获取屏幕的宽度和高度。

接下来，该创建一些游戏对象了！

```
crystal = GameObject(screenWidth, screenHeight, "crystal",
  32, 30, 4, 6, null);
planet = GameObject(screenWidth, screenHeight, "planet",
  64, 64, 1, 0, null);
player = Player(screenWidth, screenHeight, "player",
  40, 34, 2, 6, 2);
fish = [
  Enemy(screenWidth,screenHeight, "fish", 48, 48, 2, 6, 1, 4),
  Enemy(screenWidth,screenHeight, "fish", 48, 48, 2, 6, 1, 4),
  Enemy(screenWidth,screenHeight, "fish", 48, 48, 2, 6, 1, 4)
];
```

水晶和行星是普通的 GameObject 实例，而玩家和敌人则分别是 Player 和 Enemy
实例。机器人、外星人和小行星的创建方式与太空鱼相同，因此没必要赘述。请注意，
必须在此处创建它们，因为我们需要查询 screenWidth 和 screenHeight，而这些在变量
的声明中甚至在构造函数中都无法做到。

9.9.3　Flutter 动画简介

Flutter 以多种方式提供了丰富的动画支持，但最终归结为几个关键类，即使你未
直接使用它们(例如，在使用微件自带的动画时，实际上也是在使用这些关键类)。你
首先需要一个 Ticker 对象，然后需要一个 Animation 对象，最后还需要一个
AnimationController 对象。

Ticker 对象会以指定的间隔(通常为每秒 60 次)发送信号。对于每一个嘀嗒，都会
执行一些回调函数来实施与动画相关的操作。

Animation 对象用于在每个嘀嗒上生成一个数字，这个数字是给定时间区间内两
个给定值之间的一个点，既可以用简单的线性方式，也可以通过复杂的曲线来生成。

AnimationController 是控制动画的对象。通过它可以启动、停止和暂停动画。它
还可以倒放动画(记住这里的"动画"只意味着序列中下一个值的生成——到目前为止，
这些都与屏幕上的内容无关)。

一个 AnimationController 对象会被绑定到一个 Ticker 对象上，而 Ticker 对象通常
会被绑定到应用中的某个 State 对象上。所以，每当 Ticker 对象滴答时，
AnimationController对象就会收到一个信号。然后它会向Animation对象发送一个信号，

生成一个新值。钩住 Animation 对象的生命周期事件的代码将实施在屏幕上绘制动画元素所需的任何操作。最终，你的代码(或是你正在使用的 Flutter 微件中的代码)负责将对象放在屏幕上并移动它们(或以其他方式改变它们，因为请记住，在这里动画是一个通用概念，不一定意味着移动——例如，我们可能正在改变对象的大小)。

所以，假设你有一个 Ticker，每秒滴答 60 次。同时，假设 Animation 对象在 AnimationController 的控制下产生一组 0～500 的线性数字。再假设你勾住了动画的生命周期，这样每次生成一个数字时，你都会更新屏幕上一个敌人的 x 位置。当然，这将导致 build()方法再次被触发，从而更新屏幕。突然，屏幕上出现了一个移动的物体。换句话说，你有了一个动画！

以上就是核心概念，现在让我们看看将这一理论付诸实践的实际代码：

```
gameLoopController = AnimationController(vsync : inState, duration :
  Duration(milliseconds : 1000));
gameLoopAnimation = Tween(begin : 0, end : 17).animate(
  CurvedAnimation(parent : gameLoopController,
    curve : Curves.linear)
);
gameLoopAnimation.addStatusListener((inStatus) {
  if (inStatus == AnimationStatus.completed) {
    gameLoopController.reset();
    gameLoopController.forward();
  }
});
gameLoopAnimation.addListener(gameLoop);
```

首先，实例化一个 AnimationController 对象。它的 sync 属性将关联一个 Ticker 对象，在本例中，也就是 GameScreenState 对象。如果你回顾一下代码，就会发现之前用 TickerProviderStateMixin 扩展了该类，使其变成了一个 Ticker！我们还告诉 AnimationController 希望动画执行多长时间，在本例中是 1 秒(1000 毫秒)。

接下来，我们必须创建一个 Animation 对象并将其与 AnimationController 对象关联起来。我们有几个(Animation 的)子类可以选择，这里使用最简单的 Tween。它允许我们定义一个从开始到结束的序列，本例是 0～17。

为什么是这些值？这里的目标是创建一个所谓的主游戏循环。这是一种奇特的说法，我们希望有某个函数，也就是主游戏循环函数，每帧执行一次。但是，每次执行需要多长时间？我们在这里要做的是把总时间除以刻度数。这意味着用 1000 除以 60。结果是 16.666 667。向上取整到 17，这就是范围。简而言之：我们希望主游戏循环函数每 17 毫秒执行一次，这意味着它将每秒执行(大约)60 次。这就是这个动画所做的：它在 1 秒的时间内(每 17 毫秒一次)产生一个 0～17 的数字(以线性方式，因为 curve 属性被设置为 Curves.linear——由 Flutter 提供的一种标准曲线)。

现在，为了做这些我们想做的事情，我们必须勾住生命周期事件来完成我们的工作。首先，你应该认识到一秒后，动画就会完成。值的序列将用尽。显然，我们需要它一次又一次发生。因此，我们设置了一个侦听器函数来侦听 Animation 对象的状态变化。这个函数将在几种不同的情况下被调用，其中的两种情况发生在动画开始和结束时。我们只关心它何时完成，所以我们查看传入的状态，当它完成时，我们调用 AnimationController 对象的 reset() 和 forward() 方法。这与名称的含义完全相同：将所有的值重置为起点，并重新开始 Animation 序列(在一秒内再次从 0 计数到 17)。

然后每生成一个数字时都需要通知我们，以便我们可以调用主游戏循环函数。Animation 实例的 addListener() 方法可以准确地完成这一工作。

主游戏循环已经勾住并准备就绪，我们只需要重置所有游戏状态变量：

```
resetGame(true);
```

下一步我们将具体讨论这个函数，所以暂时跳过。接下来是：

```
InputController.init(player);
```

InputController 对象负责处理用户输入，但这也是我们将在稍后研究的内容。接下来是：

```
gameLoopController.forward();
```

这有效地启动了游戏循环，这意味着我们的游戏正在运行。快看，屏幕上的东西在移动！

9.9.4 重置游戏状态

最初开始时，以及在玩家爆炸或将能量传递到星球后，需要重置游戏。为此，我们创建了 resetGame() 函数：

```
void resetGame(bool inResetEnemies) {
player.energy = 0.0;
player.x = (screenWidth / 2) - (player.width / 2);
player.y = screenHeight - player.height - 24;
player.moveHorizontal = 0;
player.moveVertical = 0;
```

```
player.orientationChanged();
```

首先，我们清除飞船上的能量，然后将飞船重新放置在屏幕中央距离底部几个像素的地方。然后，我们必须确保玩家当前未移动，并且还必须重置方向，通过调用orientationChanged()使玩家朝上。

```
crystal.y = 34.0;
randomlyPositionObject(crystal);
```

在重置玩家之后，重置水晶。请注意，在首次调用此函数后，没必要设置 y 属性，因为它不会更改，但是设置了也没有坏处，所以这样做是为了避免出现任何逻辑。x属性是由 randomlyPositionObject()函数设置的，稍后我们将对它进行介绍。

接下来，行星的重置基本上以相同的方式完成：

```
planet.y = screenHeight - planet.height - 10;
randomlyPositionObject(planet);
```

y 属性需要考虑行星的高度，令它不会悬挂在屏幕底部(10 像素只是一个随意的值，用来使船的起始位置看起来在行星的垂直轴上大致居中)。
接下来是敌人：

```
if (inResetEnemies) {
  List xValsFish = [ 70.0, 192.0, 312.0 ];
  List xValsRobots = [ 64.0, 192.0, 320.0 ];
  List xValsAliens = [ 44.0, 192.0, 340.0 ];
  List xValsAsteroids = [ 24.0, 192.0, 360.0 ];
  for (int i = 0; i < 3; i++ ) {
    fish[i].x = xValsFish[i];
    robots[i].x = xValsRobots[i];
    aliens[i].x = xValsAliens[i];
    asteroids[i].x = xValsAsteroids[i];
    fish[i].y = 110.0;
    robots[i].y = fish[i].y + 120;
    aliens[i].y = robots[i].y + 130;
    asteroids[i].y = aliens[i].y + 140;
    fish[i].visible = true;
    robots[i].visible = true;
    aliens[i].visible = true;
```

```
    asteroids[i].visible = true;
  }
}
```

最初从 firstTimeInitialization()调用 resetGame()时，会给它传入 true。这样将会执行前一段代码。当玩家爆炸时，将传入 false 来跳过这些设置，因为没有必要重置位置(当能量传递到地球时，会再次传入 true)。

重置逻辑很简单：我们有四个列表，每种类型的敌人一个，其中包含每个敌人的 x 轴位置。我觉得与其动态地计算它们，不如对它们进行"神奇数字"处理。重要的是，这样无须任何代码即可轻松引入一些变化：敌人之间的间距有些许混合，以避免玩家可以轻易克服的重复间隙，从而改善游戏的难度。对于 y 轴位置，我从敌人的前一行开始构建，以便当你靠近顶部时，各行之间的距离会更近一些。同样，这样做是为了使你在屏幕上移动更加困难。我们还需要确保此时所有的敌人都是可见的，因为当把能量全部传递给行星时，它们会全部爆炸，它们会在爆炸发生时被隐藏起来(你将在稍后看到)，因此必须将它们再次显示出来，让游戏适当地重置。

现在仅剩下两个小任务：

```
explosions = [ ];
player.visible = true;
```

你将在稍后看到爆炸的处理方式，但是到目前为止，你知道需要清除爆炸列表(如果有的话)就足够了，没有比将爆炸设置为空列表更简单的方法了。最后，再次使玩家可见。因此，如果玩家已经爆炸了，就会恢复原状并准备再次尝试。

9.9.5　主游戏循环

现在，我们进入主游戏循环函数，该函数由于你先前探讨过的动画设置代码而每 17 毫秒被调用一次，每秒调用 60 次：

```
void gameLoop() {

  crystal.animate();
```

要做的第一件事情是让晶体进行动画处理。通过查看 GameObject 类的代码可以知道，这仅意味着循环遍历动画帧。对于晶体而言，只需要循环遍历一些颜色。

接下来，我们必须让害虫产生动画并使其移动：

```
for (int i = 0; i < 3; i++) {
  fish[i].move();
```

```
fish[i].animate();
robots[i].move();
robots[i].animate();
aliens[i].move();
aliens[i].animate();
asteroids[i].move();
asteroids[i].animate();
}
```

每个害虫都有机会产生动画，然后移动。现在，将这些逻辑保留在 GameObject 类和 Enemy 类的函数中对你来说应该是有意义的：这使我们不必编写很多最终重复的代码即可在此处完成这些工作。

然后，是时候让玩家移动并产生动画了：

```
player.move();
player.animate();
```

注意在大多数情况下，所有这些调用的顺序都是无关紧要的，即便在 player.move() 之前调用 player.animate()也没关系。

现在，我们进行一些老式的拆毁行为：

```
for (int i = 0; i < explosions.length; i++) {
  explosions[i].animate();
}
```

此时屏幕上可能没有爆炸，也可能有一次爆炸(如果玩家击中了敌人)，还可能有 12 次爆炸(如果他们刚刚将能量传递到行星上，那么现在所有的害虫都在爆炸)。因此，这是一个简单的循环，每次迭代都会给爆炸列表中的所有爆炸提供产生动画效果的机会。

到目前为止，这些都非常简单，只是对各种游戏对象的位置和外观进行了更新。但是，还不止这些：我们还必须具有一些逻辑才能使它真正成为游戏。

```
if (collision(crystal)) {
  transferEnergy(true);
} else if (collision(planet)) {
  transferEnergy(false);
} else {
  if (player.energy > 0 && player.energy < 1) {
```

```
    player.energy = 0;
  }
}
```

逻辑的第一部分是看玩家是否与水晶或行星接触(产生"碰撞")。collision()函数用于实现这种检查,接下来我们将介绍它的逻辑。现在,你只需要知道,如果传入的玩家和游戏对象发生碰撞,它将返回 true,否则返回 false。如果玩家接触了晶体,那么我们需要将能量转移到飞船(或者,如果接触了行星,则从行星转移到飞船),这里有个函数毫无疑问地被命名为 transferEnergy()(我们将稍后介绍)。传递 true 表示与晶体发生碰撞,传递 false 则表示与行星发生碰撞,正如你在 else if 分支中可以看到的那样。

else 分支覆盖了"作弊"场景:如果玩家有能量,但飞船没有 100% 充满能量,则将其全部丢弃。如果不这样做,玩家将仅获取一小部分能量,然后将它们返回给星球并获得全部功劳。由于只有当它们不与晶体或行星接触时才会出现这种情况,因此 else 分支是上述逻辑的正确放置位置。

接下来,我们需要检查与害虫的碰撞:

```
for (int i = 0; i < 3; i++) {
  if (collision(fish[i]) || collision(robots[i]) ||
    collision(aliens[i]) || collision(asteroids[i])) {
    audioCache.play("explosion.mp3");
    player.visible = false;
    GameObject explosion = GameObject(screenWidth,
      screenHeight, "explosion", 50, 50, 5, 4,
      () { resetGame(false); }
    );
    explosion.x = player.x;
    explosion.y = player.y;
    explosions.add(explosion);
    score = score - 50;
    if (score < 0) { score = 0; }
  }
}
```

显然,我们需要检查每个敌人,因此需要循环。为了避免嵌套循环,我会在循环的每次迭代中检查其中一个敌人。如果发生任何碰撞,则首先播放爆炸声。我们之前设置的 audioCache 为此提供了 play()方法,你要做的就是指定要播放的文件的名称(注意没有 assets/前缀，因为音频播放器假定文件默认位于此处)。接下来，需要隐藏玩家。那是因为爆炸将被显示在原处，这正是我们接下来要做的：为爆炸实例化一个 GameObject。它会出现在玩家所在的位置，然后将 GameObject 对象添加到爆炸列表中(这意味着将从下一帧开始对其进行动画处理)。所有这些效果就是一艘爆炸的飞船！

只剩下一项任务，只有一行代码，但它绝对至关重要：

```
state.setState(() {});
```

简而言之，如果没有，什么也不会发生！如果不更新状态，Flutter 将不知道发生了任何更改，因此 build()不会再次启动，并且屏幕也不会更新。

接下来，我们将介绍 collision()函数。

9.9.6　检查碰撞

大多数视频游戏都需要具有检测两个物体何时碰撞的能力。在这里，我们需要知道飞船什么时候撞到害虫。有几种方法可以做到这一点，每种方法都有优缺点。一种简单的方法被称为包围盒(bounding box)。此方法仅检查对象的四条边界，如果一个对象的角在另一个对象的边界内，则发生了碰撞。

如图 9-4 所示，每个游戏对象在周围都有一个正方形/矩形区域，我们称之为边界框。边界框定义了对象所占区域的边界。注意在图 9-4 中，对象 2 的边界框的左上角在对象 1 的边界框内，这表示发生了碰撞。你可以通过一系列简单的测试来比较每个对象的边界，从而检测到碰撞。如果任何条件都不成立，则可能没有发生碰撞。例如，如果对象 1 的底部高于对象 2 的顶部，则不可能发生碰撞。实际上，由于要处理正方形或矩形物体，因此只需要检查四个条件，如果所有条件为假，便排除了发生碰撞的可能性。

但是，以上算法无法产生理想的结果。例如，有时你会看到飞船在明显没有真正碰到物体时发生了碰撞。在其他时候，它们可能看起来刚好发生碰撞，但却不会记录为碰撞。飞船的旋转也起着重要作用，因为这种简单的算法无法处理非正方形或没有垂直/水平完美对齐的几何结构。这些问题可以通过算法的更复杂版本或像素级检测来解决，这意味着可以将一个对象的每个像素与另一个对象的所有像素(或至少是边缘上的像素)进行对照。但是,此处显示的边界框方法提供的近似值在许多情况下会产生"足够好"的结果——即使有误差，也不会影响游戏效果。

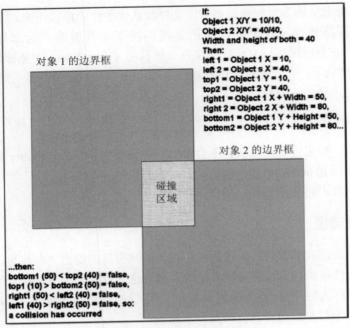

图 9-4　包围盒背后的基本思想

在解释完所有内容之后，让我们看一下 collision()函数：

```
bool collision(GameObject inObject) {
if (!player.visible || !inObject.visible) { return false; }
num left1 = player.x;
num right1 = left1 + player.width;
num top1 = player.y;
num bottom1 = top1 + player.height;
num left2 = inObject.x;
num right2 = left2 + inObject.width;
num top2 = inObject.y;
num bottom2 = top2 + inObject.height;
if (bottom1 < top2) { return false; }
if (top1 > bottom2) { return false; }
if (right1 < left2) { return false; }
return left1 <= right2;
```

如果玩家不可见，或者与之碰撞的物体不可见，那么无须检查碰撞，因为游戏对象在发生爆炸时才不可见。之后，我们计算要比较的值。最后，这里仅描述了四个简单的检查，以告诉你是否发生了碰撞。

9.9.7 随机定位对象

在玩家从水晶中获取所有能量之后，或者当他们将所有能量转移回星球之后，抑或在重置游戏时，通过调用 randomlyPositionObject()可以让水晶和星球重新随机定位：

```
void randomlyPositionObject(GameObject inObject) {
  inObject.x = (random.nextInt(
    screenWidth.toInt() - inObject.width)).toDouble();
  if (collision(inObject)) {
    randomlyPositionObject(inObject);
  }
}
```

在启动过程中，可通过调用 Random 对象的 nextInt()方法来创建实例。我们想要的值必须在 0 到屏幕宽度减去对象宽度之间的范围内，使它始终在屏幕上而不会悬在左右边缘之外。只有对象的水平位置是随机的，因此将结果随机值设置为它的 x 属性值。另一个考虑因素是对象不能与玩家放在同一位置。因此，我们调用 collision()来检查该条件，如果发生碰撞，就递归调用 randomlyPositionObject()，直到选择了非碰撞位置为止。

9.9.8 转移能量

当飞船与晶体或行星"碰撞"时，必须向飞船或从飞船转移能量。为此，需要调用 transferEnergy()函数：

```
void transferEnergy(bool inTouchingCrystal) {
  if (inTouchingCrystal && player.energy < 1) {
```

如果调用者指示正在触摸水晶，则必须确保飞船还没有满载，值为 0～1。但是，我发现如果不进行检查以确保该值永远不超过 1 的话，到最后会"反弹"一点，这看起来很糟糕。

发生首次接触时，我们需要播放适当的声音：

```
if (player.energy == 0) { audioCache.play("fill.mp3"); }
```

首次接触意味着能量为零，这就是为什么要检查条件的原因。

之后就简单了，只需要增加能量并将其限制为 1：

```
player.energy = player.energy + .01;
if (player.energy >= 1) {
  player.energy = 1;
  randomlyPositionObject(crystal);
}
```

另外，当飞船满载时，晶体会随机重新放置，令飞船不再吸取能量(并不是说在这里检查条件控制，而是在视觉上不会再抽取)。

接下来的 else if 分支用于与行星接触：

```
} else if (player.energy > 0) {
```

当然，这仅在飞船拥有能量时才起作用。

然后，类似于第一次与水晶接触，我们想要在第一次与行星接触时播放不同的声音：

```
if (player.energy >= 1) {
  audioCache.play("delivery.mp3");
}
```

并且与接触水晶时一样，飞船上的能量也会被调整：

```
player.energy = player.energy - .01;
```

当然，随着能量的调整和状态的设置，进度条会如我们想要的那样适当地填充或不填充。

现在，在向行星转移能量时以及在所有能量都被传递时，还需要实现一些其他逻辑：

```
if (player.energy <= 0) {
  player.energy = 0;
  audioCache.play("explosion.mp3");
  score = score + 100;
  for (int i = 0; i < 3; i++) {
    Function callback;
    if (i == 0) {
      callback = () { resetGame(true); };
    }
    fish[i].visible = false;
    GameObject explosion = GameObject(screenWidth,
      screenHeight, "explosion", 50, 50, 5, 4, callback);
```

```
explosion.x = fish[i].x;
explosion.y = fish[i].y;
explosions.add(explosion);
robots[i].visible = false;
      }
   }
```

在这里，我们确保能量为零，而不是低于零，并发出爆炸声，并且提高玩家的得分。因为是时候炸毁害虫了！执行循环，将每个害虫都隐藏起来，并在各自的位置显示爆炸。请注意，现在使用了你先前在查看 GameObject 类时看到的动画回调：第一个害虫已关联动画回调，以便在动画循环完成时，我们可以重置游戏，包括重置敌人的位置。

■ **注意：**

你在此处看到的用于太空鱼的代码将被重复用于机器人、外星人和小行星，因此不再赘述。

结果如图 9-5 所示——美丽的害虫大灭绝！

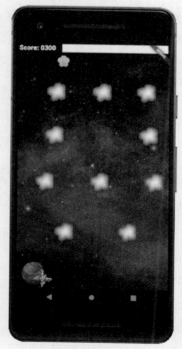

图 9-5　消灭害虫

当然，它们会马上卷土重来，所以这对我们来说只是短暂的胜利。

9.10　控制：InputController.dart

我们最后要介绍的是 InputController 类，它可用于与 GestureDetector 微件的 event 属性相关联。它实现了玩家的所有运动控件，并由此开始：

```
import "package:flutter/material.dart";
import "Player.dart";

double touchAnchorX;
double touchAnchorY;
int moveSensitivity = 20;
```

开头当然还是导入语句，然后有三个变量。控制方案是：玩家将手指放在屏幕上的任意位置，相应的位置就会成为"锚点"。想象一下视频游戏的操纵杆，中心位置就代表锚点。现在，只要玩家移动手指，相对于锚点的新位置便表示对应方向的移动。例如，如果他们的手指在锚点上方 20 像素处，则表示想将飞船向上移动。如果他们举起手指并放在其他位置，我们便有了新的锚点。从某种意义上讲，他们可以在屏幕上任何方便的地方创建"虚拟操纵杆"。因此，我们需要两个变量来记录锚点的 x 和 y 位置。我们还需要知道距锚点多少像素就会记录移动，如果可以的话，可以进行"敏感度"设置，经过一些试验，我得出 20 这个不错的值：不太敏感且不太难，可以记为一次移动。

我们还需要玩家的引用，这似乎很明显：

```
Player player;
```

在从 firstTimeInitialization()方法调用此处的 init()方法时会保存该引用：

```
void init(Player inPlayer) { player = inPlayer; }
```

现在，你会回想起我们需要处理 GestureDetector 微件的三个事件：onPanStart(当玩家将手指放下时)、onPanUpdate(当他们拖动手指时)和 onPanEnd(当他们抬起手指时)。首先是用于处理 onPanStart 事件的 onPanStart()：

```
void onPanStart(DragStartDetails inDetails) {
  touchAnchorX = inDetails.globalPosition.dx;
  touchAnchorY = inDetails.globalPosition.dy;
  player.moveHorizontal = 0;
```

```
player.moveVertical = 0;
}
```

这里的任务很简单：记录新的锚点并确保玩家没有移动。传入 onPanStart()方法的是一个 DragStartDetails 对象，其中包含一些信息，对于我们而言最关键的是拖动事件的水平位置(*x*)的 globalPosition.dx 和垂直位置(*y*)的 globalPosition.dy。

接下来是 onPanUpdate()，其中包含了 GestureDetector 类要做的大部分工作：

```
void onPanUpdate(DragUpdateDetails inDetails) {
  if (inDetails.globalPosition.dx <
   touchAnchorX - moveSensitivity) {
   player.moveHorizontal = -1;
   player.orientationChanged();
  } else if (inDetails.globalPosition.dx >
   touchAnchorX + moveSensitivity) {
   player.moveHorizontal = 1;
   player.orientationChanged();
  } else {
   player.moveHorizontal = 0;
   player.orientationChanged();
  }
  if (inDetails.globalPosition.dy <
   touchAnchorY - moveSensitivity) {
   player.moveVertical = -1;
   player.orientationChanged();
  } else if (inDetails.globalPosition.dy >
   touchAnchorY + moveSensitivity) {
   player.moveVertical = 1;
   player.orientationChanged();
  } else {
   player.moveVertical = 0;
   player.orientationChanged();
  }
}
```

看起来有很多代码，但其实很简单：如果 drag update 事件的水平位置(由

DragUpdateDetails 对象的 globalPosition.dx 属性表示)在锚点左侧超过 20 个像素，则玩家的 moveHorizontal 为-1，并且调用 player.orientationChanged()以旋转至正确方向。同样，如果 drag update 事件在右侧超过 20 个像素，则玩家向右移动(moveHorizontal 为 1)。如果这两个条件均不适用，则表明没有水平移动(moveHorizontal 为 0)。然后，使用 inDetails.globalPosition.dy 属性将相同的逻辑应用于垂直位置。结果就是上面描述的运动控制机制——虚拟操纵杆。

最后，我们只需要在 onPanEnd()中处理好 onPanEnd 事件：

```
void onPanEnd(dynamic inDetails) {
  player.moveHorizontal = 0;
  player.moveVertical = 0;
}
```

在这里，我们需要做的就是停止任何可能发生的移动。至此，我们有了完全可控的玩家和一款完整的游戏，这一切都要感谢 Flutter！

9.11 小结

在本章中，你学习了一些新知识，例如 Positioned 微件、随机数生成、处理声像输入事件、AnimationController、Tween 以及使用 Animation 执行动画和音频，你还学到了一些关于如何设计游戏的知识。

我衷心希望你喜欢本书，并从中学到很多东西。本书的目标绝不是让你成为 Flutter 的全方位专家——仅一本书而言，这一目标太大了！我们只是让你具备了开发 Flutter 应用的必要基础。因此，继续学习吧，多花一些时间继续前进，争取再创辉煌！